基础篇

U0326042

实例名称	实战：使用"陈列"制作挂钟刻度		
技术掌握	使用"陈列"制作挂钟刻度的操作方法		
视频长度	00:03:29	难易指数 ★★☆☆☆	所在页 14

实例名称	实战：加载背景图像		
技术掌握	使用加载背景图像的操作方法		
视频长度	00:02:08	难易指数 ★★☆☆☆	所在页 17

实例名称	实战：按名称选择场景中物体		
技术掌握	完成选择指定图形对象的操作		
视频长度	00:02:58	难易指数 ★★☆☆☆	所在页 25

实例名称	实战：用"套索"选择场景不规则分布对象		
技术掌握	用"套索"选择场景不规则分布对象的操作方法		
视频长度	00:02:05	难易指数 ★★☆☆☆	所在页 25

实例名称	实战：使用"选择并移动"工具堆积木		
技术掌握	使用移动复制长方体的操作方法		
视频长度	00:03:55	难易指数 ★★☆☆☆	所在页 26

实例名称	实战：制作沙发组合		
技术掌握	使用"移动复制"和旋转工具制作沙发的操作方法		
视频长度	00:02:15	难易指数 ★★☆☆☆	所在页 27

实例名称	实战：用"捕捉"调整对象位置		
技术掌握	用"捕捉"工具调整餐椅位置的操作		
视频长度	00:02:59	难易指数 ★★☆☆☆	所在页 30

实例名称	实战：用"镜像"制作停车场的轿车		
技术掌握	用"镜像"制作停车场的轿车的操作方法		
视频长度	00:02:10	难易指数 ★★☆☆☆	所在页 33

实例名称	实战：用"对齐"调整办公区域的椅子		
技术掌握	用"对齐"调整办公区域椅子的操作方法		
视频长度	00:02:29	难易指数 ★★☆☆☆	所在页 34

实例名称	实战：用"修改器"调整物体的形状		
技术掌握	完用"修改器"调整花瓶形状的操作		
视频长度	00:02:35	难易指数 ★★☆☆☆	所在页 37

实例名称	实战：用"挤出"创建出墙体		
技术掌握	用"挤出"创建出墙体的操作方法		
视频长度	00:05:21	难易指数	★★★☆☆	所在页	37

实例名称	实战：用长方体制作简约书桌		
技术掌握	用长方体制作简约书桌的操作方法		
视频长度	00:07:45	难易指数	★★★★☆	所在页	43

实例名称	实战：用球体制作时尚吊灯		
技术掌握	使用球体制作时尚吊灯的操作方法		
视频长度	00:09:25	难易指数	★★★★☆	所在页	46

实例名称	实战：用圆柱体制作中式灯柱		
技术掌握	使用圆柱体制作中式灯柱的操作方法		
视频长度	00:03:07	难易指数	★★☆☆☆	所在页	47

实例名称	实战：用标准基本体制作出茶几		
技术掌握	使用标准基本体制作出茶几的操作方法		
视频长度	00:05:08	难易指数	★★★☆☆	所在页	49

实例名称	实战：用异体面制作钻石耳环		
技术掌握	使用异体面制作钻石耳环的操作方法		
视频长度	00:07:12	难易指数	★★★☆☆	所在页	51

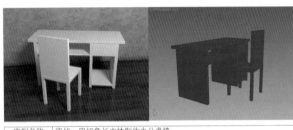

实例名称	实战：用切角长方体制作办公桌椅		
技术掌握	使用切角长方体制作办公桌椅的操作方法		
视频长度	00:07:45	难易指数	★★★☆☆	所在页	53

实例名称	实战：用植物点缀山坡		
技术掌握	再坡地上创建植物的操作方法		
视频长度	00:06:47	难易指数	★★★☆☆	所在页	56

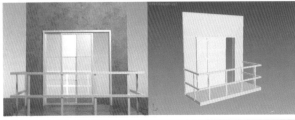

实例名称	实战：利用窗户和栏杆制作出阳台		
技术掌握	利用窗户和栏杆制作出阳台的操作方法		
视频长度	00:08:47	难易指数	★★★★☆	所在页	58

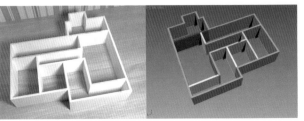

实例名称	实战：使用"墙"制作出户型墙体		
技术掌握	使用"墙"制作出户型墙体的操作方法		
视频长度	00:03:04	难易指数	★★☆☆☆	所在页	60

基础篇

实例名称	实战：制作旋转楼梯		
技术掌握	使用"楼梯"工具制作出旋转楼梯的操作方法		
视频长度	无	难易指数 ★★☆☆☆	所在页 62

实例名称	实战：为场景添加门窗		
技术掌握	为场景添加门窗的操作方法		
视频长度	无	难易指数 ★★☆☆☆	所在页 65

实例名称	实战：用散布制作草地		
技术掌握	使用散布制作草地的操作方法		
视频长度	00:02:44	难易指数 ★★☆☆☆	所在页 68

实例名称	实战：用"图形合并"制作出电脑标识		
技术掌握	使用"图形合并"制作出电脑标识的操作方法		
视频长度	00:04:02	难易指数 ★★☆☆☆	所在页 70

实例名称	实战：使用"ProBoolean"制作象棋子		
技术掌握	使用"ProBoolean"制作象棋子的操作方法		
视频长度	00:06:32	难易指数 ★★★☆☆	所在页 72

实例名称	实战：使用"布尔运算"制作书柜		
技术掌握	使用"布尔运算"制作书柜的操作方法		
视频长度	00:04:40	难易指数 ★★☆☆☆	所在页 74

实例名称	实战：使用"放样"制作出装饰品		
技术掌握	使用"放样"制作出装饰品的操作方法		
视频长度	00:05:14	难易指数 ★★★☆☆	所在页 76

实例名称	实战：使用"放样"制作出窗帘		
技术掌握	使用"放样"制作出窗帘的操作方法		
视频长度	00:07:12	难易指数 ★★★☆☆	所在页 77

实例名称	实战：创建藤椅		
技术掌握	使用样条线创建藤椅的操作方法		
视频长度	00:13:18	难易指数 ★★★★☆	所在页 82

实例名称	实战：创建书架		
技术掌握	使用扩展线创建书架的操作方法		
视频长度	00:10:52	难易指数 ★★★★☆	所在页 84

实例名称	实战：创建水晶灯		
技术掌握	使用样条线等工具创建水晶灯的操作方法		
视频长度	00:21:49	难易指数 ★★★★★	所在页	86

实例名称	实战：创建花篮		
技术掌握	创建花篮的操作方法		
视频长度	00:09:11	难易指数 ★★★☆☆	所在页	88

实例名称	实战：制作水龙头		
技术掌握	使用弯曲修改器水龙头的操作方法		
视频长度	00:08:01	难易指数 ★★★☆☆	所在页	93

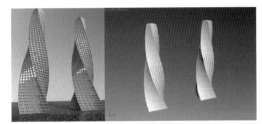

实例名称	实战：制作双子楼		
技术掌握	使用"扭曲"修改器制作双子楼的操作方法		
视频长度	00:06:39	难易指数 ★★★☆☆	所在页	95

实例名称	实战：制作双人沙发		
技术掌握	使用FFD修改器制作双人沙发的操作方法		
视频长度	00:01:12	难易指数 ★★☆☆☆	所在页	87

实例名称	实战：用"挤出"制作休息椅		
技术掌握	使用"挤出"修改器制作休息椅的操作方法		
视频长度	00:12:32	难易指数 ★★★★☆	所在页	102

实例名称	实战：用"倒角"制作三维艺术文字		
技术掌握	使用"倒角"修改器制作三维艺术文字的操作方法		
视频长度	00:05:26	难易指数 ★★★☆☆	所在页	104

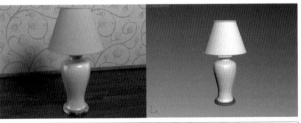

实例名称	实战：用"车削"制作台灯		
技术掌握	使用"车削"修改器制作台灯的操作方法		
视频长度	00:11:36	难易指数 ★★★★☆	所在页	105

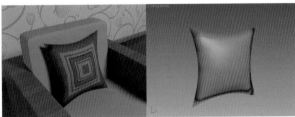

实例名称	实战：使用NURBS建模制作抱枕		
技术掌握	使用NURBS建模制作抱枕的操作方法		
视频长度	00:03:16	难易指数 ★★☆☆☆	所在页	110

实例名称	实战：使用NURBS建模制作藤艺灯		
技术掌握	使用NURBS建模制作藤艺灯的操作方法		
视频长度	无	难易指数 ★★★☆☆	所在页	112

基础篇

实例名称	实战：使用 NURBS 建模制作花瓶			
技术掌握	使用 NURBS 建模制作花瓶的操作方法			
视频长度	00:04:56	难易指数	★★★☆☆	所在页	113

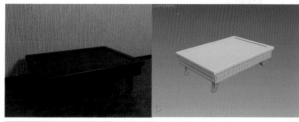

实例名称	实战：制作茶几			
技术掌握	使用多边形建模的方式制作茶几的操作方法			
视频长度	00:11:37	难易指数	★★★★☆	所在页	122

实例名称	实战：制作创意杯子			
技术掌握	使用多边形建模的方式制作创意杯子的操作方法			
视频长度	00:07:45	难易指数	★★★☆☆	所在页	126

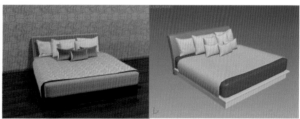

实例名称	实战：制作现代简约双人床			
技术掌握	使用多边形建模的方式制作双人床的操作方法			
视频长度	00:07:56	难易指数	★★★☆☆	所在页	130

实例名称	实战：用石墨工具制作出古典梳妆台			
技术掌握	使用石墨建模的方式制作出古典梳妆台的操作方法			
视频长度	00:22:	难易指数	★★★★★	所在页	138

实例名称	实战：利用位图贴图制作书本材质			
技术掌握	利用位图贴图制作书本材质的操作方法			
视频长度	00:03:01	难易指数	★★☆☆☆	所在页	162

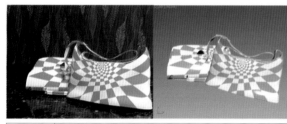

实例名称	实战：利用棋盘贴图制作手提包材质			
技术掌握	利用棋盘格贴图制作包包材质的操作方法			
视频长度	00:02:56	难易指数	★★☆☆☆	所在页	162

实例名称	实战：制作台灯灯光			
技术掌握	制作台灯灯光的操作方法			
视频长度	00:03:37	难易指数	★★☆☆☆	所在页	167

实例名称	实战：制作室内阳光			
技术掌握	制作室内阳光的操作方法			
视频长度	00:04:43	难易指数	★★☆☆☆	所在页	167

实例名称	实战：光域网的应用			
技术掌握	光域网的应用的操作方法			
视频长度	无	难易指数	★★☆☆☆	所在页	170

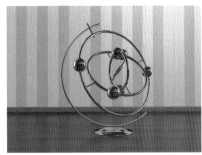

实例名称	实战：不锈钢材质		
技术掌握	制作不锈钢材质的操作方法		
视频长度	00:02:50	难易指数 ★★☆☆☆	所在页 191

实例名称	实战：玻璃材质		
技术掌握	制作玻璃材质的操作方法		
视频长度	00:03:55	难易指数 ★★☆☆☆	所在页 191

实例名称	实战：陶瓷材质		
技术掌握	制作陶瓷材质的操作方法		
视频长度	00:02:54	难易指数 ★★☆☆☆	所在页 192

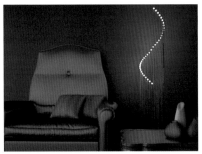

实例名称	实战：制作时尚落地灯灯光		
技术掌握	制作时尚落地灯灯光的操作方法		
视频长度	00:02:47	难易指数 ★★☆☆☆	所在页 192

实例名称	实战：制作杂志封面		
技术掌握	制作杂志封面的操作方法		
视频长度	00:03:59	难易指数 ★★☆☆☆	所在页 193

实例名称	实战：VRayHDRL 贴图的应用		
技术掌握	使用 VRayHDRL 贴图应用的操作方法		
视频长度	00:04:33	难易指数 ★★☆☆☆	所在页 195

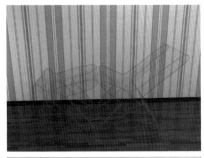

实例名称	实战：场景线框模式的输入		
技术掌握	使用场景线框模式的输入的操作方法		
视频长度	00:02:28	难易指数 ★★☆☆☆	所在页 195

实例名称	实战：Vray 太阳		
技术掌握	制作 Vray 太阳的操作方法		
视频长度	00:04:05	难易指数 ★★☆☆☆	所在页 199

实例名称	实战：VRayIES 灯光		
技术掌握	使用 VRayHDRL 灯光的操作方法		
视频长度	00:03:57	难易指数 ★★☆☆☆	所在页 200

实例名称	实战：Vray Proxy 代理		
技术掌握	利用 Vray Proxy 对象渲染的操作方法		
视频长度	00:05:33	难易指数 ★★★☆☆	所在页 200

实例名称	实战：Vray 毛皮制作地毯		
技术掌握	使用 Vray 毛皮制作地毯的操作方法		
视频长度	00:04:23	难易指数 ★★☆☆☆	所在页 204

实例名称	实战：为场景添加室外环境贴图		
技术掌握	为场景添加室外环境贴图的操作方法		
视频长度	00:02:47	难易指数 ★★☆☆☆	所在页 207

提高篇

实例名称	实战：制作蜡烛的火效果		
技术掌握	制作蜡烛火效果的操作方法		
视频长度	00:04:55	难易指数 ★★☆☆☆	所在页 210

实例名称	实战：制作太阳光光束		
技术掌握	制作太阳光光束的操作方法		
视频长度	00:03:31	难易指数 ★★☆☆☆	所在页 213

实例名称	实战：镜头特效的制作		
技术掌握	使用镜头特效制作的操作方法		
视频长度	00:05:35	难易指数 ★★★☆☆	所在页 214

实例名称	实战：调整场景的亮度和对比度		
技术掌握	调整场景的亮度和对比度的操作方法		
视频长度	无	难易指数 ★★☆☆☆	所在页 215

实例名称	实战：制作飞船模糊特效		
技术掌握	制作飞船模糊特效的操作方法		
视频长度	00:02:36	难易指数 ★★☆☆☆	所在页 216

实例名称	实战：制作怀旧画面		
技术掌握	制作怀旧画面的操作方法		
视频长度	00:02:28	难易指数 ★★☆☆☆	所在页 217

实例名称	实战：制作烟花效果		
技术掌握	制作烟花效果的操作方法		
视频长度	00:06:32	难易指数 ★★★☆☆	所在页 219

实例名称	实战：制作雨夜效果		
技术掌握	制作雨夜效果的操作方法		
视频长度	00:04:20	难易指数 ★★☆☆☆	所在页 220

实例名称	实战：制作雪景效果		
技术掌握	制作雪景效果的操作方法		
视频长度	00:03:14	难易指数 ★★☆☆☆	所在页 221

实例名称	实战：制作喷泉效果		
技术掌握	制作喷泉效果的操作方法		
视频长度	00:05:04	难易指数 ★★☆☆☆	所在页 221

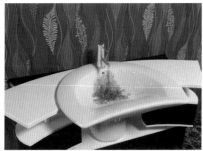

实例名称	实战：制作水龙头流水效果		
技术掌握	制作水龙头口水效果的操作方法		
视频长度	00:06:00	难易指数 ★★☆☆☆	所在页 223

实例名称	实战：制作鱼缸泡泡效果		
技术掌握	制作鱼缸泡泡效果的操作方法		
视频长度	00:04:58	难易指数 ★★☆☆☆	所在页 225

实例名称	实战：利用路径跟随制作发光动画				实例名称	实战：制作蝴蝶飞舞动画				实例名称	实战：地球仪定位			
技术掌握	利用路径跟随制作发光动画的操作方法				技术掌握	制作蝴蝶飞舞动画的操作方法				技术掌握	制作地球仪定位的操作方法			
视频长度	00:02:58	难易指数	★★☆☆☆	所在页 226	视频长度	无	难易指数	★★☆☆☆	所在页 242	视频长度	00:03:58	难易指数	★★☆☆☆	所在页 244

实例名称	实战：制作爆炸动画	技术掌握	制作爆炸动画的操作方法	视频长度	00:04:20	难易指数	★★☆☆☆	所在页	227

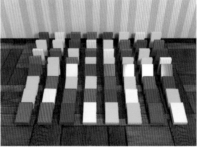

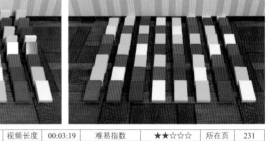

实例名称	实战：制作多米诺骨牌动画	技术掌握	制作多米诺骨牌动画的操作方法	视频长度	00:03:19	难易指数	★★☆☆☆	所在页	231

实例名称	实战：制作球体撞墙动画	技术掌握	制作球体撞墙动画的操作方法	视频长度	00:02:59	难易指数	★★☆☆☆	所在页	232

提高篇

| 实例名称 | 实战：制作盖床单效果 | 技术掌握 | 制作盖床单效果的操作方法 | 视频长度 | 00:02:59 | 难易指数 | ★★☆☆☆ | 所在页 | 233 |

| 实例名称 | 实战：制作椭圆动画 | 技术掌握 | 制作椭圆动画的操作方法 | 视频长度 | 00:05 :20 | 难易指数 | ★★★☆☆ | 所在页 | 245 |

| 实例名称 | 实战：制作监控摄像头转动动画 | 技术掌握 | 制作监控摄像头转动动画的操作方法 | 视频长度 | 00:02:51 | 难易指数 | ★★☆☆☆ | 所在页 | 247 |

| 实例名称 | 实战：创建人物骨骼 | 技术掌握 | 创建人物骨骼的操作方法 | 视频长度 | 00:07:38 | 难易指数 | ★★★☆☆ | 所在页 | 249 |

实例名称	实战：制作蛇的爬行动画	技术掌握	制作蛇的爬行动画操作方法	视频长度	00:11:18	难易指数	★★★★☆	所在页	252

实例名称	实战：新中式客厅效果		
技术掌握	制作新中式客厅效果的操作方法		
视频长度	01:12:38	难易指数 ★★★★★	所在页 260

实例名称	实战：室外建筑效果		
技术掌握	制作室外建筑效果的操作方法		
视频长度	00:43:27	难易指数 ★★★★★	所在页 279

中文版

3ds Max 2015
从入门到精通

麓山文化 编著

机械工业出版社
CHINA MACHINE PRESS

本书介绍了中文版 3ds Max 2015 基本功能的操作方法及应用技巧。针对 3ds Max 无基础者量身打造，是一本帮助初学者实现入门、提高到精通的学习宝典，全书采用"基础 + 手册 + 实例"的写作方法，一本书相当于三本。通过学习本书，可以完全掌握 3ds Max 2015 的建模、材质、灯光、渲染、粒子、动力学和动画等方面的基础，并将 3ds Max 2015 结合 VRay 和 Mental Ray 渲染器进行产品设计、动画设计、室内及室外建筑效果图设计，让读者从实例中吸取经验。

本书分为三篇 17 章，第 1 篇为基础篇（第 1 ~ 11 章），循序渐进地讲解了 3ds Max 2015 的基础知识、基本几何体建模、复合对象建模、二维图形及修改器建模、多边形建模工具、材质和贴图、灯光系统和摄影机、渲染技术等内容；第 2 篇为提高篇（第 12 ~ 15 章），深入讲解了 VRay 渲染器、动画、环境和特效、粒子系统和空间扭曲等内容；第 3 篇为精通篇（第 16、17 章），也是综合实战篇，通过新中式客厅效果图表现及室外建筑表现两个大型综合实例，综合演练、巩固前面所学知识，以达到积累实战经验，并学以致用的目的。

本书配有教学光盘，内容包括本书所有实例的实例文件、场景文件和贴图文件，还免费赠送近 110 个实例的语音视频教学，视频总长达 11 个小时，以及大量效果图制作常用材质贴图库、光域网文件库，读者可以即调即用，大幅提高工作效率，真正物超所值。

本书不仅适合 3ds Max 初学者使用，也非常适合希望快速提高影视和广告动画制作、游戏角色和场景设计、工业产品造型设计、建筑设计及室内外效果图制作的设计人员阅读，还可作为各大中专院校及相关培训机构相关课程的教材和教学参考书。

图书在版编目（CIP）数据

3ds Max 2015 从入门到精通/麓山文化编著. —3 版. —北京：机械工业出版社，2015.3（2016.5 重印）
ISBN 978-7-111-49816-2

Ⅰ. ①3… Ⅱ. ①麓… Ⅲ. ①三维动画软件
Ⅳ. ①TP391-41

中国版本图书馆 CIP 数据核字（2015）第 062740 号

机械工业出版社（北京市百万庄大街 22 号 邮政编码 100037）
策划编辑：曲彩云 责任编辑：曲彩云
责任印制：乔 宇
北京铭成印刷有限公司印刷
2016 年 5 月第 3 版第 2 次印刷
184mm×260mm·18.5 印张·8 插页·463 千字
3001—5000 册
标准书号：ISBN 978-7-111-49816-2
　　　　　ISBN 978-7-89405-638-2（光盘）
定价：53.00 元（含 1DVD）

电话服务　　　　　　　　　　　网络服务

服务咨询热线：010-88361066　　机工官网：www.cmpbook.com
读者购书热线：010-68326294　　机工官博：weibo. com/cmp1952
　　　　　　　010-88379203　　金书网：www.golden-book.com
封面无防伪标均为盗版　　　　　教育服务网：www.cmpedu.com

前 言

3ds Max 是一款集三维建模、动画及渲染于一身的综合设计类三维制作软件。它在模型塑造、场景渲染、动画及特效等方面都能制作出高品质的对象，其功能十分强大，被广泛应用于游戏制作、影视动画、工业产品设计、建筑表现和室内设计、多媒体制作、辅助教学及工程可视化等多个领域。

最新升级的 3ds Max 2015 功能更强大，更简单易用，因为它包含了大量新工具，并且在经过重新设计后，其常用命令触手可及，使用起来更加得心应手。

本书内容

本书是一本 3ds Max 2015 入门与精通的学习宝典，全书从实用角度出发，全面系统地讲解了中文版 3ds Max 2015 所有应用功能，包涵了其全部的工具、面板、对话框和菜单命令。本书在讲解软件的应用功能时，还精心安排了大量实例供读者学以致用。全书分为 3 篇 17 章，主要内容介绍如下：

第 1 篇 基础篇：从第 1 章到第 11 章，循序渐进地讲解了 3ds Max 2015 的基础知识、基本几何体建模、复合对象建模、二维图形及修改器建模、多边形建模工具、材质和贴图、灯光系统和摄影机、渲染技术等内容。

第 2 篇 提高篇：从第 12 章～第 15 章，深入讲解了 VRay 渲染器、动画、环境和特效、粒子系统和空间扭曲等内容。

第 3 篇 精通篇：第 16 章、第 17 章为综合实战篇，通过新中式客厅效果图表现及室外建筑表现两个大型综合实例，综合演练、巩固前面所学知识，以达到积累行业实战经验，并学以致用的目的。

本书特点

※ 零点起步 轻松入门

本书内容讲解循序渐进、通俗易懂、易于入手，每个重要的知识点都采用实例讲解，您可以边学边练，通过实际操作理解各种功能的实际应用。

※ 实战演练 逐步精通

安排了大量经典的实例，每个章节都有实例示范来提升读者的实战经验。实例串起多个知识点，提高读者的应用水平，快步迈向高手行列。

※ 多媒体教学 身临其境

附赠光盘内容丰富超值，不仅有实例的素材文件和结果文件，还有由专业领域的老师录制的全程同步语音视频教学，让您仿佛亲临课堂，老师"手把手"地带领您完成实例，让您的学习之旅轻松而愉快。

学习一门知识，通常需要购买一本教程来入门，掌握相关知识和应用技巧；需要一本实例书来提高，把所学的知识应用到实际当中；需要一本手册书来参考，在学习和工作中随时查阅；还要有多媒体光盘来辅助练习。现在，您只需花一本书的价钱，就能得到所有这些，绝对物超所值。

创作团队

本书由麓山文化编著，参加编写的有陈志民、陈运炳、申玉秀、李红萍、李红艺、李红术、陈云香、陈文香、陈军云、彭斌全、林小群、刘清平、钟睦、刘里锋、朱海涛、何晓瑜、廖博、喻文明、易盛、陈晶、陈文轶、张绍华、黄柯、何凯、黄华、杨少波、杨芳、刘有良、刘珊、赵祖欣、齐慧明、胡莹君、包晓颖、黄立、向利平、杜为、邓斌等。

由于编者水平有限，书中错误、疏漏之处在所难免。在感谢您选择本书的同时，也希望您能够把对本书的意见和建议告诉我们。

联系信箱：lushanbook@gmail.com

读者QQ群：327209040

麓山文化

目录

第 4 章　复合对象建模

第 5 章　修改器图形建模

第 6 章　NURBS 建模

第 7 章 多边形建模工具

第 8 章 其他方式建模

第 9 章 材质和贴图

第 10 章 灯光系统和摄影机

第 11 章 渲染技术

第 2 篇 提高篇

第 12 章 VRay 渲染器剖析

第 13 章 环境和效果

第 17 章 室外建筑效果

第 1 篇 基础篇

第 1 章

步入 3ds Max 2015 软件世界

本章学习要点:

- 3ds Max 2015 简介
- 3ds Max 软件的安装与启动
- 3ds Max 的工作流程
- 3ds Max 2015 新增的主要功能

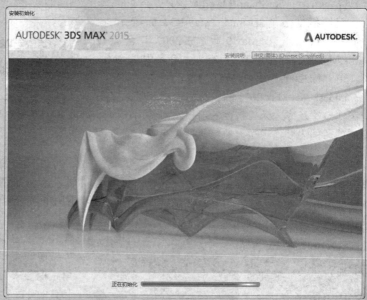

3d Studio Max，常简称为 3ds Max 或 MAX，是基于 PC 系统的三维动画渲染和制作软件。其前身是基于 DOS 操作系统的 3D Studio 系列软件。在 Windows NT 出现以前，工业级的 CG 制作被 SGI 图形工作站所垄断。3D Studio Max + Windows NT 组合的出现一下子降低了 CG 制作的门槛，首选开始运用在电脑游戏中的动画制作，后更进一步开始参与影视片的特效制作，例如 X 战警 II、最后的武士等，如图 1-1 所示。在 Discreet 3ds Max 7 后，正式更名为 Autodesk 3ds Max，目前最新版本是 3ds Max 2015。

图 1-1 影视特效

1.1　3ds Max 2015 简介

3ds Max 软件广泛应用于影视动画、建筑、工业等领域，在国内拥有较多的使用者。本章介绍 3D 软件的基本知识，主要是关于软件的发展、应用以及安装、启动等知识点。

1.1.1　3ds Max 软件的发展

3d Studio Max 软件从 1990 年推出至今，已走过了 20 多个年头。软件不定期地改进旧版本，推出新版本，每次的更新换代都为各应用领域带来新的发展。

1996 年 4 月，3d Studio Max 1.0 诞生，至 2006 年为止，已陆续推出了 3D Studio Max R3、Discreet 3ds Max 4……Autodesk 3ds Max 9 版本。2007 年至 2012 年，3ds Max 软件几乎每年更新一次，命名为 3ds Max 2008、3ds Max 2009……3ds Max 2012。

Autodesk 3ds Max 2013 的发布为使用者带来了更高的制作效率及令人无法抗拒的新技术。使用户可以在更短的时间内制作模型，角色动画及更高质量的图像。如图 1-2 所示为 3ds Max2013 的启动界面。

目前 3ds Max 的最新版本为 2015 版本，不仅更换了软件的 LOGO，而且还新增了一些功能，比如贴图支持矢量贴图、集群动画变得异常地方便和强大等，这些新功能在稍后的小节中会有介绍，如图 1-3 所示为 3ds Max2015 的启动界面。

图 1-2 3ds Max 2013 启动界面　图 1-3 3ds Max 2015 启动界面

1.1.2　3ds Max 的应用领域

3ds Max 广泛应用于广告、影视、工业设计、建筑设计、三维动画、多媒体制作、游戏、辅助教学以及工程可视化等领域。

在广告领域，经常使用 3ds Max 软件制作创意广告。即根据广告主题，经过精心思考和策划，运用艺术手段，把所掌握的材料进行创造性的组合，以塑造一个意象的过程。如图 1-4 所示为使用 3ds Max 软件所制作的创意广告效果。

在影视行业中，利用实际拍摄所得的素材，通过三维动画和合成手段制作特技镜头，然后把镜头剪辑到一起，形成完整影片，并且为影片制作声音。如图 1-5 所示为通过 3ds Max 软件所制作的影视特技镜头。

图 1-4 创意广告效果　　图 1-5 影视特技镜头

在建筑设计领域，3ds Max 软件能完全辅助 CAD 进行全三维精确建模，进行复杂三维模型的制作。如图 1-6 所示为建筑模型的制作效果。

在三维动画领域，三维动画软件在计算机中首先建立一个虚拟的世界，设计师在这个虚拟的三维世界中按照要表现的对象的形状尺寸建立模型以及场景，再根据要求设定模型的运动轨迹、虚拟摄影机的运动和其他动画参数，最后按要求为模型赋上特定的材质，并打上灯光。当这一切完成后就可以让计算机自动运算，生成最后的画面。如图 1-7 所示为三维动画的制作效果。

图 1-6 建筑模型

图 1-7 三维动画

1.2 3ds Max 软件的安装与启动

3ds Max 软件可以在官网上下载，本节介绍安装与启动软件的操作方法。

01 在软件安装图标上单击右键，在弹出的快捷菜单中选择"打开"选项，如图 1-8 所示。

02 系统弹出【安装初始化】对话框，如图 1-9 所示。

图 1-8 选择"打开"选项

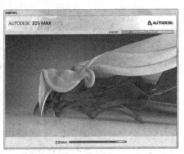

图 1-9 【安装初始化】对话框

03 稍后弹出【软件安装】对话框，如图 1-10 所示，单击右下角的"安装"按钮。

04 在下一步弹出的对话框中选择"我接受"选项，如图 1-11 所示。

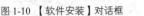

图 1-10 【软件安装】对话框

图 1-11 选择"我接受"选项

05 单击"下一步"按钮，在弹出的对话框中选择"我想试用该产品 30 天"选项，如图 1-12 所示。

06 单击"下一步"按钮，系统弹出安装路径对话框，在其中选择软件的安装路径，如图 1-13 所示。单击"安装"按钮，系统即执行安装软件的操作。

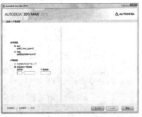

图 1-12 选择"我想试用该产品 30 天"选项

图 1-13 选择软件的安装路径

软件正确安装后，在计算机桌面即会显示软件图标，如图 1-14 所示。双击软件图标，即可打开【软件初始化】对话框，如图 1-15 所示。

图 1-14 软件图标

图 1-15 【软件初始化】对话框

随即进入 3ds Max 软件的工作界面如图 1-16 所示。

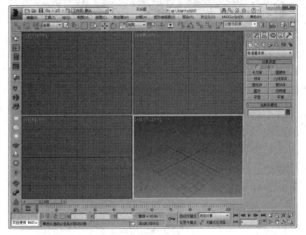

图 1-16 工作界面

首次启动 3ds Max2015 时，系统会弹出如图 1-17 所示的【欢迎使用 3ds Max】对话框。在其中包含了 6 个基本技能影片，还可以通过该对话框创建新场景，或者打开 .max 文件。

取消勾选对话框左下角的"在启动时显示此欢迎屏幕"选项，可以在下次启动软件时不打开【欢迎使用 3ds Max】对话框。

图 1-17 【欢迎使用 3ds Max】对话框

提示

在 3ds Max 中执行"帮助"→"欢迎屏幕"命令，可以打开【欢迎使用 3ds Max】对话框，如图 1-18 所示。

图 1-18 选择"欢迎屏幕"选项

工作界面各视口默认带有栅格，可以提供辅助绘图的作用；按下 G 键，可以暂时关闭视口中的栅格，如图 1-19 所示。

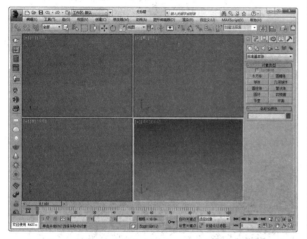

图 1-19 关闭栅格

单击视口左上角的"视口控制"按钮 ，在弹出的下拉菜单中选择"最大化视口"选项，如图 1-20 所示；可以将视口最大化，如图 1-21 所示。或者单击工作界面右下角的"最大化视口切换"按钮 ，或者按下 Alt+W 组合键，都可切换到单一的视图显示。

图 1-20 选择"最大化视　　　图 1-21 最大化视口
口"选项

1.3 3ds Max 的工作流程

3ds Max 软件需要按照一定的工作流程来操作，才能完成图形的绘制。

1. 创建模型

创建模型是在 3ds Max 中开始工作的第一步，若没有模型则以后的工作就如同空中楼阁，无法实现。

3ds Max 提供了丰富的建模方式。建模时可以从不同的 3D 基本几何体开始，也可以使用 2D 图形作为放样或挤出对象的基础，还可以将对象转变成多种可编辑的曲面类型，然后通过拉伸顶点和使用其他工具进一步建模。

2. 设计材质

完成模型的创建工作后，需要使用"材质编辑器"设计材质。再逼真的模型如果没有赋予恰当的材质，最终都不可能成为一件完整的作品。通过为模型设置材质能够使模型看上去更加真实。而且 3ds Max 提供了许多材质类型，既有能够实现折射和反射的材质，也有能够表现凹凸不平表面的材质。

3. 设置灯光与摄像机

灯光是一个场景不可缺少的元素，若没有恰当的灯光，场景就会大为失色，有时甚至无法表现出创作意图。在 3ds Max 中既可以创建普通的模拟灯光，也可以创建基于物理计算的光度学灯光或天光、日光等能够表现真实光照效果的灯光。然后为场景添加摄像机以模拟在虚拟三维空间中观察模型的方式，从而获得真实的视觉效果。

4. 渲染场景

完成上述步骤后，还需要将场景渲染出来，在此过程中可以为场景添加颜色或环境效果。

5. 后期合成或修饰

在大多数情况下需要对渲染效果图进行后期修饰操作，即用二维图像编辑软件如 Photoshop 等进行修改，以去除由于模型或材质、灯光等问题而导致渲染后出现的瑕疵。另外，有时也将渲染后的图像作为素材应用于平面设计或影视后期合成工作中。无论哪种情况，都应该了解后期修饰或合成工作的工作要点或流程，以便两项工作能够更好地衔接。

1.4 3ds Max 2015 新增的主要功能

3ds Max 2015 在旧版本的基础上对某些功能进行了改进，本节介绍软件的一些新增功能。

1. 易用性方面的新功能

 搜索 3d Max 命令- - - - - - - - - - - - - - - -

执行"Search 3ds Max Commands"命令，可以按名称搜索操作。执行"帮助"→"Search 3ds Max Commands"命令，3ds Max 将显示一个包含搜索字段的小对话框，如图 1-22 所示。

图 1-22 包含搜索字段的小对话框

在输入字符串时，该对话框显示包含指定文本的命令名称列表，如图 1-23 所示。从该列表中选择一个操作会应用相应的命令（前提是该命令对于场景的当前状态适用），然后对话框将会关闭。该功能的快捷键为 X。

图 1-23 命令名称列表

鼠标和视口的默认设置

某些鼠标和视口默认设置已经更改，已使 3ds Max 更易于使用，使得选择子对象更容易。特别是"视觉样式和外观"和"背景"面板，如图 1-24 所示。

图 1-24 鼠标和视口默认设置

2. Hair 和 Fur 中的新功能

添加了一个新的 Scruffle 参数，以便能更好地控制成束头发。

图 1-25 不同束参数值效果

3. 贴图中的新特性

新增加了矢量贴图，可以加载矢量图形作为纹理贴图，并按照动态分辨率对其进行渲染；无论将视图放大到什么程度，图形都将保持鲜明、清晰。通过包含动画页面过渡的 PDF 支持，可以创建随着时间而变化的纹理，同时也可以通过对 AutoCAD PAT 填充图案文件的支持创建更加丰富和更具动态效果的 CAD 插图，如图 1-26 所示。

图 1-26 矢量贴图

4. 摄影机中的新特性

通过新的"透视匹配"功能，可以将场景中的摄影机视图与照片或艺术背景的透视进行交互式匹配。使用该功能，能轻松地将一个 CG 元素放置到静止帧摄影背景的上下文中，使其适合打印和宣传合成物，如图 1-27 所示。

图 1-27 透视匹配

5. 视口新功能

① Nitrous 性能改进

在 3ds Max 2015 中，复杂场景、CAD 数据和变形网格的交互和播放性能能有了显著提高，这要归功于新的自适应降级技术、纹理内存管理的改进、增添了并行修改器计算以及某些其他优化。

Nitrous 视口在多方面都有了更新，以提高速度，如图 1-28 所示。

改进了粒子流的播放性能。

改进了蒙皮对象的播放性能。

图 1-28 Nitrous 视口

改进了纹理管理。

线框显示中的背面消隐。

而且 Nitrous 视口现在完全支持自适应降级，包括"永不降级"对象属性。

② 支持 Direct3D 11

利用 Microsoft DirectX 11 的强大功能，再加上 3ds Max 2015 对 DX 11 明暗器新增的支持，艺术工作者现在可以在更短的时间内创建和编辑高质量的资源和图像。此外，凭借 HLSL（高级明暗处理语言）支持，新的 API 在 3ds Max 中提供了 DirectX 11 功能如图 1-29 所示。

图 1-29 支持 Direct3D 11

对于 3ds Max 2015 新集成的许多可加快日常工作流程执行速度的工具，它们可显著提高处理游戏、视觉效果和电视制作的个人和协作团队的工作效率。艺术工作者可以专注于创新，并可以自由地不断优化作品，以最少的时间提供最高品质的最终输出。

第 2 章

3ds Max 2015 工作界面

本章学习要点：

- 标题栏
- 菜单栏
- 自定义菜单
- 主工具栏
- 命令面板
- 动画控制区和视图控制区

使用 3ds Max 绘制图形，应首先了解软件的工作界面。在了解组成软件界面的各部分及其使用方法后，才能更好地运用软件的各命令来绘制或编辑图形。3ds Max2015 的工作界面由标题栏、快速访问工具栏、菜单栏以及主工具栏等部分组成，本章介绍工作界面各部分的使用方法。如图 2-1 所示为 3ds Max2015 的工作界面。

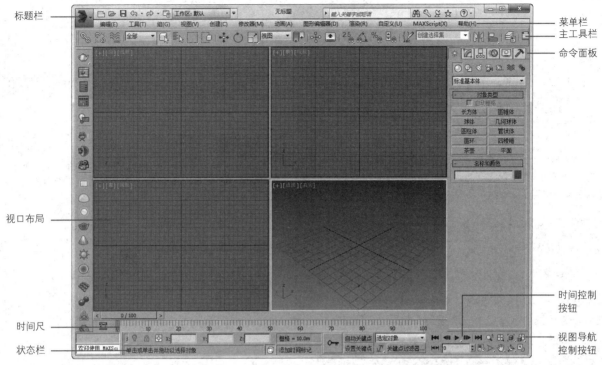

图 2-1 工作界面

2.1 标题栏

标题栏位于软件界面的最顶部，上面显示当前正在编辑的文件的名称、软件的版本信息，同时还包含软件图标（应用程序图标）、快速访问工具栏、信息中心，如图 2-2 所示。

图 2-2 标题栏

2.1.1 应用程序

单击"应用程序"按钮会弹出一个下拉菜单，其中主要包括"新建""重置""打开""保存""另存为""导入""导出""发送到""参考""管理""属性"和"最近使用的文档"12 个命令，如图 2-3 所示。

图 2-3 应用程序列表

下面介绍几个常用的命令：

❏ 新建：主要用于新建场景，快捷键为 Ctrl+N。

❏ 打开：执行该命令或按 Ctrl+O 组合键可以打开【打开文件】对话框，在对话框中可以选择要打开的场景文件，如图 2-4 所示。

图 2-4 打开文件对话框

❏ 保存：该命令可以保存当前场景。

❏ 另存为：该命令可以打开【文件另存为】对话框，在该对话框中可以设置文件的保存位置、文件名以及保存类型，如图 2-5 所示。

图 2-5 文件另存为对话框

    □ 归档：位于"另存为"次级列表中，执行该命令可以将创建好的场景、贴图保存为一个 ZIP 压缩包。对于一些场景归类，使用该命令是一种很的保存方法。

实战：文件归档

场景位置：DVD> 场景文件 > 第 02 章 > 模型文件 > 实战：文件归档 .max
视频位置：DVD> 视频文件 > 第 02 章 > 实战：文件归档 .mp4
难易指数：★★☆☆☆

    01 打开本书附带光盘"第 2 章 \ 文件归档 .max"文件，该场景中已准备好一些模型，如图 2-6 所示。

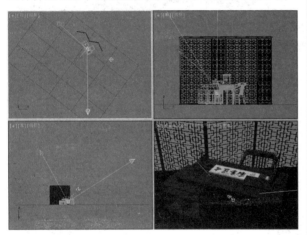

图 2-6 打开文件

    02 单击界面左上角的"应用程序"图标，在弹出的菜单中执行"另存为"→"归档"命令，如图 2-7 所示。

图 2-7 执行归档命令

    03 在弹出的【文件归档】对话框中选择保存位置和文件名，最后单击"保存"按钮，如图 2-8 所示。

图 2-8 文件归档

提示

    归档场景以后，在保存位置会出现一个 ZIP 压缩包，如图 2-9 所示。这个压缩包中会包含场景所有的文件以及相关信息文件。

图 2-9 归档压缩包

    □ 导入：该命令可以打开【选择要导入的文件】对话框，在对话框中可以选择要加入场景的文件，如图 2-10 所示。

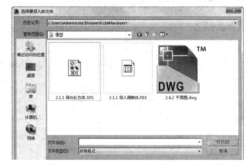

图 2-10 选择要导入的文件对话框

    □ 合并：位于"导入"列表中，执行该命令可以将保存的场景文件中的对象加载到当前场景中，如图 2-11 所示。

图 2-11 合并文件对话框

□ 导出：执行该命令可以导出场景中的几何体对象，在弹出的【选择要导出的文件】对话框中可以选择要导出的各种文件格式。

实战： 导入和导出

场景位置： DVD> 场景文件 > 第 02 章 > 模型文件 > 实战：导入和导出 .max
视频位置： DVD> 视频文件 > 第 02 章 > 实战：导入和导出 .mp4
难易指数 ★★☆☆☆

执行"导入"命令，可以将外部文件格式导入至 3ds Max 中。

01 单击应用程序图标，在弹出的下拉菜单中选择"导入"选项，如图 2-12 所示。

图 2-12 选择"导入"选项

02 系统弹出【选择要导入的文件】对话框，在其中选择带导入的文件，结果如图 2-13 所示。

图 2-13 【选择要导入的文件】对话框

03 单击"打开"按钮，系统弹出【3DS 导入】对话框，在其中显示了将导入文件的信息，如图 2-14 所示。

图 2-14 显示文件信息

04 单击"确定"按钮，完成图形的导入，结果如图 2-15 所示。

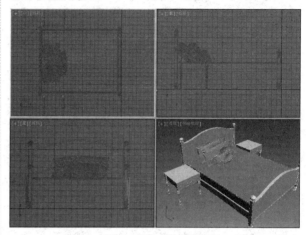

图 2-15 导入文件的结果

执行"导出"命令，可以从 3ds Max 中导出文件。

01 单击应用程序图标，在弹出的下拉菜单中选择"导出"选项，如图 2-16 所示。

图 2-16 选择"导出"选项

02 系统弹出【选择要导出的文件】对话框，单击"保存类型"选项框，在弹出的列表中选择图形文件的保存类型，如图 2-17 所示。

图 2-17 【选择要导出的文件】对话框

03 在"文件名"选项框中设置文件名称，单击"保存"按钮；系统弹出如图 2-18 所示的【将场景导出到 .3DS 文件】对话框，单击"确定"按钮关闭对话框，即可完成图形导出的操作，如图 2-19 所示。

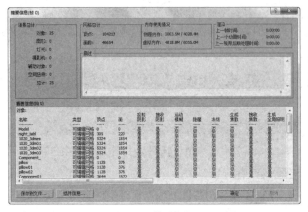

图 2-22 摘要信息

图 2-18 【将场景导出
到 .3DS 文件】对话框　　图 2-19 导出的文件

❑ 参考：该命令主要用于将外部参考文件插入 3ds Max 中，以便用户进行参考，如图 2-20 所示。

❑ 选项：单击该按钮，可以打开【首选项设置】对话框，在该对话框中几乎可以设置 3ds Max 所有首选项，如图 2-23 所示。

图 2-23 首选项设置

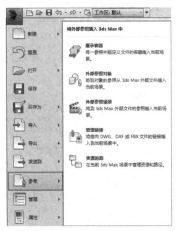

图 2-20 参考列表

❑ 资源追踪：位于参考的列表中，执行该命令可以打开【资源跟踪】对话框，在该对话框中可以检查贴图、光域网和输出文件的相关储存位置，如图 2-21 所示。

图 2-21 资源追踪对话框

❑ 管理：该命令用于对 3ds Max 的相关资源进行管理。

❑ 属性：主要用于显示当前场景的详细摘要信息和文件属性信息，如图 2-22 所示。

2.1.2 快速访问工具栏

"快速访问工具栏"上包含了场景中常用的几个命令，以方便用户管理场景文件，分别是"新建场景""打开文件""保存文件""撤销""重做""设置项目文件夹" 6 个命令。单击"工作区"选项框右侧的向下箭头，弹出如图 2-24 所示的下拉列表，用户也可以根据自己的喜好对"快速访问工具栏"进行设置。

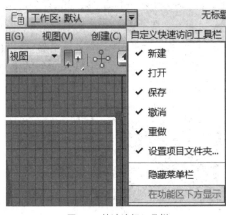

图 2-24 快速访问工具栏

□ "撤销"：单击该按钮，可撤销上一个场景命令。
□ "重做"：单击该按钮，可以重做上一个场景命令。
□ "设置项目文件夹"：单击该按钮，系统弹出如图 2-25 所示的【浏览文件夹】对话框，在其中可以更改项目文件夹的位置。

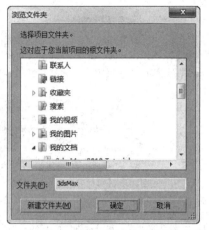

图 2-25 【浏览文件夹】对话框

2.1.3 信息中心

信息中心位于软件工作界面的右上角，如图 2-26 所示，在其中可以访问关于 3ds Max 2015 和 Autodesk 其他产品的信息。

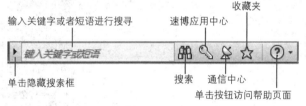

图 2-26 信息中心

2.2 菜单栏

菜单栏位于标题栏和信息中心的下方，如图 2-27 所示，其中包含"编辑""工具""组""视图""创建""修改器""动画""图形编辑器""渲染""自定义""MAXScript"和"帮助"12 个主菜单。

编辑(E) 工具(T) 组(G) 视图(V) 创建(C) 修改器(M) 动画(A) 图形编辑器(D) 渲染(R) 自定义(U) MAXScript(X) 帮助(H)

图 2-27 菜单栏

2.2.1 编辑菜单

"编辑"菜单包含各类编辑对象的命令，如图 2-28 所示。

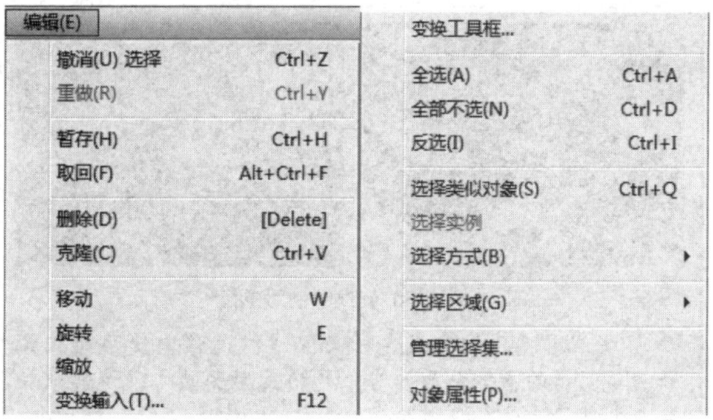

图 2-28 "编辑"菜单

> **提示**
>
> 在展开"编辑"菜单时可以发现，某些命令后面有相对应的快捷键，比如"撤销"命令的快捷键为"Ctrl+Z"，即按下"Ctrl+Z"组合键就可以执行"撤销"命令。

□ 暂存：调用该命令，可以将场景保存至磁盘的缓冲区。

□ 取回：该命令可以还原上一个"暂存"命令存储的缓冲内容。

□ 克隆：3ds Max 提供了三种克隆对象的方式，分别是复制、实例、参考。调用"克隆"命令，可以创建选定对象的副本、实例或者参考对象。

技术看点 克隆对象

在三维模型创作过程中，经常会使用到复制功能，熟练掌握各种复制工具可以极大地提高工作效率。变换工具复制是经常使用的方法，按住 Shift 键的同时利用移动、旋转或缩放工具拖动鼠标即可将对象进行变换复制，释放鼠标的同时软件会自动弹出"克隆"选项对话框，该复制的类型可以分为 3 种，即常规复制、实例复制、参考复制，同时还可以在对话框中设置数量。

常规复制：在复制的物体与原始对象之间是完全独立的，也就是说，复制出来的对象和原始对象互不影响，下面通过一个简单的实例来演示其使用方法。

打开本书附带光盘"第 2 章 \ 复制 .max"文件，该场景中有一个沙发模型，选择场景中的模型，按住 Shift 键，然后使用移动工具拖动复制，保持在复制过程中所弹出的对话框中的参数为默认参数，单击"确定"按钮，如图 2-29 所示。

图 2-29 复制对象

使用移动工具调整其复制出来的对象，依照同样的方法复制三个沙发对象，并使用移动和旋转工具调整其位置，如图 2-30 所示。

图 2-30 变换复制对象

实例复制：该方式在效果图制作过程中使用比较频繁，复制出的物体与原始对象是相互影响的，改变其中任意一个，另外一个跟随改变。

01 打开本书附带光盘"第 2 章\ 实例复制 .max"文件，该场景中有一个沙发模型，按住 Shift 键，然后使用移动工具进行复制，在弹出的对话框中选择"对象"选项组中的"实例"选项，再单击"确定"按钮，如图 2-31 所示。

图 2-31 实例复制

02 选择场景中的对象，执行"组"→"解组"命令，再选择一个对象，切换面板到"修改命令"面板，展开其对象的子对象，如图 2-32 所示。

图 2-32 解组

03 保持顶点为选择模式，选择任意的点并进行调节，让它产生形变，此时可以看见另一个对象也会产生相同的变化，如图 2-33 所示。

图 2-33 实例复制

参考复制：该复制放置在改变复制的物体时，原始对象不跟随改变，但改变原始对象，复制物体跟随改变。它介于常规复制与关联复制之间，既有关联性，又有独立性，如图 2-34 所示。

图 2-34 参考复制

❑ 移动：调用该命令，可以在 X、Y、Z 三个方向上移动选中的图形对象。

❑ 旋转：调用旋转命令，可以在 X、Y、Z 三个方向上旋转选中的图形对象。

❑ 缩放：调用缩放命令，可以在 X、Y、Z 三个方向上缩放选中的图形对象。

❑ 变换输入：该命令可以设置图形对象移动、旋转、缩放的数值。如果当前选择了"选择并移动"工具 ，执行"编辑"→"变换输入"命令系统弹出如图 2-35 所示的【移动变换输入】对话框，在其中可设置各方向上的移动距离，使图形精确移动指定距离。

图 2-35 【移动变换输入】对话框

❑ 变换工具框：调用该命令可以打开如图 2-36 所示的【变换工具框】对话框。在分别选择"选择并移动"工具 、"选择并旋转"工具 、"选择并均匀缩放"工具 时，可以调整各编辑工具相对应的变换参数。

图 2-36 【变换工具框】对话框

❑ 全选：调用该命令，可以选择场景中所有的对象。

❑ 全部不选：调用该命令，取消对图形对象的选择操作。

❑ 反选：调用该命令，可以反向选择对象。

❑ 选择类似对象：调用该命令，可以自动选择与当前选择对象类似的所有对象。类似对象是指这些对象与已选择的对象位于同一层中，且应用了相同的材质或者没有应用材质。

❑ 选择实例：调用该命令，可以选定对象的所有实例化对象。假如对象没有实例或者选定了多个对象，则该命令不可用。

❑ 选择方式：该命令包含三个子命令，显示在"编辑"主菜单的右侧。

❑ 名称：选择该项，系统弹出如图 2-37 所示的【从场景选择】对话框，单击图形对象的名称，即可选中对象。

❑ 对象属性：选择场景中的一个或者多个对象后，执行"编辑"→"对象属性"命令，系统会弹出如图 2-38 所示的【对象属性】对话框，在其中显示了对象的各项属性。

图 2-37 【从场景选择】对话框　图 2-38 【对象属性】对话框

可以对图层中的图形执行"隐藏""冻结""渲染""更改颜色""光能传递"操作。单击各层"颜色"按钮，系统弹出如图 2-42 所示的【层颜色】对话框，在其中选择色块，即可更改图层的显示颜色。

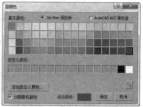

图 2-41 【层】对话框　　图 2-42 【层颜色】对话框

□ 灯光列表：调用该命令，可以在弹出的【灯光列表】对话框中对场景中的所有灯光参数进行分别设置。值得注意的是，该对话框仅显示 3ds Max 内置的灯光，不能显示 VRay 灯光。

□ 阵列：该命令可以基于当前的选择创建对象阵列。

2.2.2 工具菜单

"工具"菜单包含各类对物体进行基本操作的命令，如图 2-39 所示。

图 2-39 "工具"菜单

实战：灯光列表的应用

场景位置：DVD>场景文件>第 02 章>模型文件>实战：灯光列表的应用 .max
视频位置：DVD>视频文件>第 02 章>实战：灯光列表的应用 .mp4
难易指数：★★☆☆☆

01 打开本书附带光盘"第 2 章 \ 灯光列表的应用 .max"文件，如图 2-43 所示场景中已经设置好了各种类型的灯光和摄影机；切换至摄影机视图，单击主工具栏上的渲染按钮，观察默认灯光的效果，如图 2-44 所示。

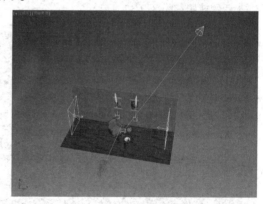

图 2-43 绘制灯光图形

> **提示**
> 从本节开始，将对各菜单栏中常用命令及用法进行详细介绍，其他不常用命令进行简单介绍。

□ 孤立当前选择：执行"工具"→"孤立当前选择"命令，可以将选中的对象单独显示，如图 2-40 所示。

图 2-40 孤立当前选择

□ 结束隔离：执行了"孤立当前选择"命令后，未被选中的图形对象被隐藏。此时调用"工具"→"结束隔离"命令，可以显示被隐藏的对象。

□ 层管理器：调用该命令，系统弹出如图 2-41 所示的【层】对话框。0 图层为默认图层，不能删除。通过对话框，

图 2-44 默认渲染效果

02 从渲染出来的图像可以观察出，整体图像亮度有些过度，墙面上的光度学灯光形状不清楚，下面执行"工具"→"灯光列表"命令，在弹出的【灯光列表】对话框中显示了所绘制灯光的具体参数，如图2-45所示。

图 2-45 打开【灯光列表】对话框

03 在对话框中设置"Spot001"倍增值为1.0，"TPhotometricLight1"倍增值为4000000，如图2-45所示。

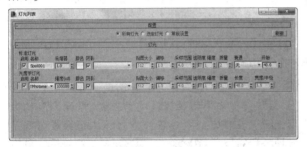

图 2-46 设置灯光参数

04 返回摄影机视图，单击渲染按钮，观察灯光在修改后的效果，如图2-47所示。

图 2-47 修改灯光参数后的效果

实战：**使用"陈列"制作挂钟刻度**

源文件位置：DVD>场景文件>第02章>场景文件>实战：使用"陈列"制作挂钟刻度.max
视频位置：DVD>视频文件>第02章>实战：使用"陈列"制作挂钟刻度.mp4
难易指数：★★☆☆☆

01 打开本书附带光盘"第2章\挂钟刻度.max"文件，场景中有一个没有完成刻度的挂钟模型，如图2-48所示。

图 2-48 打开模型

02 单击命令面板上"创建"→"标准基本体"→"长方体"按钮，在场景中创建长方体对象，如图2-49所示。

图 2-49 创建长方体

03 通过移动工具和对齐工具，调整长方体的位置，如图2-50所示。

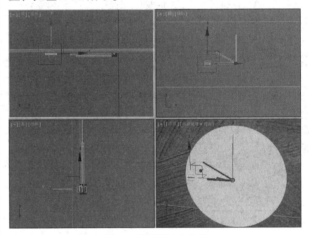

图 2-50 调整长方体位置

04 切换至"层次"命令面板，单击"仅影响轴"按钮，将创建出来的长方体对象的轴心点，对齐到中心位置处，如图2-51所示。

图 2-51 调整轴心点

05 执行"工具"→"阵列"命令，在弹出的【阵列】对话框中设置参数，如图2-52所示。

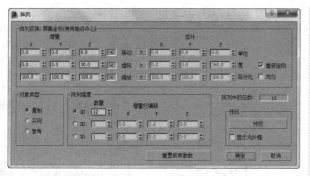

图 2-52 设置阵列参数

06 单击"确定"按钮，关闭对话框完成阵列的操作，效果如图 2-53 所示。

图 2-53 挂钟刻度效果

❑ 对齐：调用该命令，可以将选定的对象与目标对象对齐。

❑ 快照：调用该命令，系统弹出如图 2-54 所示的【快照】对话框，在其中可以随时间来克隆动画对象。

❑ 重命名对象：调用该命令，系统弹出如图 2-55 所示的【重命名对象】对话框，在其中可以重命名多个选中的对象。

图 2-54 【快照】对话框　　图 2-55 【重命名对象】对话框

❑ 颜色剪贴板：执行该命令，可以保存用于将贴图或材质复制到另一贴图或材质的色样。

❑ 透视匹配：执行该命令，命令面板显示该命令的选项，如图 2-56 所示；在此可以使用位图背景照片的 5 个或者多个特殊 CamPoint 对象来创建或者修改摄影机，以使其位置、方向和视野与创建原始照片的摄影机相吻合。

图 2-56 透视匹配命令选项

❑ 视口画布：执行该命令，系统弹出如图 2-57 所示的【视口画布】对话框；通过使用对话框中的工具可以将颜色和图案绘制到视口中对象的材质的任何贴图上。

图 2-57 【视口画布】对话框

❑ 栅格和捕捉：执行"工具"→"栅格和捕捉"→"栅格和捕捉设置"命令，系统弹出如图 2-58 所示的【栅格和捕捉设置】对话框；勾选各捕捉点选项，可以方便拾取特征点来编辑图形对象。

图 2-58 【栅格和捕捉设置】对话框

❑ 测量距离：执行该命令，可以测量指定两点的距离，测量结果在工作界面下方的状态栏显示。

❑ 通道信息：执行该命令，系统弹出如图 2-59 所示的【贴图通道信息】对话框，在其中显示所选对象的通道信息。

图 2-59 【贴图通道信息】对话框

2.2.3 群组菜单

"组"菜单如图 2-60 所示，可以将所选中的一个或者多个对象编成一个组，也可将成组的物体拆分为单个物体。

图 2-60 "组"菜单

❑ 组：选中待成组的图形对象，执行"组"命令，系统弹出如图 2-61 所示的【组】对话框，设置组名并单击"确定"按钮关闭对话框即可完成编组的操作。

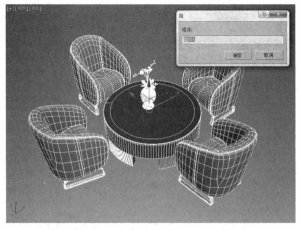

图 2-61 成组对象

□ 解组：选中成组的图形对象，调用该命令，可以将组解散为单个对象，如图 2-62 所示。

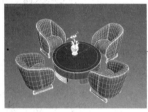

图 2-62 解组效果

□ 打开：执行该命令，可以将选定的组暂时解组，以便对其中的某个对象进行编辑。

□ 关闭：执行"打开"命令对组内的对象编辑完成后，调用"关闭"命令，可以结束打开状态，使对象恢复成原来的成组状态。

□ 附加：选中一个待入组的对象，执行该命令，可以将对象加入至指定的组中，如图 2-63 所示。

图 2-63 "附加"效果

□ 分离：执行"打开"命令，得到暂时解组的效果；选中待分离的对象，执行"分离"命令，可以将该对象从组中分离，如图 2-64 所示。

图 2-64 "分离"效果

□ 炸开：执行该命令，可以一次性解开所有的组。

2.2.4 视图菜单

"视图"菜单如图 2-65 所示，其中的各项命令可以用来控制视图的显示方式以及设置视图的相关参数。

图 2-65 "视图"菜单

□ 撤消视图更改：调用该命令，可以撤消对当前视图的最后一次操作。

□ 重做视图更改：调用该命令，可以取消当前视图中最后一次撤消操作。

□ 视口配置：调用该命令，系统弹出如图 2-66 所示的【视口配置】对话框，在其中可以对视图的视觉样式和外观、背景、布局、安全框等属性进行设置。

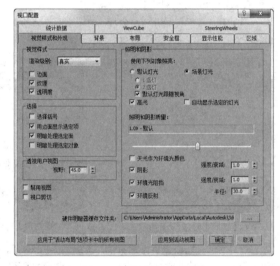

图 2-66 【视口配置】对话框

□ 重画所有视图：该命令可以刷新视图中图形对象的显示效果。

□ 设置活动视口：该命令菜单下的子命令如图 2-67 所示，调用这些子命令可以设置活动视口的类型；例如图中显示当前活动视图为顶视图，按下 P 键，可以切换至透视图。

ViewCube（视图导航器）：该命令菜单下的子命令用于设置"ViewCube"与"主栅格"参数，如图 2-68 所示。

图 2-67 活动视口子菜单

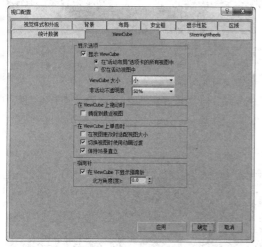

图 2-68 ViewCube 设置面板

SteeringWheels：该命令菜单下的子命令如图 2-69 所示，调用这些子命令可以用于在不同的轮子之间进行切换，并且可以更改当前轮子中某些导航工具的行为。

图 2-69 SteeringWheels 子菜单

❑ 从视图创建摄影机：调用该命令，可以创建其视野与某个活动的透视视口相匹配的目标摄影机。

❑ 视口中的材质显示为：该命令可以切换视口显示材质的方式。

❑ 视口照明和阴影：执行该命令可以设置灯光的照明与阴影。

❑ xView：该命令菜单下的子命令如图 2-70 所示，其中的"显示统计""孤立顶点"命令较为常用。

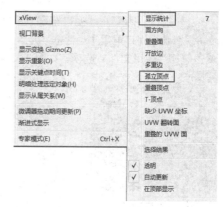

图 2-70 xView 子菜单

❑ 显示统计：调用该命令，可以在视图的左上角显示整个场景或者被选中对象的统计信息，如图 2-71 所示。

图 2-71 显示统计信息

❑ 孤立顶点：在模型创建完成后，调用"孤立顶点"命令，可以显示出模型包含的孤立顶点，并将其删除。

❑ 视口背景：调用该命令菜单下的子命令可以设置视口的背景。

实战：加载背景图像

场景位置：DVD> 场景文件 > 第 02 章 > 模型文件 > 实战_加载背景图像 .max
视频位置：DVD> 视频文件 > 第 02 章 > 实战_加载背景图像 .mp4
难易指数：★★☆☆☆

01 打开本书附带光盘"第 2 章 \ 加载背景图像 .max"文件，场景中有一个设置好的摄影机角度和沙发模型，如图 2-72 所示。

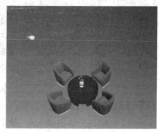

图 2-72 打开场景文件

02 执行"视图"→"视口背景"→"配置视口背景"命令，弹出【视口配置】对话框；选择"背景"选项卡，单击选择"使用文件"选项，如图 2-73 所示。

图 2-73 配置视口

03 在"设置"选项框中单击"文件"按钮，在弹出的【选择背景图像】对话框中选择图片，并单击"打开"按钮，返回【视口配置】对话框，单击"确定"按钮，完成视口背景的更改，结果如图 2-74 所示。

图 2-74 加载背景图片

04 按 C 键，切换回摄影机视图，调整好沙发的位置，完成视图的匹配，如图 2-75 所示。

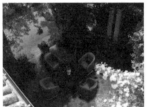

图 2-75 视图匹配效果

显示变换 Gizmo：调用该命令，可以控制所有视口 Gizmo 的三轴架是否显示，如图 2-76 所示。

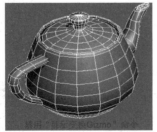

图 2-76 控制三轴架的开启与关闭

□ 显示重影：调用该命令，可以在当前帧之前或之后的许多帧显示动画对象的线框"重影副本"。

□ 显示关键点时间：调用该命令，可以切换沿动画显示轨迹上的帧数。

□ 明暗处理选定对象：将视口中的对象设置为"线框"显示，如图 2-77 所示；调用该命令，可以将选定的图形对象以"着色"的方式显示，如图 2-78 所示。

□ 显示从属关系：在使用"修改"面板时，调用该命令，可以使视口中被选定的对象高亮显示。

□ 微调器拖动期间更新：调用该命令，可以在视口中实时更新图形对象的显示效果。

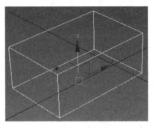
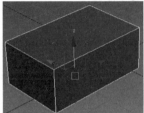

图 2-77 "线框"显示   图 2-78 "着色"显示

□ 渐进式显示：调用该命令，可以在变换几何体、更改视图或者播放动画时提高视口的性能。

□ 专家模式：调用该命令，工作界面仅显示菜单栏、时间滑块、视口和视口布局选项卡，而主工具栏、命令面板、状态栏以及其他的视口导航按钮被隐藏，如图 2-79 所示。

图 2-79 专家模式的显示方式

2.3 自定义菜单

"自定义"菜单如图 2-80 所示，通过调用其中的各项命令；不仅可以自定义工作界面，还可以对软件系统进行设置。

图 2-80 "自定义"菜单

□ 自定义用户界面：调用该命令，系统弹出如图 2-81 所示的【自定义用户界面】对话框。对话框中有"键盘"

"鼠标""工具栏""四元菜单""菜单""颜色" 6 个选项卡，单击选择其中的选项卡，通过修改其下所包含的各项参数，可以完成自定义用户界面的操作。

图 2-81 【自定义用户界面】对话框

❑ 加载自定义用户界面方案：3ds Max2015 的工作界面默认为黑色，如图 2-82 所示。单击该命令，系统弹出如图 2-83 所示的【加载自定义用户界面方案】对话框，在其中选择界面方案，即可应用所选择的界面方案。

图 2-82 默认工作界面

图 2-83 【加载自定义用户界面方案】对话框

❑ 保存自定义用户界面方案：该命令可存储当前状态下的用户界面方案。

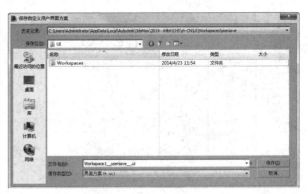

图 2-84 【保存自定义用户界面方案】对话框

❑ 还原为启动布局：该命令可以自动加载 _startup.ui 文件将用户界面返回到启动设置。

❑ 锁定 UI 布局：该命令可以防止由于鼠标单击而更改用户界面或者发生错误操作。当激活该命令时，通过拖动工作界面元素不能修改用户界面布局；但是使用鼠标右键单击菜单可以改变用户界面布局。

❑ 显示 UI：该命令可以在界面中显示相应的 UI 对象。

❑ 自定义 UI 与默认设置切换器：该命令可以更改程序的默认值和 UI 方案。

实战：设置快捷键

场景位置：无
视频位置：无
难易指数：★★☆☆☆

3ds Max 含有很多命令，使用快捷键可以快速地调用相应的命令，完成绘制或者编辑图形的操作。用户可以自定义命令快捷键，以符合自己的绘图习惯。

01 执行"自定义"→"自定义用户界面"命令，打开【自定义用户界面】对话框，选择"键盘"选项卡，如图 2-85 所示。

图 2-85 打开【自定义用户界面】对话框

02 在"类别"列表中选择"File"，用鼠标选择"导出文件"命令，在"热键"框处按下 Ctrl+K 组合键，单击"指定"按钮，完成快捷键的设置如图 2-86 所示。

图 2-86 指定快捷键

03 在【自定义用户界面】对话框中单击"保存"按钮,可以将设置的快捷键文件保存起来,如图 2-87 所示。"加载"则会将保存的快捷键文件,导入到 3ds Max 中,如图 2-88 所示。

图 2-87 保存快捷键　　　　图 2-88 加载快捷键

04 单击【自定义用户界面】对话框右上角的关闭按钮,按下 Ctrl+K 组合键即可打开【选择要导出的文件】对话框,如图 2-89 所示。

图 2-89 【选择要导出的文件】对话框

❑ 配置用户路径:3ds Max 软件通过使用存储的路径来定位不同类型的用户文件,比如场景、图像、光度学等文件,而该命令可以自定义这些路径。

❑ 配置系统路径:3ds Max 软件可以通过路径来定位不同种类的文件,包括默认设置、字体,并可启动 MAXScript 文件,该命令可以自定义这些路径。

❑ 单位设置:该命令用于设置系统单位参数。

❑ 插件管理器:执行该命令可以打开【插件管理器】对话框如图 2-90 所示,在其中显示了 3ds Max 插件目录中的所有插件列表,其中包含插件描述、类型、状态、大小和路径。

图 2-90 插件管理器

❑ 首选项:该命令可以对 3ds Max 所有的首选项进行设置,如图 2-91 所示。

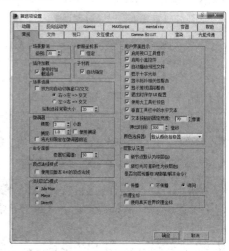

图 2-91 【首选项设置】对话框

实战: 设置场景与系统单位

场景位置:无
视频位置:无
难易指数:★★☆☆☆

使用 3ds Max 绘制图形之前,应先对其系统单位进行设置,以保证绘制精确的模型。

01 在未设置系统单位之前,在场景中创建一个长方体,在"参数"栏下可以显示该图形对象的相关参数,如图 2-92 所示这些参数的后面都未标示单位。

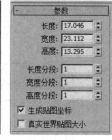

图 2-92 创建长方体对象

02 执行"自定义"→"单位设置"命令，在弹出的【单位设置】对话框中选择"显示单位比例"为"公制"，并在下拉列表中将单位设置为"毫米"，如图 2-93 所示。

图 2-93 设置显示单位

03 单击"系统单位设置"按钮，在【系统单位设置】对话框中将"系统单位比例"设置为"毫米"，如图 2-94 所示。

图 2-94 设置系统单位

04 单击"确定"完成各单位的设置，切换至修改命令面板，在"参数"栏下可以看到长方体的长、宽、高各项参数后都显示了单位 mm，如图 2-95 所示。

图 2-95 设置系统单位之后

2.4 其他菜单

2.4.1 创建菜单

"创建"菜单如图 2-96 所示，其中的命令可以用来创建各种图形对象、各种类型的灯光以及摄影机等。

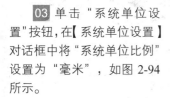

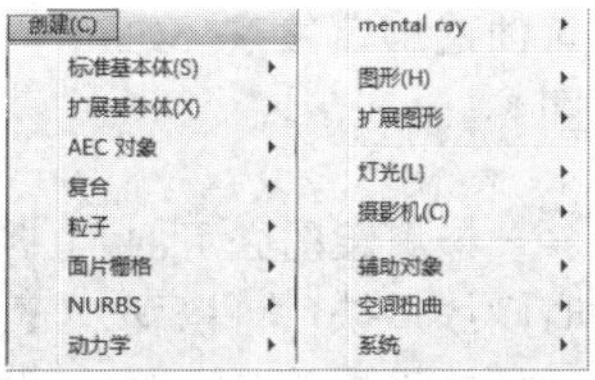

图 2-96 "创建"菜单

2.4.2 修改器菜单

"修改器"菜单如图 2-97 所示，在其中包含了各种类型的修改命令。

图 2-97 "修改器"菜单

2.4.3 动画菜单

"动画"菜单如图 2-98 所示，其中的各类命令可以用来制作动画。

图 2-98 "动画"菜单

2.4.4 图形编辑器菜单

"图形编辑器"菜单如图 2-99 所示，包括"轨迹视图—曲线编辑器""轨迹视图—摄影表""新建轨迹视图"等命令。

图 2-99 "图形编辑器"菜单

2.4.5 渲染菜单

"渲染"菜单如图 2-100 所示，包括"渲染""状态集""环境""材质编辑器"等命令，可以用来设置渲染参数。

图 2-100 "渲染"菜单

2.4.6 MAXScript（脚本）菜单

MAXScript（脚本）菜单如图 2-101 所示，其中包含"新建脚本""打开脚本"以及"运行脚本"等命令。

图 2-101 MAXScript（脚本）菜单

2.4.7 帮助菜单

帮助菜单如图 2-102 所示，其中包含"新功能""3ds Max 学习频道""欢迎屏幕"等帮助命令，可以为用户提供学习参考信息。

图 2-102 帮助菜单

2.5 主工具栏

主工具栏位于菜单栏的下方,如图 2-103、图 2-104 所示。其中包括了一些常用的编辑工具,比如选择、切换、镜像、对齐等。

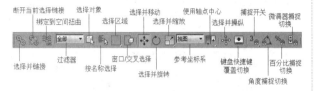

图 2-103 主工具栏

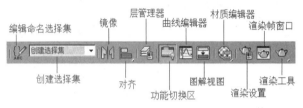

图 2-104 主工具栏

有些工具图标的右下角带有三角形的图标,选中工具图标;在图标上按住鼠标左键不放,可以弹出下拉列表,如图 2-105 所示为单击"选择并缩放"按钮所弹出的列表。

图 2-105 下拉列表

假如主工具栏在工作界面上显示不全,可以将光标置于主工具栏的空白处;当光标成手掌形状时,按住鼠标左键不放,左右移动主工具栏,即可查看没有显示的工具按钮。

在主工具栏上单击鼠标右键,可以弹出如图 2-106 所示的快捷菜单,被选中的工具栏即被调出。

图 2-106 快捷菜单

执行"自定义"→"显示 UI"→"显示浮动工具栏"命令,可以调出所有隐藏的工具栏,如图 2-107 所示。再次执行该命令,可以将浮动的工具栏隐藏。

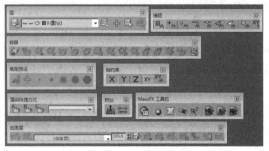

图 2-107 浮动工具栏

1. 选择并链接

该工具主要用于建立对象之间的父子链接关系与定义层级关系,但是只能父级物体带动子级物体,而子级物体的变化不会影响父级物体,如图 2-108 所示。

图 2-108 选择并链接效果

提示

选择的对象为子级,而被链接的对象才为父级。

2. 断开当前选择链接

主要用来断开建立父子链接关系的对象。

3. 绑定到空间扭曲

使用该工具,可以将指定的对象绑定到空间扭曲对象之上。如图 2-109 所示为柜体模型和爆炸变形对象。

图 2-109 变形对象

单击主工具栏上的"绑定到空间扭曲"工具按钮,在柜体上单击,然后按住左键不放,拖曳至爆炸变形对象之上,即可创建绑定关系,如图 2-110 所示。

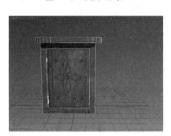

图 2-110 绑定关系

拖曳绘图区下的时间线滑块,可以发现柜体受爆炸变形对象的影响而变成了碎片,如图 2-111 所示。

图 2-111 爆炸结果

4. 选择过滤器

在复杂的场景中,使用"过滤器"工具,可以过滤不需要选择的对象,为选择大批同种类型的对象提供帮助。在列表中选择"骨骼"选项,如图 2-112 所示;

则只能在场景中选择骨骼对象，其他的几何体、图形等不会被选中，如图 2-113 所示。

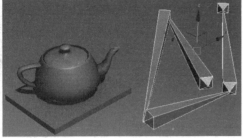

图 2-112 选择"骨骼"选项　　图 2-113 选定骨骼对象

实战：用过滤器选择场景中的对象

场景位置：DVD> 场景文件 > 第 02 章模型文件 > 实战：用过滤器选择场景中的对象 .max
视频位置：DVD> 视频文件 > 第 02 章 > 实战：用过滤器选择场景中的对象 .mp4
难易指数：★★☆☆☆

在场景中的对象种类较多，又仅需要选择其中某类对象时，可以使用过滤器对图形对象进行过滤，然后可以完整地选择某类指定的对象。

01 打开配套光盘提供的"第 2 章 / 用过滤器选择场景中的对象 .max"文件，如图 2-114 所示。

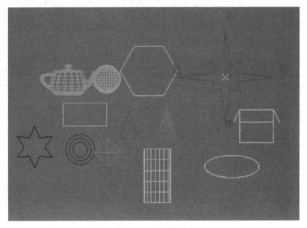

图 2-114 打开文件

02 在"过滤器"列表中选择"G—几何体"选项，如图 2-115 所示。

图 2-115 选择"几何体"选项

03 按下 Ctrl+A 组合键，就会发现只有几何体对象能被选中，如图 2-116 所示。

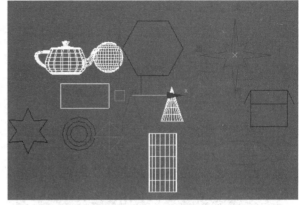

图 2-116 选中几何体

04 在"过滤器"列表中选择"H—辅助对象"选项，则发现只能选中该类对象，其他类型的对象不会被选中，如图 2-117 所示。

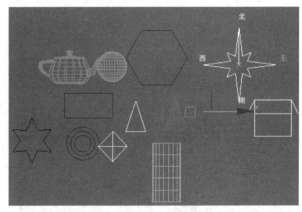

图 2-117 选择辅助对象

5. 选择对象

在主工具栏上单击"选择对象"工具，再返回视图中单击待选的图形对象，可以实现选择操作，如图 2-118 所示。

图 2-118 "选择"对象

提示

选择对象的方式还有框选、加选、减选、反选、孤立选择对象5种。

1. 框选图形

单击"选择对象"工具，在待选图形上拉出选框，如图2-119所示；位于选框内的图形被选中，如图2-120所示。值得注意的是，只能选中"选择过滤器"中所定义的类型图像。

图2-119 拉出选框

图2-120 选择对象

在使用"选择对象"工具选择对象时，系统默认选框类型为矩形选框，按下Q键，可以切换选框的类型。

"选择对象"工具包含"圆形"选框、"围栏"选框、"套索"选框、"绘制"选框，如图2-121、图2-122所示为使用"圆形"选框、"围栏"选框来选择对象的操作过程。

图2-121 "圆形"选框

图2-122 "围栏"选框

2. 加选图形

如果想在选择较为集中的新增对象，则可按住Ctrl键；单击其他加入的图形，即可将其添加至选择集中，如图2-123所示。

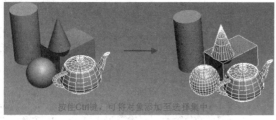
图2-123 加选图形

3. 减选图形

如果想要从选择的第一个对象中减去不需要的对象，则可按住Alt键，单击减去的图形，即可将其从选择集中减去，如图2-124所示。

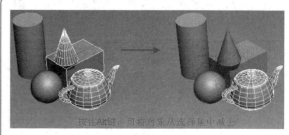
图2-124 减选图形

4. 反选图形

想要选择被选中图形以外的对象，可以按住Ctrl+I组合键，即可反选图形，如图2-125所示。

图2-125 反选图形

5. 孤立图形

使用这种方法选择对象，可以单独显示被选中的对象，方便用户进行编辑修改，如图2-126所示。

执行"工具"→"结束隔离"命令，或者在右键菜单中选择"结束隔离"选项，则可恢复其他图形的显示状态。

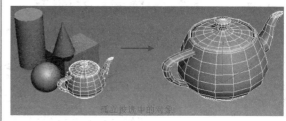
图2-126 孤立图形

6. 按名称选择

单击主工具栏上的"按名称选择"工具，系统弹出如图2-127所示的【从场景选择】对话框；选择相应的图形，单击"确定"按钮即可将与该名称相对应的图形选中，如图2-128所示。

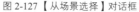
图2-127 【从场景选择】对话框

图2-128 选中对象

实战：按名称选择场景中物体
场景位置 DVD> 场景文件 > 第 02 章 > 模型文件 > 实战 按名称选择场景中物体 .max
视频位置 DVD> 视频文件 > 第 02 章 > 实战 · 按名称选择场景中物体 .mp4
难易指数 ★★☆☆☆

本节介绍根据图形对象的名称，来完成选择指定图形对象的操作。

01 打开配套光盘提供的"第 2 章 / 按名称选择场景中物体 .max"文件，如图 2-129 所示。

图 2-129 打开文件

02 单击"主工具栏"上的"按名称选择"按钮，在弹出的【从场景选择】对话框中显示了场景包含的所有图形对象的名称，如图 2-130 所示。

图 2-130 【从场景选择】对话框

03 按住 Ctrl 键不放，在对话框中选择相应对象名称，单击"确定"按钮，即可同时选中场景中多个对象，如图 2-131 所示。

图 2-131 选择多个对象

04 选择排在首位的对象名称，按住 Shift 键，单击排在末位的对象名称，可以全选所有的对象名称，如图 2-132 所示。

图 2-132 全选所有的对象名称

> **提示**
> 在场景中按 Ctrl+A 组合键，也可全选场景中所有的图形对象。

7. 窗口与交叉

主工具栏上的"窗口 / 交叉"工具默认为未激活状态，即工具按钮显示为。在图形对象上拉出选框，选框内的图形将会被选中，如图 2-133 所示。

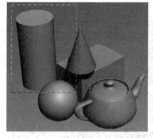
图 2-133 框选图形

单击激活"窗口 / 交叉"工具，工具按钮显示为，在图形对象上拉出选框，这时只有全部位于选框内的图形才能被选中，如图 2-134 所示。

图 2-134 选中框内的图形

实战：用"套索"选择场景不规则分布对象
场景位置 DVD> 场景文件 > 第 02 章 > 模型文件 > 实战 用"套索"选择场景不规则分布对象 .max
视频位置 DVD> 视频文件 > 第 02 章 > 实战 用"套索"选择场景不规则分布对象 .mp4
难易指数 ★★☆☆☆

场景中的图形对象可以呈现出各种状态，本节介绍使用"套索"工具选择图形的操作方法。

01 打开配套光盘提供的"第 2 章 / 用"套索"选择场景不规则分布对象 .max"文件，如图 2-135 所示。

02 单击主工具栏上的"选择对象"工具，鼠标按住"矩形选择区域"工具不放，在弹出的列表中选择"套索选择区域"工具，如图 2-136 所示。

图 2-135 打开文件　　　　图 2-136 选择工具

03 按住鼠标左键不放，在待选的图形对象上绘制任意形状的选择区域，如图 2-137 所示。

04 松开鼠标左键，在选择区域内的图形即被选中，如图 2-138 所示。

图 2-137 绘制选择区域

图 2-138 选择图形

8. 选择并移动

单击主工具栏上的"选择并移动"工具 ，或者按下 W 键，都可以选择这种移动对象的工具。

使用该工具选择对象，在图形上会显示坐标移动控制器；将光标置于轴向的中间，可以在多个轴向上移动对象，如图 2-139 所示。将光标置于某个轴向上，按住左键不放拖曳鼠标，即可在该轴向上移动图形，如图 2-140 所示。

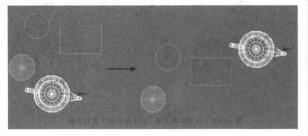

图 2-139 将光标置于轴向的中间

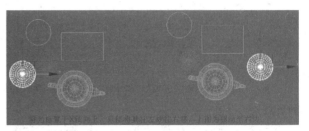

图 2-140 将光标置于 X 轴向上

在四视图中仅透视图可以完全显示坐标移动控制器的 X、Y、Z 这三个轴向，而顶视图、前视图、左视图仅能显示其中的两个轴向，如图 2-141 所示。

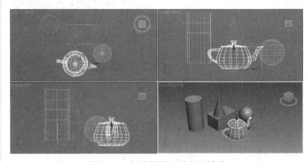

图 2-141 各视图显示轴向的情况

在"选择并移动"工具按钮上单击鼠标右键，可以弹出如图 2-142 所示的【移动变换输入】对话框；在其中的"绝对：世界""偏移：世界"选项组下输入移动参数，可以将选中的对象按指定的距离移动。

图 2-142 【移动变换输入】对话框

本节介绍通过移动复制长方体，来完成堆积木的操作。

01 创建长、宽、高尺寸均为 500mm 的长方体，结果如图 2-143 所示。

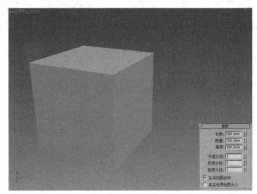

图 2-143 绘制长方体

02 激活 "选择并移动" 工具，按住 Shift 键不放，沿 y 轴拖动光标，系统弹出【克隆选项】对话框，在其中选择 "复制" 选项，设置副本数为 7，如图 2-144 所示。

03 单击 "确定" 按钮关闭对话框，即可完成克隆操作，如图 2-145 所示。

图 2-144 【克隆选项】对话框　　图 2-145 克隆结果

04 选中其中一个长方体，单击命令面板下的 "名称和颜色" 选项组右边的色块，系统弹出【对象颜色】对话框，在其中可以更改指定长方体的颜色，如图 2-146 所示。

05 单击 "确定" 按钮关闭对话框即可完成对象颜色的更改，结果如图 2-147 所示。

图 2-146 【对象颜色】对话框　　图 2-147 更改颜色

06 按住 Shift 键，向上移动复制更改颜色后的所有长方体，然后选中末尾的一个长方体，按下 Delete 键删除，如图 2-148 所示。

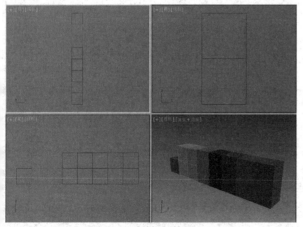

图 2-148 复制长方体

采用相同的方法，继续向上移动复制长方体绘制完成的积木图形，如图 2-149 所示。

图 2-149 绘制积木

提示

可以先将其中的一排长方体创建成组，再对成组的长方体执行克隆操作；然后解体克隆得到的长方体，再对其进行删除或者更改颜色操作。

9. 选择并旋转

单击主工具栏上的 "选择并旋转" 工具 🔄，或者按下 E 键，都可以选择这种旋转对象的工具。

激活该工具时，被选中的物体呈现坐标旋转控制器，可以在 x、y、z 轴上旋转图形。将鼠标置于其中的一个轴向上，按住左键不放旋转图形，在图形的旋转方向会出现指示箭头，如图 2-150 所示，表明目前正在往该方向旋转图形。

图 2-150 坐标旋转控制器

在 "选择并旋转" 工具按钮上单击鼠标右键，可以弹出如图 2-151 所示的【旋转变换输入】对话框，在其中可以设置各旋转轴向的参数。

图 2-151 【旋转变换输入】对话框

实战：制作沙发组合

场景位置：无
视频位置：无
难易指数：★★☆☆☆

本节介绍使用 "移动复制" 和旋转工具制作沙发组合，如图 2-152 所示为制作效果。

图 2-152 制作组合沙发

01 打开配套光盘提供的 "第 2 章 / 使用移动复制的方法制作沙发组合 .max" 文件, 如图 2-153 所示。

02 单击 "选择并移动" 工具 ✛, 选择沙发图形, 按住 Shift 键向下移动, 在弹出的【克隆选项】对话框中选择 "复制" 选项, 设置副本数为 1, 单击 "确定" 按钮完成移动的操作, 如图 2-154 所示。

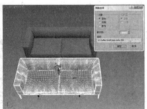

图 2-153 打开文件　　　　图 2-154 移动复制

03 使用 "选择并旋转" 工具调整沙发的方向, 并选择 "选择并缩放" 工具 ▣, 将鼠标置于 x 轴上, 向左移动鼠标, 缩放图形如图 2-155 所示。

图 2-155 缩放图形

04 单击 "选择并移动" 工具 ✛, 移动并复制沙发图形, 并使用 "旋转" 工具 ↻ 调整图形的旋转角度, 完成沙发图形的制作效果如图 2-156 所示。

图 2-156 完成效果

10. 选择并缩放

单击主工具栏上的 "选择并缩放" 工具 ▣, 或者按下 R 键, 都可以选择这种缩放对象的工具。

选择 "选择并均匀缩放" 方式, 可以沿着三个轴向以同等的比例缩放对象, 如图 2-157 所示。

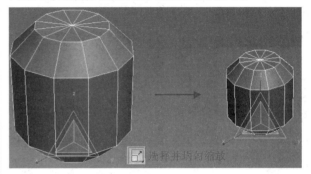

图 2-157 选择并均匀缩放

单击工具按钮的右下角实心箭头, 在弹出的列表中选择 "选择并非均匀缩放" 方式, 沿 z 轴方向缩放图形对象, 如图 2-158 所示。

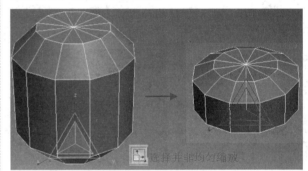

图 2-158 选择并非均匀缩放

在方式列表中选择 "选择并挤压" 方式, 任选一个方向可挤压图形对象, 如图 2-159 所示。

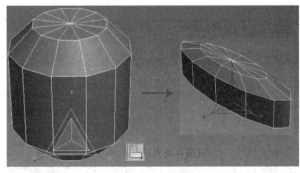

图 2-159 选择并挤压

实战: 用 "选择并缩放" 工具调整微波炉形状

场景位置　DVD>场景文件>第 02 章>实战: 用 "选择并缩放" 工具调整微波炉形状 .max
视频位置　DVD>视频文件>第 02 章>实战: 用 "选择并缩放" 工具调整微波炉形状 .mp4
难易指数　★★☆☆☆

在使用 "选择并缩放" 工具调整微波炉的形状前,

应先把微波炉创建成组，以保证各部分能按比例同时缩放。

01 打开配套光盘提供的"第 2 章 / 用"选择并缩放"工具调整微波炉形状 .max"文件，如图 2-160 所示。

图 2-160 打开文件

02 单击主工具栏上的"选择并均匀缩放"工具 ，将光标置于坐标缩放控制器的中间，向下拖动鼠标，将微波炉图形整体缩小，如图 2-161 所示。

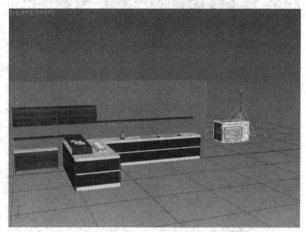

图 2-161 缩放微波炉对象

03 单击主工具栏上的"选择并移动"工具 ，在前视图和顶视图中调整微波炉对象的位置，如图 2-162 所示。

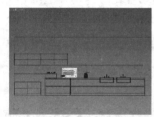 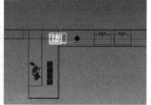

图 2-162 调整对象的位置

04 完成微波炉大小和位置的效果，如图 2-163 所示。

图 2-163 微波炉调整效果

11. 参考坐标系

参考坐标系用来指定在执行移动、旋转、缩放等变换操作时所使用的坐标系。在主工具栏上单击"参考坐标系"工具，在弹出的列表中显示了 9 种类型的坐标，有视图、屏幕、世界等，如图 2-164 所示。

图 2-164 坐标系列表

□ 视图：该坐标系是系统默认的坐标系，使用该坐标系移动图形对象时，可相对于视图空间来移动对象，即正交视图中的 X、Y、Z 轴都相同。

□ 屏幕：可以将活动视口的屏幕用作坐标系。

□ 世界：选择该项，可使用世界坐标系。

□ 父对象：使用选定对象的父对象作为坐标系。

□ 局部：以选定对象的轴心点为坐标系。

□ 万向：该坐标系与局部坐标系相类似，但是其 3 个旋转轴相互之间不一定垂直，可以与 Euler XYZ 旋转控制器一起使用。

□ 栅格：以活动栅格为坐标系。

□ 工作：以工作轴为坐标系。

□ 拾取：以场景中的另一对象为坐标系。

12. 使用轴点中心

单击主工具栏上的"使用轴中心"工具不放，在弹出的列表中可显示另外两种轴点中心工具，即"使用选择中心"和"使用变换坐标中心"工具，如图 2-165 所示。

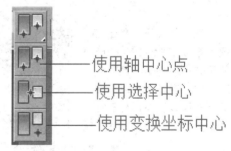

使用轴中心点

使用选择中心

使用变换坐标中心

图 2-165 工具列表

以圆柱体为例，在选择各轴点中心工具时，轴点位置的变换结果如图 2-166 所示。

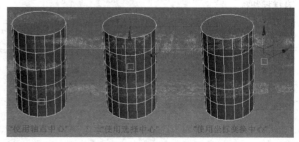

图 2-166 轴点位置的变换结果

□ 使用轴中心：选择该工具，可以围绕图形对象各自的轴点执行各类变换操作，如缩放、旋转等。

□ 使用选择中心：选择该工具，可以围绕一个或多个图形对象共同的几何中心执行变换操作。在对多个对象执行变换操作时，该工具能计算被选对象的平均几何中心，并在该中心的基础上执行变换操作。

□ 使用变换坐标中心：选择该工具，可以围绕当前坐标系的中心对一个或者多个对象执行变换操作。

13. 选择并操纵

"选择并操纵"工具可以与处于活动状态的选择模式或者变换模式一起，来对图形对象执行操纵。但是在选择操纵器辅助对象之前，应使"选择并操纵"工具属于未激活状态，即工具图标显示为。

14. 快捷键覆盖切换

系统默认开启"快捷键覆盖切换"工具，因为其可以同时识别主 UI 快捷键以及功能区域快捷键。当该工具处于关闭状态时，则仅能识别"主用户界面"快捷键。

15. 捕捉开关

单击主工具栏上的"捕捉开关"工具，或者按下 S 键，都可以选择该工具。在工具列表中显示了三种捕捉工具，如图 2-167 所示。

图 2-167 工具列表

在工具按钮上单击右键，系统弹出如图 2-168 所示的【栅格和捕捉设置】对话框，在其中可以设置捕捉类型以及与捕捉有关的参数值。

图 2-168 【栅格和捕捉设置】对话框

□ 2D 捕捉：用来捕捉活动的栅格。

□ 2.5D 捕捉：可以用来捕捉根据网格得到的几何体或者捕捉结构。

□ 3D 捕捉：用来捕捉 3D 空间中的任何位置。

16. 角度捕捉

单击主工具栏上的"角度捕捉"工具，或者按下 A 键，都可以选择该工具。该工具被激活后，在对图形对象执行旋转操作时，系统默认以 5° 为增量进行旋转，如图 2-169 所示为长方体在 z 轴方向上旋转 5°。

图 2-169 旋转 5°

在工具按钮上单击鼠标右键，系统弹出【栅格和捕捉设置】对话框，在"通用"选项组下的"角度"选项中可以更改旋转增量角度，结果如图 2-170 所示。

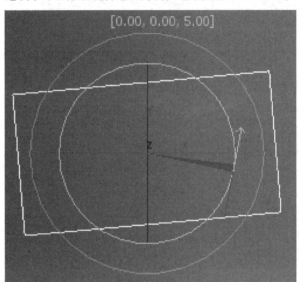

图 2-170 更改旋转增量角度

实战：用"捕捉"调整对象位置

场景位置：DVD>场景文件>第02章>模型文件>实战：用"捕捉"调整对象位置.max
视频位置：DVD>视频文件>第02章>实战：用"捕捉"调整对象位置.mp4
难易指数：★★☆☆☆

本节介绍通过"捕捉"工具调整餐椅位置的操作，如图 2-171 所示为操作结果。

图 2-171 操作结果

01 打开配套光盘提供的"第 2 章 / 用"捕捉"调整对象位置 .max"文件,如图 2-172 所示。

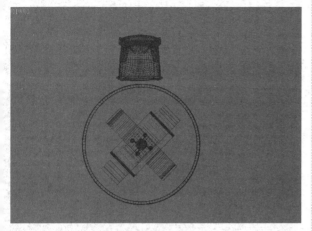

图 2-172 打开文件

02 选择椅子图形,在命令面板上单击"层次"工具,然后单击"轴"按钮,在参数列表中单击"仅影响轴"按钮,在椅子上可显示一个如图 2-173 所示的坐标轴。

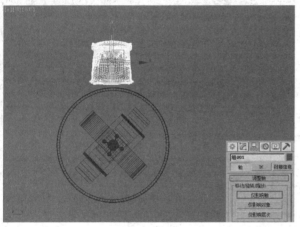

图 2-173 移动轴心

03 将鼠标置于 Y 轴上,按住鼠标左键不放并向下移动,调整坐标的中心位置,如图 2-174 所示。

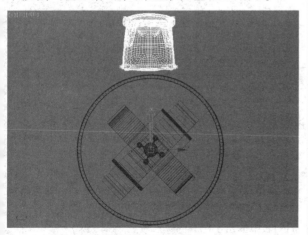

图 2-174 向下移动轴心

04 选择"角度捕捉切换"工具，在其按钮上单击右键,在弹出的【栅格和捕捉设置】对话框中设置角度参数,如图 2-175 所示。

图 2-175 【栅格和捕捉设置】对话框

05 退出"层次"命令面板,按住 Shift 键,并使用"选择并旋转"工具，将椅子进行旋转复制,如图 2-176 所示。

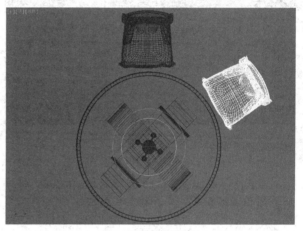

图 2-176 旋转复制图形

06 在弹出的【克隆选项】对话框中设置克隆的类型和副本数,如图 2-177 所示。

图 2-177 【克隆选项】对话框

07 单击"确定"按钮关闭对话框,完成复制的操作,如图 2-178 所示。

图 2-178 操作结果

17. 百分比捕捉

单击主工具栏上的"百分比捕捉"工具%，或者按下 Shift+Ctrl+P 键，都可以选择该工具。该工具被激活后%，在对图形对象执行缩放操作时，系统默认每次的缩放百分比为 10%。在工具按钮上单击鼠标右键，系统弹出如图 2-179 所示的【栅格和捕捉设置】对话框，在"通用"选项组下的"百分比"选项中可以更改缩放的百分比数值。

图 2-179 更改缩放的百分比数值

18. 微调器捕捉

单击主工具栏上的"微调器捕捉"工具，在对图形执行变换操作时，可以设置其变换结果的增加值或减小值。在工具按钮上单击右键，系统弹出如图 2-180 所示的【首选项设置】对话框，在其中的"微调器"选项组下可以设置微调器捕捉的参数。

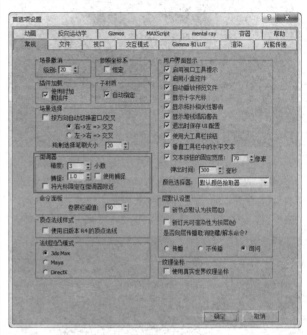

图 2-180 【首选项设置】对话框

19. 编辑命名选择集

在场景中选择一个或者多个图形对象，然后在主工具栏上单击"编辑命名选择集"工具，系统弹出如图 2-181 所示的【命名选择集】对话框。单击"创建新集"按钮，可以完成创建新的选择集操作；单击选择集名称前的 +，可以在列表中显示该选择集中各图形的名称，如图 2-182 所示。

图 2-181 【命名选择集】对话框　　图 2-182 创建新集

20. 创建选择集

选择待创建成集的图形对象，单击"创建选择集"，在其中输入选择集的名称，即可新建选择集。单击选框右边的向下箭头，在弹出的列表中显示了已有的选择集。

21. 镜像

选中要镜像的对象后，单击主工具栏上的"镜像"工具，系统弹出如图 2-183 所示的【镜像：世界坐标】对话框，在其中可以设置镜像轴、镜像方式以及镜像 IK 限制参数值。

图 2-183 【镜像：世界坐标】对话框

图 2-186 设置参数

实战：用"镜像"制作停车场的轿车

场景位置：DVD>场景文件>第02章模型文件>实战：用"镜像"制作停车场的轿车.max
视频位置：DVD>视频文件>第 02 章>实战：用"镜像"制作停车场的轿车.mp4
难易指数：★★☆☆☆

本节介绍使用"镜像"工具制作停车场的轿车，如图 2-184 所示为制作结果。

图 2-184 制作结果

01 打开配套光盘提供的"第 2 章 / 用"镜像"制作停车场的轿车 .max"文件，如图 2-185 所示。

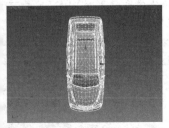

图 2-185 打开文件

02 使用"选择并移动"工具选中轿车对象，单击"镜像"工具，在弹出的【镜像：世界坐标】对话框中设置参数，如图 2-186 所示。

03 单击"确定"按钮关闭对话框，镜像结果如图 2-187 所示。

04 选择"镜像"工具，以 X 轴为镜像轴，偏移距离为 8，镜像复制轿车图形，如图 2-188 所示。

图 2-187 镜像结果　　　　　图 2-188 完成操作

22. 对齐

选择待对齐的对象，单击主工具栏上的"对齐"工具，系统弹出如图 2-189 所示的【对齐当前选择】对话框，在其中可以设置对齐位置、对齐方向、匹配比例的参数值。在"对齐"工具列表中显示了 6 种对齐工具，如图 2-190 所示。

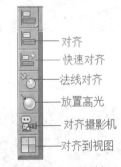

图 2-189 创建新集　　　　　图 2-190 工具列表

□　对齐：按下 Alt+A 组合键，选择该工具，可将以选定的对象与目标对象对齐。

□　快速对齐：按下 Shift+A 组合键，选择该工具，可以将当前所选的对象的位置与目标对象的位置对齐。

□　法线对齐：按下 Alt+N 组合键，用该工具先选择待对齐的图形对象，单击对象上的面，然后单击另一对象上的面，此时系统弹出如图 2-191 所示的【法线对齐】对话框，在其中可以设置对齐参数。

图 2-191 【法线对齐】对话框

□　放置高光 ◎：按下 Ctrl+H 组合键，选择该工具能将灯光或图形对象对齐到另一对象上，使其可以精确地定位其高光或者反射。选择"放置高光"模式，在任一视图中可以单击并拖动光标。

□　对齐摄影机 ▣：选择该工具，可以将摄影机与选定的面法线对齐，该工具的工作原理是在面法线上进行对齐操作，并在释放鼠标时完成。

□　对齐到视图 ▣：选择该工具，可以用于任何可变换的选择对象，能将对象或者子对象的局部轴对齐于当前视图。

实战：用"对齐"调整办公区域的椅子

场景位置：DVD>场景文件>第 02 章>模型文件>实战："用"对齐"调整办公区域的椅子 .max
视频位置：DVD>视频文件>第 02 章>实战：用"对齐"调整办公区域的椅子 .mp4
准易指数：★★☆☆☆

本节介绍使用"对齐"工具调整办公区域的椅子的位置，操作结果如图 2-192 所示。

图 2-192 调整椅子的位置

01　打开配套光盘提供的"第 2 章 / 使用"对齐"工具调整办公区域的椅子 .max"文件，如图 2-193 所示。

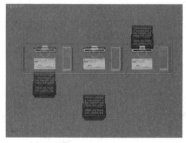

图 2-193 打开文件

02　选择 1 号椅子，单击主工具栏上的"对齐"工具 ▣，再单击 2 号椅子，在弹出的【对齐当前选择】对话框中设置参数，如图 2-194 所示。

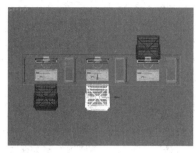 

图 2-194 设置参数

03　沿用上述操作方法，继续对齐另一把椅子，如图 2-195 所示。

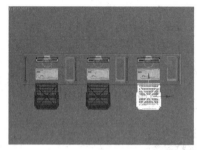 

图 2-195 对齐另一把椅子

23.　层管理器

单击主工具栏上的"层管理器"工具 ▣，可以打开如图 2-196 所示的【层】对话框，在其中可以设定指定图层的各类属性，如隐藏 / 冻结、渲染 / 不渲染、更改颜色、是否进行光能传递。单击各属性图标，可以激活属性或关闭属性。

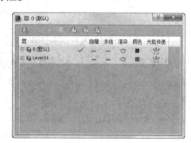

图 2-196 【层】对话框

在对话框中还可以创建层 ▣ 或者删除层，单击图层名称前的层图标，在弹出的【层属性】对话框中可以设置图层的各项属性参数，如图 2-197 所示。

图 2-197 【层属性】对话框

24. 功能切换区（石墨建模工具）

单击主工具栏上的"功能切换区"按钮，可以调出"建模工具"选项卡，如图 2-198 所示。该选项卡摆放灵活布局科学，为多边形建模提供了极大的便利，它是 PolyBoost 建模工具与 3ds Max 的结合，在 3ds Max 2015 之前的版本称其为"石墨建模工具"。

图 2-198 "建模工具"选项卡

25. 曲线编辑器

单击"曲线编辑器"工具，系统弹出如图 2-199 所示的【轨迹视图—曲线编辑器】对话框。在对话框中用曲线来表示运动，使运动的插值及软件在关键帧之间创建的对象变换更加直观化。

图 2-199 轨迹视图—曲线编辑器

26. 图解释图

单击"图解释图"按钮，系统弹出如图 2-200 所示的【图解视图】对话框。在其中可以访问对象的属性、材质、控制器、修改器、层次和不可见场景关系，也可查看、创建、编辑对象之间的关系，还可创建层次、指定控制器、材质、修改器以及约束等。

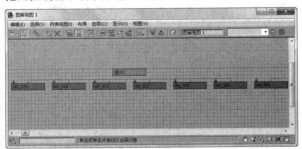

图 2-200 图解视图

27. 材质编辑器

单击"材质编辑器"工具，或者按下 M 键，系统弹出如图 2-201 所示的【Slate 材质编辑器】对话框，在其中可以编辑对象的材质。单击对话框菜单栏上的"模式"菜单，在弹出的列表中选择"精简材质编辑器"选项，可以切换至【材质编辑器】对话框，如图 2-202 所示。

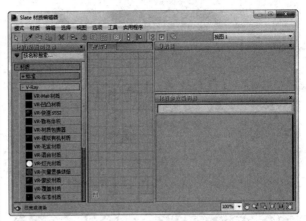

图 2-201 【Slate 材质编辑器】对话框

提示

关于材质编辑器的作用及用法将在第 9 章进行详细介绍。

图 2-202 【材质编辑器】对话框

28. 渲染设置

单击"渲染设置"工具，或者按下 F10 键，系统弹出如图 2-203 所示的【渲染设置】对话框，其中包含"Render Elements""光线跟踪器""高级照明""公用""渲染器"选项卡，所有的渲染设置参数都在这几个选项卡中完成。

图 2-203 【渲染设置】对话框

29. 渲染帧窗口

单击"渲染帧窗口"工具，系统弹出如图 2-204 所示的【渲染帧窗口】对话框，在对话框的上方提供了各任务选项，分别有选择渲染区域、切换图像通道以及存储渲染图、打印渲染图等。

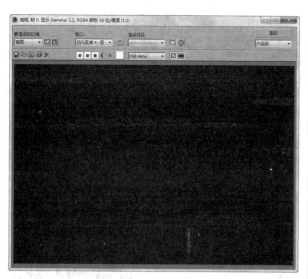

图 2-204 【渲染帧窗口】对话框

30. 快速渲染

单击"渲染产品"工具 ，系统弹出如图 2-205 所示的【渲染】对话框，在其中显示了图像渲染的进度、参数。

图 2-205 【渲染】对话框

2.6 命令面板

命令面板位于工作界面的右上角，可以完成场景中各类对象的操作。系统默认显示"创建"面板 ，另外还有"修改"面板 、"层次"面板 、"运动"面板 、"显示"面板 、"实用程序"面板 。

2.6.1 创建面板

创建面板 是最常用的面板，在面板中包含 7 种工具按钮，分别为"几何体"工具 、"图形"工具 、"灯光"工具 、"摄影机"工具 、"辅助对象"工具 、"空间扭曲"工具 、"系统"工具 。单击每个工具按钮，可以弹出命令列表，如图 2-206、图 2-207 所示。通过单击列表上的命令，可以创建相应的图形对象。

图 2-206 "几何体"列表

图 2-207 "图形"列表

□ 几何体 ：可以创建标准基本体（长方体、球体）、扩展基本体（异面体、切角长方体）、复合对象（变形、布尔）、粒子系统（喷射、雪）等类型的图形对象。

□ 图形 ：可以创建样条线、NURBS 曲线以及扩展样条线。

□ 灯光 ：能在场景中创建光度学、标准类型的灯光，这些灯光都可以用来模拟现实世界中的灯光效果。

□ 摄影机 ：在场景中创建摄影机，分目标和自由两种类型。

□ 辅助对象 ：可以创建"标准""大气装置""摄影机匹配"等对象，这些对象用来创建有助于场景制作的辅助对象。

□ 空间扭曲 ：可以制作"力""导向器""几何 / 可变形"等改变物体形态的效果，使这些空间扭曲功能与指定的对象发生作用，从而产生不同的扭曲效果。

2.6.2 修改面板

修改面板用来更改被选中的图形对象的参数，单击"修改器列表"选框右边的向下箭头，在弹出的列表中显示了各类修改命令，如图 2-208 所示。同时，在"修改"面板中的修改器可以用来调整图形对象的参数值，如图 2-209 所示。

图 2-208 "修改器"列表

图 2-209 修改器

实战：用"修改器"调整物体的形状

场景位置：DVD> 场景文件 > 第 02 章 > 模型文件 > 实战·用"修改器"调整物体的形状 .max
视频位置：DVD> 视频文件 > 第 02 章 > 实战·用"修改器"调整物体的形状 .mp4
难易指数：★★☆☆☆

本节介绍使用"修改器"调整花瓶形状的操作方法，如图 2-210 所示为调整的结果。

图 2-210 调整花瓶的形状

01 打开配套光盘提供的"第 2 章 / 用"修改器"调整物体的形状 .max"文件，如图 2-211 所示。

02 按下 L 键，切换至左视图，选择花瓶图形，按住 Shift 键向右移动鼠标，在弹出的【克隆选项】对话框中设置参数，结果如图 2-212 所示。

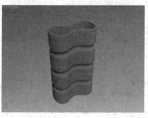

图 2-211 打开文件　　　　图 2-212 复制图形

03 选择"修改"面板，在"修改器列表"中选择"FFD3×3×3"选项，如图 2-213 所示。

图 2-213 添加修改器

04 单击"FFD3×3×3"修改器左侧的 + 图标，在弹出的列表中选择"控制点"选项，如图 2-214 所示。

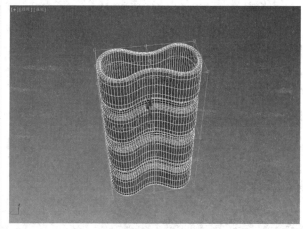

图 2-214 切换至"控制点"子层级

05 选择图形上方的控制点，通过缩放工具和移动工具调节花瓶的形状，如图 2-215 所示。

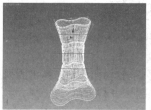
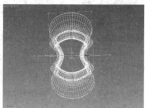

图 2-215 调节花瓶形状

06 完成花瓶模型的制作，如图 2-216 所示。

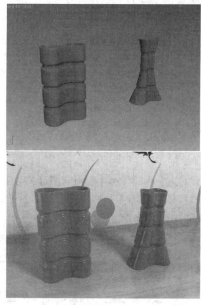

图 2-216 花瓶模型效果

实战：用"挤出"创建出墙体

场景位置：DVD> 场景文件 > 第 02 章 > 模型文件 > 实战·用"挤出"创建出墙体 .max
视频位置：DVD> 视频文件 > 第 02 章 > 实战·用"挤出"创建出墙体 .mp4
难易指数：★★★☆☆

本节介绍使用"挤出"工具创建墙体的操作方法，创建墙体的结果如图 2-217 所示。

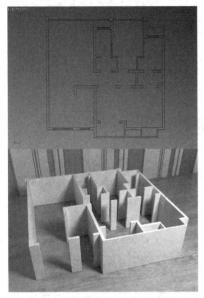

图 2-217 创建墙体

01 单击工作界面左上角的软件图标，在弹出的列表中选择"打开"选项，如图 2-218 所示。

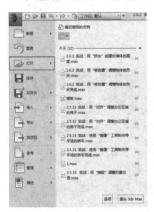

图 2-218 选择"导入"选项

02 系统弹出【打开文件】对话框中选择"用"挤出"创建出墙体"文件，如图 2-219 所示。

图 2-219 【选择要导入的文件】对话框

03 选择"捕捉开关"工具，在工具按钮上单击右键，在弹出的【栅格和捕捉设置】对话框中设置参数，如图 2-220 所示。

图 2-220 【栅格和捕捉设置】对话框

04 单击"创建"面板，选择"图形"工具，在命令列表中单击"矩形"按钮，如图 2-221 所示。

图 2-221 单击"矩形"按钮

05 吸取平面图的左上角点，用"矩形"工具绘制出所有墙体对象的轮廓，如图 2-222 所示。

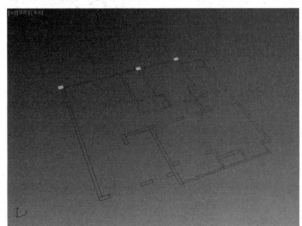

图 2-222 绘制轮廓

06 切换至"修改"面板，在"修改器列表"中选择"挤出"选项，并设置参数栏中的"数量"值为2800，如图 2-223 所示。

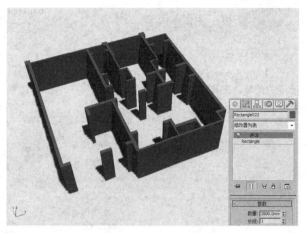

图 2-223 添加挤出修改器

2.6.3 层次面板

层次面板包含三种工具按钮，分别是"轴""IK""链接信息"，如图 2-224 所示。通过查看这些工具内所包含的参数，可以知晓调整对象间的层次链接信息，也可创建两个对象的链接关系，还可建立对象之间的父子关系。

图 2-224 "层次"面板

□ 轴 轴 ：系统默认选择该工具，其中包含"调整轴""工作轴""调整变换""蒙皮姿势"4 种类型的参数，通过这些参数可以调整对象和修改器中心位置，以及定义对象之间的父子关系等。

□ IK：该工具包含"反向动力学""对象参数""自动终结"等多项参数，主要用来定义动画的相关属性，如图 2-225 所示。

□ 链接信息：该工具包含"锁定""继承"两类参数，可以限制对象在特定轴中的移动关系，如图 2-226 所示。

图 2-225 "轴"各项参数

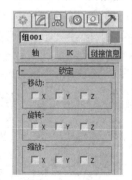

图 2-226 "IK"各项参数

2.6.4 运动面板

运动面板由"参数"工具、"轨迹"工具组成，如图 2-227 所示，其中的各项参数可以用来调整关键点的时间及其缓入和缓出效果。

图 2-227 "运动"面板

2.6.5 显示面板

显示面板由"显示颜色""按类别隐藏""隐藏"等多项参数组成，如图 2-228 所示，可以用来设置场景中控制对象的显示方式。

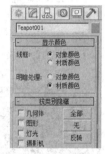

图 2-228 "显示"面板

2.6.6 程序面板

在程序面板中可以访问各种工具程序，比如"资源浏览器""透视匹配""塌陷"等，如图 2-229 所示。

图 2-229 "程序"面板

2.7 视口设置

视口是 3ds Max 中用来进行实际操作的区域，也是工作界面中面积最大的区域。系统默认显示顶视图、左视图、前视图以及透视图，在各视图的左上角均显示有导航器，如图 2-230 所示，通过导航器可以更改在视图中观察对象的角度以及对象的显示方式。

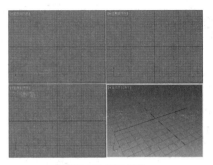

图 2-230 视口区域

2.7.1 切换视图

单击选中其中的一个视口，按下 Alt+W 组合键，可以将视口最大化，如图 2-231 所示。

顶视图的快捷键为 T 键，底视图的快捷键为 B 键，左视图的快捷键为 L 键，前视图的快捷键位 F 键，透视图的快捷键为 P 键，摄影机视图的快捷键位 C 键。按下相应的快捷键，可以切换至对应的视图。

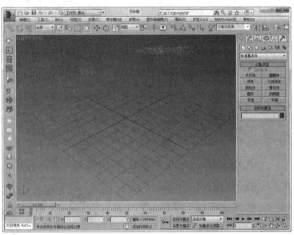

图 2-231 视口最大化

2.7.2 调整视图布局

系统默认以相同大小显示四视图，单击工作界面左下角的"创建新的视口布局选项卡"按钮 ▶，弹出如图 2-232 所示的"标准视口布局"选项板，在其中可以选择系统预设的其他一些标准视口布局，如图 2-233 所示。

图 2-232 "标准视口
布局"选项板

图 2-233 视口布局

2.7.3 视口标签菜单

在视口右上角的导航器中包含三个标签菜单。

☐ **第一个菜单** [+]：单击控件按钮，弹出如图 2-234 所示的菜单，在其中可以还原、激活、禁用视口以及创建预览等。

图 2-234 第一个菜单

☐ **第二个菜单** [顶]：单击控件按钮，弹出如图 2-235 所示的菜单，在其中可以更改视口的类型。

图 2-235 第二个菜单

☐ **第三个菜单** [线框]：单击控件按钮，弹出如图 2-236 所示的菜单，在其中可以更改视口中图形的显示方式。

图 2-236 第三个菜单

2.8 动画控制区和视图控制区

2.8.1 动画控制区

动画控件位于操作界面的底部，包含时间尺与时间控制按钮两大部分，主要用于预览动画、创建动画关键帧与配置动画时间等。

在状态栏和视图控制区之间的是动画控制和用于在视图中进行动画播放的时间控制，如图 2-237 所示。

图 2-237 动画控制区

在时间控制区域单击鼠标右键，在弹出的"时间配置"对话框中提供了帧速率、时间显示、播放和动画的设置。可以使用此对话框来更改动画的长度，还可以用于设置活动时间段和动画的开始帧、结束帧，如图 2-238 所示。

图 2-238 "时间配置"对话框

本例将通过一个设定好的动画来让用户初步了解动画预览的操作方法。

打开配套光盘提供的"第 2 章 / 使用动画时间尺预览动画效果 .max"文件，如图 2-239 所示。

图 2-239 打开文件

分别将时间滑块拖曳到 10 帧、20 帧、30 帧和 40 帧的位置，观察其动画效果，如图 2-240 所示。

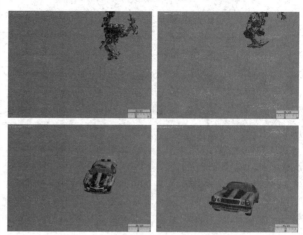

图 2-240 动画效果

2.8.2 视图控制区

状态栏右侧部分的按钮用来控制视图显示和导航，还有一些按钮是针对摄影机和灯光视图进行更改的，如图 2-241 所示。

图 2-241 视图控制区

在屏幕右下角有 8 个图标按钮，它们是当前激活视图的控制工具，主要用于调整视图显示的大小和方位。它可以对视图进行缩放、局部放大、满屏显示、旋转以及平移等 显示状态的调整。其中有些按钮会根据当前被激活视窗的不同而发生变化。

2.9 状态栏和提示栏

状态栏和提示栏位于工作界面的下方，状态栏显示当前场景的情况，包括图形对象的状态、位置等，提示栏会显示简短的提示语言，提醒用户下一步应进行的操作，如图 2-242 所示。

图 2-242 状态栏和提示栏

第 3 章

本章学习要点：
- 创建标准基本体
- 创建扩展基本体
- AEC 扩展
- 楼梯
- 门和窗

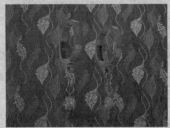

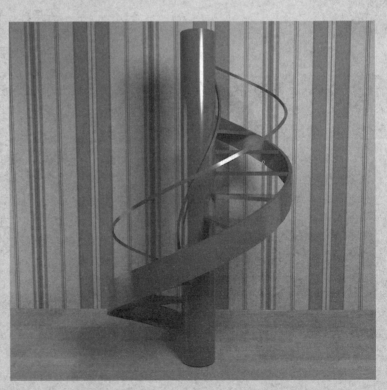

使用 3ds Max 软件创作作品时，应按照"建模→材质→灯光→渲染"的工作流程。模型是作品的基础，在模型上赋予材质和灯光，通过渲染才能完成作品的制作。如图 3-1、图 3-2 所示都是使用 3ds Max 软件制作完成的作品。

图 3-1 双人床模型

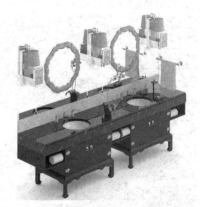

图 3-2 洗手台模型

3.1 创建标准基本体

在"创建"面板中单击"几何体"按钮，在下方的列表中选择几何体类型为"标准基本体"。3ds Max 包含 10 种标准基本体类型，分别为长方体、球体、圆柱体、圆环等，单击这些工具按钮，用户可以直接创建出这些模型，如图 3-3 所示。

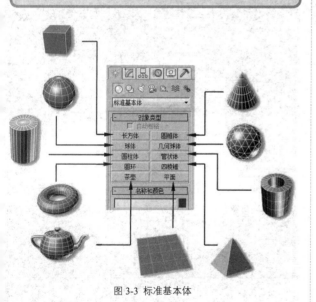

图 3-3 标准基本体

3.1.1 长方体

日常生活中接近长方体的物体较多，因此长方体也是建模中最常用的几何体。选择按钮，在场景中拖曳即可以创建对象，如图 3-4 所示。在右边的"参数"栏中显示了所绘长方体的参数，如图 3-5 所示，修改参数可以改变长方体的形态。下面对长方体"参数"卷展栏中各选项的含义进行简单的介绍。

图 3-4 长方体　　　　图 3-5 "参数"卷展栏

□ 长度/宽度/高度：可以设置长方体对象的长度、宽度及高度，系统默认置为 0、0、0。

□ 长度分段/宽度分段/高度分段：用于设置沿着对象每个轴的分段数量。

□ 生成贴图坐标：选择该项，可生成贴图材质并应用于长方体坐标。

□ 真实世界贴图大小：选择该项，可控制应用于该对象的纹理贴图材质所使用的方法。

实战：用长方体制作简约书桌

场景位置：DVD>场景文件>第03章>模型文件>实战：用长方体制作简约书桌.max
视频位置：DVD>视频文件>第03章>实战：用长方体制作简约书桌.mp4
难易指数：★★★★☆

本节介绍使用长方体制作简约书桌，如图 3-6 所示为制作效果。

图 3-6 制作简约书桌

01 绘制桌面。在"创建"面板的"几何体"工具列表中单击"长方体"按钮，在场景中拖曳鼠标，创建长方体，如图3-7所示。

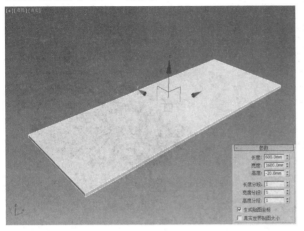

图 3-7 绘制桌面

02 切换至左视图，再次单击"长方体"按钮，创建如图3-8所示的长方体。

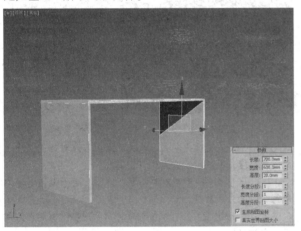

图 3-8 绘制长方体

03 绘制键盘抽屉后挡板。单击"长方体"工具按钮，绘制长方体图形，参数如图3-9所示。

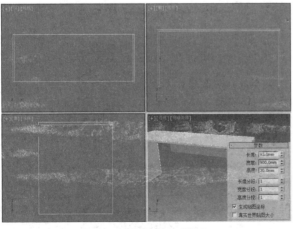

图 3-9 绘制键盘抽屉后挡板

04 绘制键盘抽屉底板。在"创建"面板中单击"长方体"按钮，创建长方体对象，如图3-10所示。

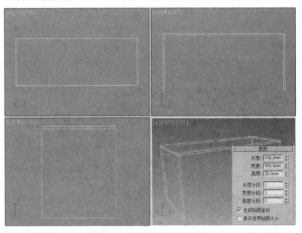

图 3-10 绘制键盘抽屉底板

05 绘制键盘抽屉前挡板。在场景中重复拖曳鼠标，绘制如图3-11所示的长方体图形。

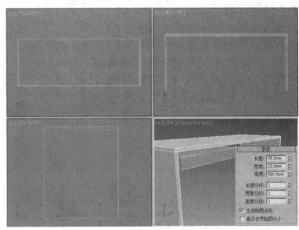

图 3-11 绘制键盘抽屉前挡板

06 绘制抽屉柜体。单击"长方体"按钮，绘制长方体；选择"对齐"工具，对长方体执行对齐操作，使其与场景中的其他长方体对齐，如图3-12所示。

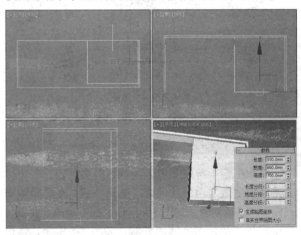

图 3-12 绘制抽屉柜体

07 绘制抽屉面板。拖曳鼠标,任意创建长方体;然后在右边的参数栏中更改长方体的参数,结果如图3-13所示。

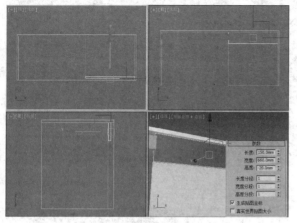

图 3-13 绘制抽屉面板

08 选择长方体图形,按住 Shift 键,向下拖动鼠标,在弹出的【克隆选项】对话框中设置参数,如图 3-14 所示,单击"确定"按钮关闭对话框即可完成克隆操作。

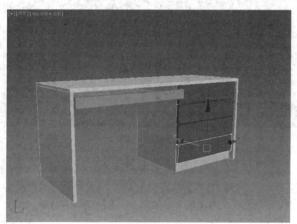

图 3-14 克隆图

3.1.2 球体

　　现实生活中随处可见类似于球体的物品,比如灯具、座椅等,在 3ds Max 中可以创建球体以表达所指代的物体。其中球体的样式又分为半球体和完整的球体两种。在"创建"面板中单击 <u>球体</u> 工具按钮,在场景中拖曳鼠标即可创建球体图形,在右边的参数栏中可以更改球体的参数,如图3-15所示。下面对球体"参数"卷展栏中各选项的含义进行简单的介绍。

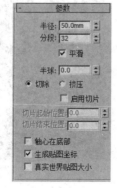

图 3-15 参数栏

　　□ 半径:定义球体的半径值。

　　□ 分段:定义球体分段值。分段值越大,球体表面越光滑;分段值越小,球体表面越粗糙,如图 3-16 所示。

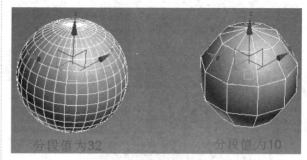

图 3-16 分段值设置效果

　　□ 平滑:系统默认勾选该项,可以混合球体的面,然后再渲染视图中创建平滑的外观。

　　□ 半球:该选项的取值范围为 0~1。默认值为 0,可以生成完整球体;更改为 0.5,可以生成半球体,如图 3-17 所示;更改为 1,球体会消失。

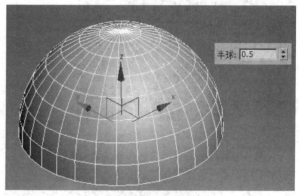

图 3-17 生成半球体

　　□ 切除:在半球断开时可以将球体中的顶点数和面数进行"切除",以减少它们的数量。

　　□ 挤压:在保持原始球体中的顶点数和面数的情况下,将几何体向着球体的顶部挤压为越来越小的体积。

　　□ 轴心在底部:系统默认球体的轴心位于球体中心的构造平面上,如图 3-18 所示;勾选该项,可将球体沿着其局部 Z 轴向上移动,从而使轴心位于球体的底部,如图 3-19 所示。

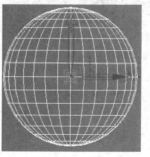

图 3-18 轴心的默认位置

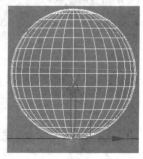

图 3-19 轴心位于球体底部

实战：用球体制作时尚吊灯

场景位置：DVD>场景文件>第03章>模型文件>实战：用球体制作时尚吊灯.max
视频位置：DVD>视频文件>第03章>实战：用球体制作时尚吊灯.mp4
准数指数：★★★★☆

本节介绍使用球体图形制作时尚吊灯的操作方法，如图 3-20 所示为制作的结果。

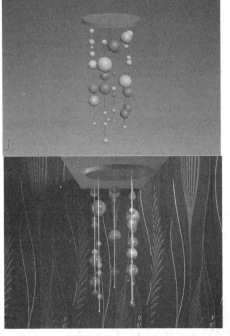

图 3-20 时尚吊灯

01 绘制灯座。在"创建"面板中选"圆柱体"工具，在场景中创建一个圆柱体，如图 3-21 所示。

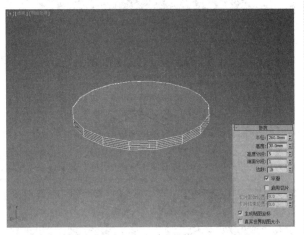

图 3-21 创建圆柱体

02 在场景中重复拖曳鼠标，绘制半径为 2mm，高度分别为 900mm、850mm、800mm 的圆柱体，结果如图 3-22 所示。

03 单击选择"球体"按钮，创建半径为 20mm 的球体，如图 3-23 所示。

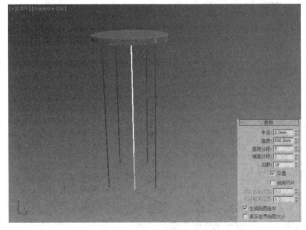

图 3-22 绘制结果

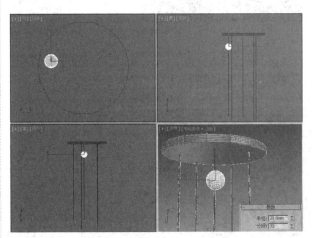

图 3-23 绘制球体

04 选择上一步骤所绘制的球体，按住 Shift 键克隆复制，选择"选择并均匀缩放"工具，对球体执行均匀放大或缩小操作，即可完成吊灯图形的绘制，结果如图 3-24 所示。

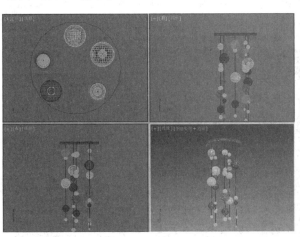

图 3-24 编辑球体

3.1.3　创建圆柱体

我们经常见到的建筑物的圆柱、管道、透明玻璃杯子等，都是圆柱体在日常生活中的运用。在 3ds Mmx 中，使用圆柱体可以制作许多人们经常见到或者使用到的物品。单击　圆柱体　按钮，可以在场景中创建图形对象；选择圆柱体，在"修改"面板中，可以在工作界面右边的参数兰中修改对象的参数，如图 3-25 所示。下面对圆柱体"参数"卷展栏中各选项的含义进行简单的介绍。

图 3-25　"圆柱体"参数栏

- □　半径：定义圆柱体的半径值。
- □　高度：定义圆柱体的高度值。
- □　高度分段：定义沿圆柱体主轴的分段数值。
- □　端面分段：定义围绕圆柱体顶部和底部的中心的同心分段的数量。
- □　边数：定义圆柱体周边的边数。

实战：用圆柱体制作中式灯柱

场景位置：DVD> 场景文件 > 第 03 章 > 模型文件 > 实战 - 用圆柱体制作中式灯柱 .max
视频位置：DVD> 视频文件 > 第 03 章 > 实战 - 用圆柱体制作中式灯柱 .mp4
难易指数 ★★☆☆☆

本节介绍使用圆柱体制作中式灯柱的操作方法，制作效果如图 3-26 所示。

图 3-26　中式灯柱

01 单击"圆柱体"按钮，在场景中创建一个圆柱体图形，如图 3-27 所示。

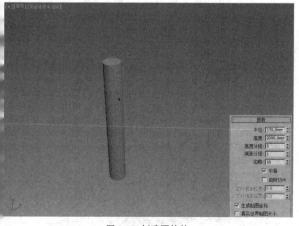

图 3-27　创建圆柱体

02 在样条线面板中，单击"圆环"按钮，创建出圆环对象，如图 3-28 所示。

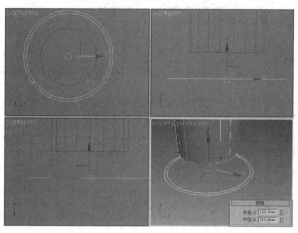

图 3-28　绘制结果

03 在修改面板中添加"挤出"修改器，设置数量值为 1600，如图 3-29 所示。

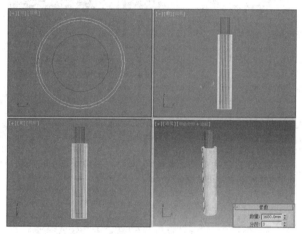

图 3-29　创建圆环

04 将绘制完的图形，以中心对齐的方式，与之前的对象进行匹配，如图 3-30 所示。

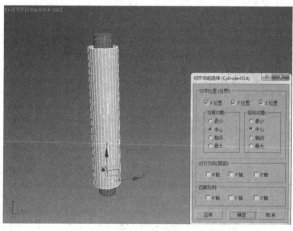

图 3-30　对其结果

05 单击"长方体"按钮，创建长方体图形，结果如图 3-31 所示。

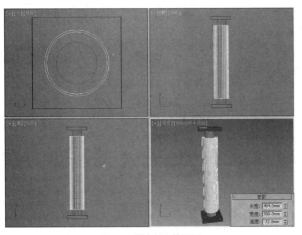

图 3-31 创建长方体图形

06 按住 Shift 键，向右移动，复制出一个对象，完成模型的制作，如图 3-32 所示。

图 3-32 复制对象

3.1.4 其他标准基本体

其他的标准基本题体还有圆环、茶壶、圆锥体等，本节对其分别进行简单的介绍。

1. 圆环

选择"圆环"工具，可以绘制环形或者具有圆形截面的环状物体。选择图形，可以在"修改"面板中的"参数"栏更改参数，如图 3-33 所示。

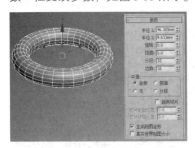

图 3-33 绘制圆环

2. 茶壶

选择"茶壶"工具，可以创建一个茶壶模型。在"参数"栏中除了可以设置茶壶的半径大小外，还可以定义茶壶的显示部位和隐藏部位，如图 3-34 所示。在"茶壶部件"选项组下，被勾选的部分可以显示，取消勾选的部分即被隐藏，如图 3-35 所示。

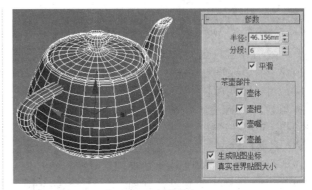

图 3-34 绘制茶壶

图 3-35 茶壶各部分的显示与隐藏

3. 圆锥体

选择"圆锥体"工具，可以自定义半径和高度来创建圆锥体图形，如图 3-36 所示。

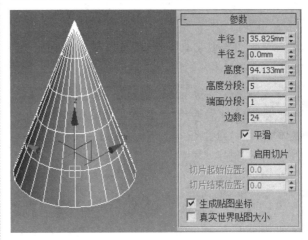

图 3-36 绘制圆锥体

4. 几何球体

几何球体与球体外形差不多，但是几何球体通过设置不同的基点面，可以创建出与球体不同形状的图形，如图 3-37 所示。

图 3-37 绘制几何球体

如图 3-38 所示为不同基点面类型的几何球体的显示形状。

图 3-38 不同基点面类型的几何球体

5. 管状体

选择"管状体"工具，可以创建外形与圆柱体相似的图形，但是该图形是空心的，需要分别定义内圆和外圆的半径值，如图 3-39 所示。

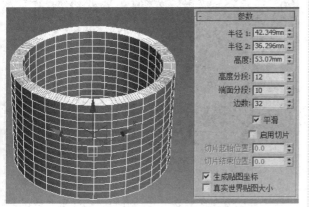

图 3-39 绘制管状体

6. 四棱锥

选择"四棱锥"工具，可以创建底面为正方形或者矩形，侧面为三角形的图形，如图 3-40 所示。

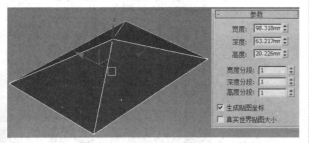

图 3-40 绘制四棱锥

7. 平面

在绘制墙面、地面或者天花板时，会经常使用到"平面"工具。选择该工具，可以创建一定宽度和长度的平面图形，如图 3-41 所示。在"修改"列表中选择"壳"修改器，在参数栏中更改"内部量"或者"外部量"参数，可以为平面添加厚度，如图 3-42 所示。

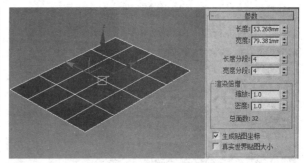

图 3-41 绘制平面

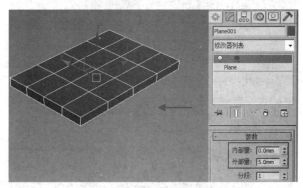

图 3-42 为平面添加厚度

实战：用标准基本体制作出茶几

场景位置 DVD>场景文件>第03章>模型文件>实战：用标准基本体制作出茶几.max
视频位置：DVD>视频文件>第 03 章>实战：用标准基本体制作出茶几 .mp4
难易指数 ★★★☆☆

本节介绍使用标准基本体制作茶几的操作方法，如图 3-43 所示为制作效果。

图 3-43 制作茶几

01 在"创建"面板中选择"平面"工具，在场景中创建平面图形，如图 3-44 所示。

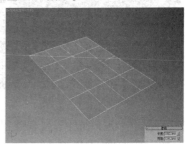

图 3-44 创建平面图形

02 选择"修改"面板，在命令列表中选择"壳"命令，为平面添加厚度，如图 3-45 所示。

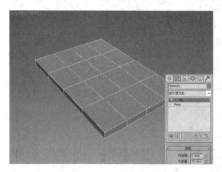

图 3-45 添加厚度

03 选择"管状体"工具，在场景中创建管状体图形，如图 3-46 所示。

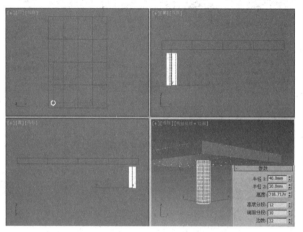

图 3-46 创建管状体

04 选择"几何球体"工具，拖曳鼠标以创建球体图形；选择"选择并移动"工具，移动几何球体使其置于管状体图形之上，如图 3-47 所示。

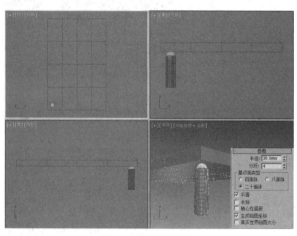

图 3-47 绘制几何球体

05 选中管状体以及几何球体图形，按住 Shift 键移动复制，如图 3-48 所示。

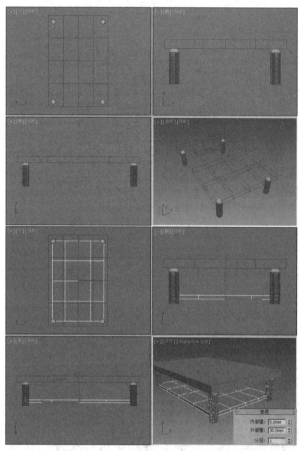

图 3-48 移动复制

06 选中平面图形，按住 Shift 键向下移动复制，更改平面的长宽参数，并在"壳"参数栏中修改其厚度值。

07 完成茶几的绘制结果如图 3-49 所示。

图 3-49 茶几效果

3.2 创建扩展基本体

在标准基本体的基础上对图形的形态等进行更改、扩充，便得到了扩展基本体。3ds Max 中的扩展基本体有 13 种，分别是异面体、切角长方体、油罐等，工具列表如图 3-50 所示。

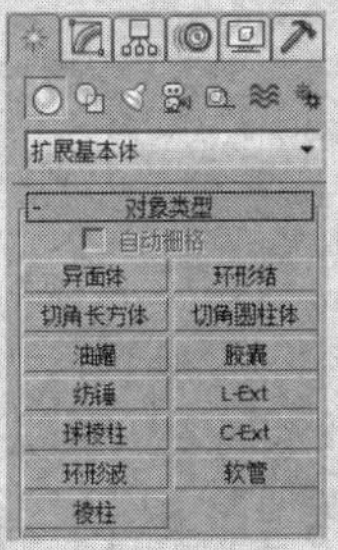

图 3-50 工具列表

3.2.1 异面体

在“创建”面板中选择“异面体”工具，可以创建出各种不同形态的异面体。在“参数栏”中可以更改物体的尺寸以及形状等参数，如图 3-51 所示。下面对异面体“参数”卷展栏中各选项的含义进行简单的介绍。

图 3-51 “异面体”参数栏

❒ 系列：在该选项组中列举了 5 种异面体的样式，绘制效果如图 3-52 所示。

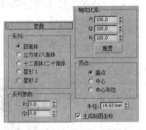

图 3-52 异面体的样式

❒ 系列参数：该选项组下含 P、Q 两个选项，主要用来切换多面体顶点与面之间的关系，数值设置范围为 0~1。

❒ 轴向比率：多面体的面可以是规则的，也可以是不规则的。假如多面体只有一种或者两种面，就只有一个或者两个轴向比率参数是处于活动状态，而不活动的参数不起作用。P、Q、R 选项中的参数控制多面体一个面反射的轴。假如调整了这三个选项中的参数，单击下方的“重置”按钮，即可恢复其默认值。

❒ 顶点：定义多面体每个面的内部几何体。“中心”“中心和边”这两个选项可以增加对象中的顶点数，达到增加面数的目的。

❒ 半径：定义多面体的半径值。

实战：用异面体制作钻石耳环

场景位置：DVD>场景文件>第 03 章>模型文件>实战：用异面体制作钻石耳环.max
视频位置：DVD>视频文件>第 03 章>实战：用异体面体制作钻石耳环.mp4
难易指数：★★★☆☆

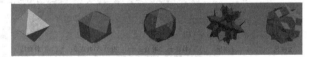

本节介绍使用异面体制作钻石耳环的操作方法，制作效果如图 3-53 所示。

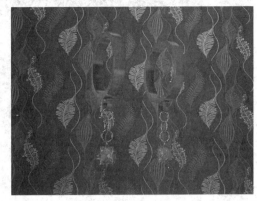

图 3-53 钻石耳环

01 在“创建”面板上选择“标准基本体”列表，单击“管状体”按钮，创建管状体图形，如图 3-54 所示。

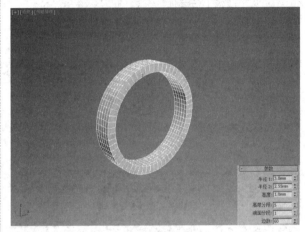

图 3-54 创建管状体

02 在场景中拖曳鼠标，绘制尺寸较小的另一管状体图形，如图 3-55 所示。

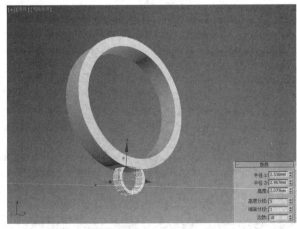

图 3-55 绘制结果

03 选择“圆环”工具，创建圆环图形，如图 3-56 所示。

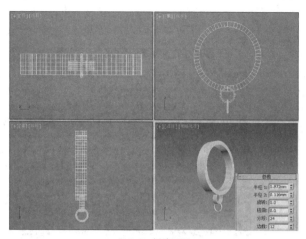

图 3-56 创建圆环

04 选择"角度捕捉切换"工具，在按钮上单击右键，在【栅格和捕捉设置】对话框中设置"角度"值为90度；选择上一步骤所创建的圆环，按住 Shift 键，向下移动复制一个对象，并使用"选择并旋转"工具，旋转复制得到的圆环，结果如图 3-57 所示。

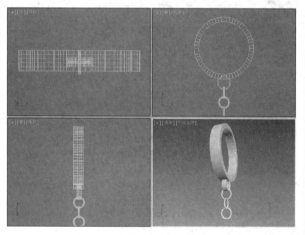

图 3-57 操作结果

05 选择"圆柱"工具，绘制圆柱图形，如图 3-58 所示。

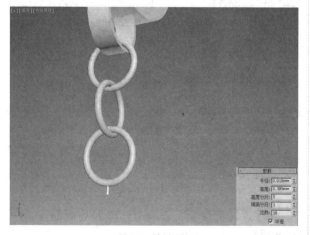

图 3-58 绘制圆柱

06 在"创建"面板中选择"扩展基本体"列表，单击"异面体"按钮，创建系列为星形1的异面体，如图 3-59 所示。

图 3-59 创建异面体

07 选择绘制完成的钻石耳环图形，按住 Shift 键，向下移动复制一个副本，如图 3-60 所示。

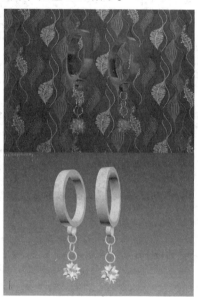

图 3-60 钻石戒指模型

3.2.2 切角长方体

选择"切角长方体"工具，可以创建带圆角的长方体。在参数栏中更改"圆角"值，则切角长方体的效果也会随之变化，如图 3-61 所示。下面对切角长方体"参数"卷展栏中各选项的含义进行简单的介绍。

- ☐ 长度、宽度、高度：定义长方体的长、宽、高参数。
- ☐ 圆角：定义圆角值，起到改变长方体形态的效果。
- ☐ 长度／宽度／高度分段：定义沿相应轴分段的数量。
- ☐ 圆角分段：定义长方体圆角边时的分段数值。

图 3-61 切角长方体

实战: 用切角长方体制作办公桌椅

场景位置 DVD>场景文件 >第 03 章 >模型文件 >实战: 用切角长方体制作办公桌椅 .max
视频位置 DVD> 视频文件 >第 03 章 >实战: 用切角长方体制作办公桌椅 .mp4
难易指数 ★★★☆☆

本节介绍使用切角长方体制作办公桌椅的操作方法, 制作效果如图 3-62 所示。

图 3-62 办公桌椅效果

01 在 "创建" 面板中选择 "切角长方体" 工具, 创建切角长方体图形, 如图 3-63 所示。

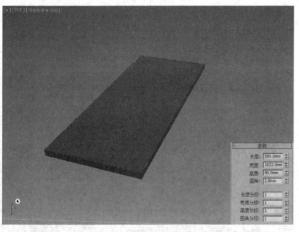

图 3-63 创建切角长方体

02 在场景中拖曳鼠标, 绘制办公桌的挡板, 创建切角长方体的结果如图 3-64 所示。

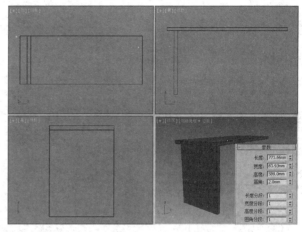

图 3-64 创建结果

03 按住 Shift 键, 向右移动复制切角长方体图形, 如图 3-65 所示。

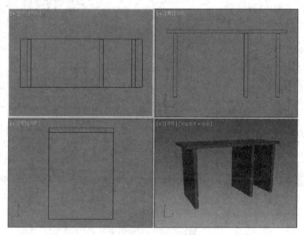

图 3-65 移动复制

04 绘制办公桌格板。单击 "切角长方体" 按钮, 创建切角长方体图形对象, 如图 3-66 所示。

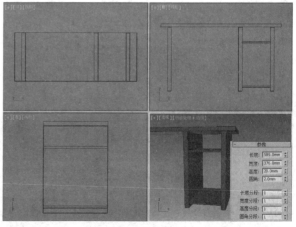

图 3-66 绘制办公桌背板

05 使用复制方法制作出另一格板对象, 如图 3-67 所示。

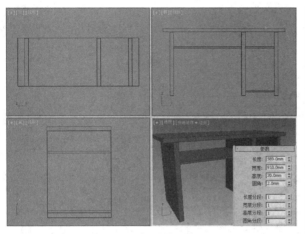

图 3-67 复制格板对象

06 按 F 键切换至前视图，单击"切角长方体"按钮，创建出抽屉门，如图 3-68 所示。

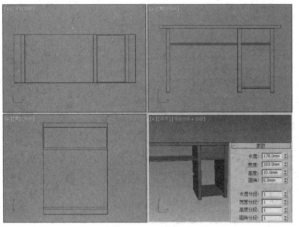

图 3-68 创建抽屉门

07 制作办公椅，按住鼠标左键在场景中拖曳，松开鼠标即可完成切角长方体的绘制，如图 3-69 所示。

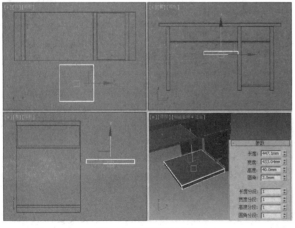

图 3-69 创建切角长方体

08 绘制椅脚。选择"切角长方体"工具，创建切角长方体并将其移动到合适的位置，如图 3-70 所示。

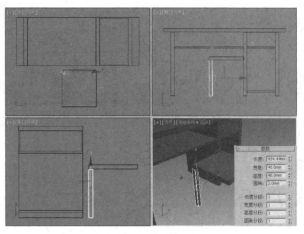

图 3-70 绘制椅脚

09 按住 Shift 键，移动复制上一步骤创建的切角长方体，完成四个椅脚的绘制，如图 3-71 所示。

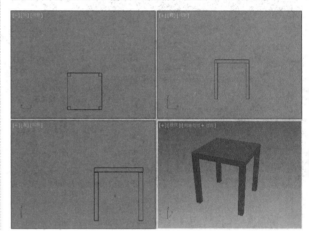

图 3-71 复制操作

10 绘制椅子靠背。单击"切角长方体"按钮，拖曳鼠标以完成切角长方体的绘制，绘制办公桌椅的结果如图 3-72 所示。

图 3-72 绘制椅子靠背

3.2.3 其他扩展基本体

扩展基本体一共有 13 种，除去前面所介绍的两种外，还有油罐、纺锤、球棱柱、环形波、棱柱、环形结、切角圆柱体、胶囊、L-Ext、C-Ext、软管，如图 3-73 所示。

图 3-73 工具列表

1. 切角圆柱体

选择"切角圆柱体"工具，可以创建带圆角效果的圆柱体，如图 3-74 所示。

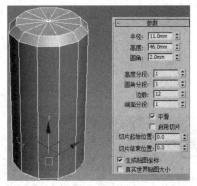

图 3-74 切角圆柱体

2. 胶囊

选择"胶囊"工具，可以创建半球状带封口的圆柱体，如图 3-75 所示。

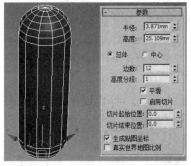

图 3-75 胶囊

"胶囊"参数栏各选项含义介绍：

□ 总体 / 中心：定义"高度"选项中的参数的指向。选择"总体"，则"高度"选项中的参数表示"胶囊"的总体高度；选择"中心"选项，"高度"选项中的参数表示"胶囊"中部圆柱体的高度，不包含圆顶封口。

□ 边数：定义胶囊周围的边数值。

□ 高度分段：定义沿胶囊主轴的分段数量。

□ 平滑：勾选该项，胶囊表面平滑；取消勾选，则各分段面之间会有明显的转折效果。

□ 启用切片：系统默认选择该项，取消勾选，则关闭"切片"功能。

□ 切片起始位置 / 切片结束位置：定义从局部 x 轴的零点开始围绕局部 z 轴的度数。

3. L-Ext/C-Ext

选择"L-Ext"工具，可以创建 L 形的图形对象，如图 3-76 所示。选择"C-Ext"工具，可以创建 C 形的图形对象，如图 3-77 所示。

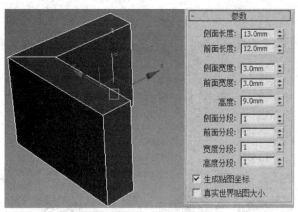

图 3-76 L 形型图形对象

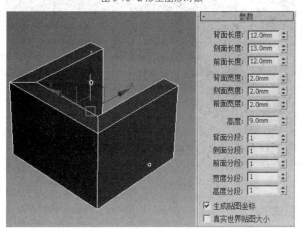

图 3-77 C 形图形对象

4. 软管

选择"软管"工具，可以创建类似于弹簧，可以连接两个对象的弹性物体，如图 3-78 所示。

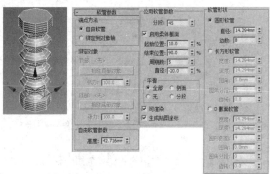

图 3-78 软管

3.3 AEC 扩展

AEC 扩展对象有植物、栏杆、墙三种，如图 3-79 所示，被广泛应用于建筑、工程和构造等领域。

图 3-79 AEC 扩展对象列表

3.3.1 植物

在"创建"面板下选择"AEC 扩展"列表，单击"植物"按钮；在"收藏的植物"列表下选择待绘制的植物种类，在场景中单击，即可完成植物的创建，如图 3-80 所示。

植物"参数"卷展栏内容如图 3-81 所示，其中各选项含义如下：

图 3-80 创建植物

图 3-81 植物"参数"卷展栏

- □ 高度：该选项用来控制植物的近似高度，该高度不一定是实际的高度，只是一个近似值。
- □ 密度：在选项中控制植物叶子和花朵的数量。参数值为 1 时表示植物具有完整的叶子和花朵，参数为 5 时表示植物具有 1/2 的叶子和花朵，参数值为 0 时表示植物没有叶子和花朵。
- □ 修剪：该选项仅适合于具有树枝的植物，可用来删除或构造平面平行的不可见平面下的树枝。参数值为 0 时表示不进行修剪，参数值为 1 时表示尽可能修剪植物上的所有树枝。
- □ 新建：单击按钮显示当前植物的随机变体，在右侧的"种子"选项中显示数值。
- □ 生成贴图坐标：选择该项，可对植物应用默认的贴图坐标。
- □ 显示：该选项组中的各项参数用来控制植物的树叶、果实、花、树干、树枝和根的显示情况，选中相应的选项后，

与其相对应的对象就会在视图中显示出来。

- □ 未选择对象时：选择该项，可在没有选择任何对象时以树冠模式显示植物。
- □ 始终：选择该项，则始终以树冠模式显示植物。
- □ 从不：选择该项，则从不以树冠模式显示植物，但会显示植物的所有特性。
- □ 详细程度等级：在其中的参数用来设置植物的渲染细腻程度。
- □ 低：该级别用来渲染植物的树冠。
- □ 中：该级别用来渲染减少了面的植物。
- □ 高：该级别用来渲染植物的所有面。

实战： **用植物点缀山坡**

场景位置：DVD> 场景文件 > 第 03 章 > 模型文件 > 实战：用植物点缀山坡 .max
视频位置：DVD> 视频文件 > 第 03 章 > 实战：用植物点缀山坡 .mp4
难易指数：★★★☆☆

本节介绍在坡地上创建植物的方法。

01 在命令面板上的"标准基本体"列表中，单击"平面"按钮，在场景中拖曳创建一个平面，如图 3-82 所示。

图 3-82 创建平面

02 选择平面，为其加载一个"FFD4×4×4"的修改器，并在其层级中选择"控制点"级别，调整控制点的位置以使地面产生起伏，如图 3-83 所示。

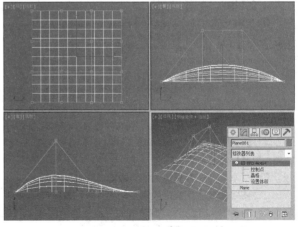

图 3-83 调整平面形状

03 在"几何体"列表中选择"AEC 扩展",单击"植物"按钮,选择"苏格兰松树"类型植物,如图 3-84 所示。

图 3-84 选择"苏格兰松树"

04 在地面上单击创建植物,并在其参数面板中修改植物的"高度""视口树冠模式"参数,如图 3-85 所示。

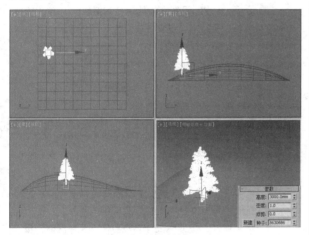

图 3-85 创建植物

05 按住 Shift 键移动复制上一步骤所创建的"苏格兰松树"图形,并更改复制得到的图形的参数,复制如图 3-86 所示。

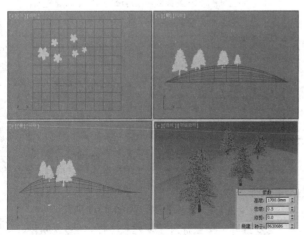

图 3-86 修改参数

06 在命令面板上单击"植物"按钮,在"收藏的植物"卷展栏中选择"芳香蒜"类型植物,创建出芳香蒜,并更改其参数,如图 3-87 所示。

图 3-87 复制结果

07 按下 Shift 键移动复制芳香蒜,并相应的调整其大小参数,如图 3-88 所示。

图 3-88 移动复制芳香蒜

08 在坡地创建植物的最终结果如图 3-89 所示。

图 3-89 完成植物创建

3.3.2 栏杆

"栏杆"对象的组件包括栏杆、立柱和栅栏,栅栏又分为支柱或实体填充两种方式,如图 3-90 所示。在创建栏杆时,可指定栏杆的方向和高度,也可拾取样条曲线路径并向该路径应用栏杆。

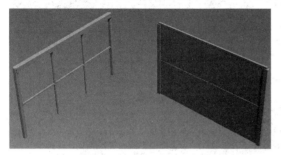

图 3-90 创建栏杆

"栏杆"的参数面板中包含"栏杆""立柱""栅栏"三个卷展栏,如图 3-91 所示,下面对各卷展栏的参数进行简要介绍。

图 3-91 "栏杆"的参数面板

1. 栏杆卷展栏

拾取栏杆路径:单击按钮,可在场景中拾取样条线作为栏杆的路径。

□ 分段:在选项中设置栏杆对象的分段数。在使用栏杆路径时该项才被激活。

□ 匹配拐角:选择该项,可在栏杆中放置拐角,以匹配栏杆路径的拐角。

□ 长度:设置栏杆的长度。

□ 上围栏:在其中设置栏杆上围栏部分的相关参数。

□ 剖面:在其中指定上栏杆的横截面形状,有"无""方形""圆形"三种形状供选择。

□ 深度/宽度/高度:在各选项中分别设置上栏杆的深度、宽度、高度值。

□ 下围栏:在其中设置栏杆下围栏部分的相关参数。

□ 剖面:在其中指定下栏杆的横截面形状,有"无""方形""圆形"三种形状供选择。

□ 下围栏间距:单击 ::: 按钮,弹出如图 3-92 所示的【下围栏间距】对话框,在其中设置下栏杆的间距参数。

图 3-92 【下围栏间距】对话框

□ 生成贴图坐标:选择该项,可为栏杆对象分配贴图坐标。

□ 真实世界贴图大小:选择该项,可控制应用于对象的纹理贴图材质所使用的缩放方法。

2. 立柱卷展栏

□ 剖面:在其中指定立柱的横截面形状,有"无""方形""圆形"三种形状供选择。

□ 深度/宽度:设置立柱的深度和宽度。

□ 延长:在其中设置立柱在上栏杆底部的延长量。

□ 立柱间距:单击 ::: 按钮,可设置立柱的间距值。

3. 栅栏选项组

□ 类型:在其中指定立柱之间的栅栏类型,有"无""支柱""实体填充"三种类型。

□ 支柱:在栅栏类型为"支柱"时,该选项组下的参数被激活。

□ 剖面:在其中设置支柱的横截面形状,有"方形""圆形"两类。

□ 深度/宽度:在各选项中设置支柱的深度和宽度。

□ 延长:设置支柱在上栏杆底部的延长量。

□ 底部偏移:在其中设置支柱与栏杆底部的偏移量。

□ 实体填充:在栅栏类型为"实体填充"时,该选项组下的参数被激活。

□ 厚度:在其中设置实体填充的厚度。

□ 顶部偏移:在其中设置实体填充与上栏杆底部的偏移量。

□ 底部偏移:设置实体填充与栏杆底部的偏移量。

□ 左偏移/右偏移:在其中设置实体填充与相邻左侧/右侧立柱之间的偏移量。

实战: 利用窗户和栏杆制作出阳台

场景位置: DVD> 视频文件 > 第 03 章 > 模型文件 - 实战:利用窗户和栏杆制作出阳台 .max
视频位置: DVD> 视频文件 > 第 03 章 > 实战:利用窗户和栏杆制作出阳台 .mp4
难易指数: ★★★★☆

本例介绍利用窗户及栏杆制作阳台的操作方法。

01 在命令面板上单击"几何体"按钮 ◎,在列表中选择"标准基本体",单击"长方体"按钮,在场景中拖曳创建一个长方体,如图 3-93 所示。

02 重复拖曳鼠标继续创建长方体,如图 3-94 所示。

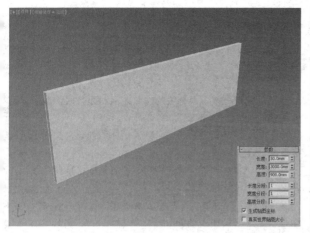

图 3-93 创建长方体

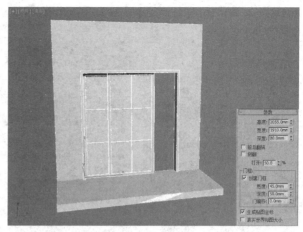

图 3-96 创建双扇推拉门

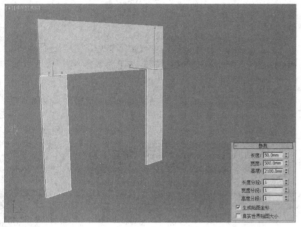

图 3-94 创建结果

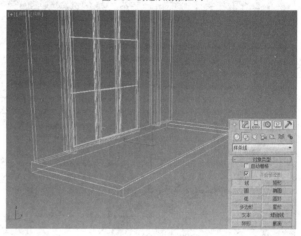

图 3-97 绘制样条线

03 创建长方体以表示阳台地面,如图 3-95 所示。

04 在列表中选择 "门",单击 "推拉门" 按钮,在场景中拖曳创建双扇推拉门,如图 3-96 所示。

05 在命令面板上单击 "图形" 按钮 ,单击 "线" 按钮,沿着表示阳台地面的长方体的其中三边绘制样条线(与墙体相接的边除外),如图 3-97 所示。

06 在命令面板上单击 "几何体" 按钮 ,在列表中选择 "AEC 扩展",单击 "栏杆" 按钮,在场景中拖曳创建栏杆图形;在 "栏杆" 参数面板中单击 "拾取栏杆路径" 按钮,在场景中单击在上一步骤所创建的样条线,并勾选 "匹配拐角" 选项,如图 3-98 所示。

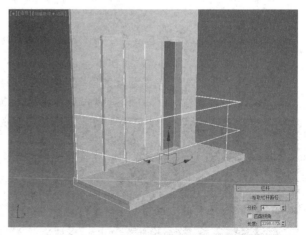

图 3-98 绘制栏杆

01 在 "栏杆" 参数面板中设置栏杆的参数,在 "栅栏" 卷展栏中的 "支柱" 选项组下单击 "支柱间距"

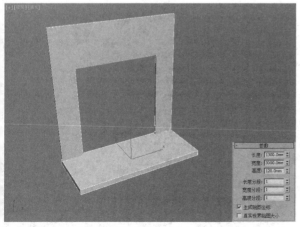

图 3-95 创建长方体以表示阳台地面

按钮 ，在弹出的【支柱间距】对话框中设置间距参数，如图 3-99 所示。

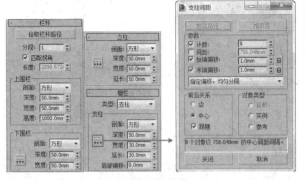

图 3-99 设置参数

07 单击"关闭"按钮，完成栏杆的创建结果如图 3-100 所示。

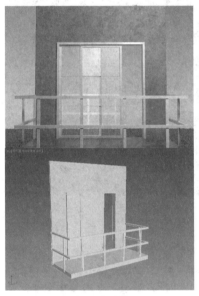

图 3-100 创建结果

3.3.3 墙

在 AEC 扩展对象列表中单击"墙"按钮，在场景中拖曳鼠标可创建出墙体图形，如图 3-101 所示。墙体的参数设置面板如图 3-102 所示，下面对各选项含义进行简要介绍。

图 3-101 创建墙体

图 3-102 墙体的参数设置面板

□ X/Y/Z：分别在选项中设置墙分段在活动构造平面中的起点的 X/Y/Z 轴坐标值。

□ 添加点：单击按钮，可根据输入的 X/Y/Z 轴坐标值来添加点。

□ 关闭：单击按钮，可结束墙体的创建，并在最后一个分段的端点与第一个分段的起点之间创建分段，以形成闭合的墙。

□ 完成：单击按钮，可结束墙体的创建，并使之呈端点开放状态。

□ 拾取样条线：单击按钮，在场景中拾取样条线，并将其作为墙对象的路径。

□ 宽度 / 高度：在其中设置墙体的宽度、高度值，参数设置范围是 0.01~100mm。

□ 对齐：在其中提供了三种墙体的对齐方式。

□ 左：选择该项，可根据墙基线的左侧边进行对齐。假如启用"栅格捕捉"功能，则墙基线的左侧边将捕捉到栅格线。

□ 居中：选择该项，可根据墙基线的中心进行对齐。假如启用了"栅格捕捉"功能，则墙基线的中心将捕捉到栅格线。

□ 右：选择该项，可根据墙基线的右侧边进行对齐。假如启用"栅格捕捉"功能，则墙基线的右侧边将捕捉到栅格线。

实战：使用"墙"制作出户型墙体

场景位置：DVD>场景文件>第 03 章>模型文件>实战：使用"墙"制作出户型墙体.max
视频位置：DVD>视频文件>第 03 章>实战：使用"墙"制作出户型墙体.mp4
难易指数：★★☆☆☆

本节介绍使用"墙"工具制作出户型墙体的操作方法。

01 将当前视图切换为"顶视图"，单击工作界面左上角的软件图标；在弹出的列表中选择"打开"选项，如图 3-103 所示。

02 在弹出的【打开文件】对话框中选择新建的"户型图 .max"文件，如图 3-104 所示。

图 3-103 选择"打开"选项

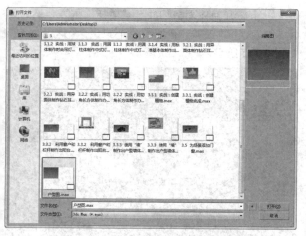

图 3-104 【打开文件】对话框

03 单击"打开"按钮，可完成户型图的打开操作，如图 3-105 所示。在"创建"面板中单击"几何体"按钮◯，在列表中选择"AEC 扩展"，单击"墙体"按钮，在参数面板中设置墙体的宽度及高度参数，并将对齐方式设置为"左"，如图 3-106 所示。

图 3-105 打开户型图

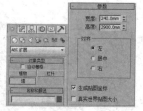

图 3-106 设置墙体参数

04 在主工具栏上单击"捕捉开关"按钮，在场景中拾取户型图外墙体的角点，移动鼠标绘制墙体图形，最后闭合墙体时，系统弹出【是否要焊接点】对话框，单击"是"按钮，完成外墙体的绘制，如图 3-107 所示。

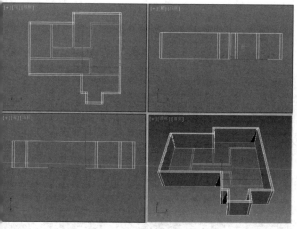

图 3-107 绘制外墙体

05 依照同样的方法，制作出内墙面来，如图 3-108 所示。

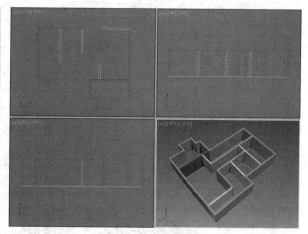

图 3-108 绘制内墙体

06 如图 3-109 所示为户型墙体的最终创建结果。

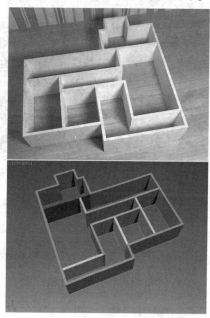

图 3-109 创建户型图墙体

3.4 楼梯

在创建室内场景或者室外场景时，会经常需要绘制楼梯图形。在 3ds Max 中包含四种参数化的楼梯模型，如图 3-110 所示，分别为直线楼梯、L型楼梯、U 型楼梯以及螺旋楼梯。

图 3-110 "楼梯"工具列表

这四种楼梯模型都包含开放式、封闭式、落地式这三种类型，如图 3-111 所示，可以满足各种建模要求。

图 3-111 参数列表

3.4.1 螺旋楼梯

螺旋楼梯在现实生活可以经常见到，呈螺旋状盘旋上升，可节省空间，制造美感。在"创建"面板中选择"螺旋楼梯"工具，拖曳鼠标即可在场景中创建楼梯模型，如图 3-112 所示。在其修改面板中除了包括"参数"卷展栏、"支撑梁"卷展栏、"栏杆"卷展栏、"侧弦"卷展栏外，还包括"中柱"卷展栏，这是其他类型的楼梯所没有的，如图 3-113 所示。

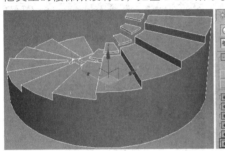

图 3-112 创建"楼梯"工具　　图 3-113 参数列表

实战：制作旋转楼梯

场景位置：无
视频位置：无
难易指数：★★☆☆☆

本节介绍使用"楼梯"工具制作出旋转楼梯的操作方法，效果如图 3-114 所示。

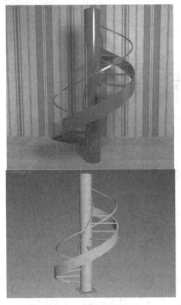

图 3-114 螺旋楼梯效果

01 将几何体面板切换至"楼梯"列表，然后使用"螺旋楼梯"工具，在场景中创建出一个螺旋楼梯，如图 3-115 所示。

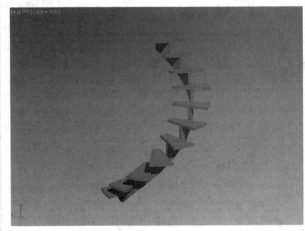

图 3-115 创建螺旋楼梯

02 在旋转楼梯修改面板中的各参数卷展栏中修改参数，如图 3-116 所示。

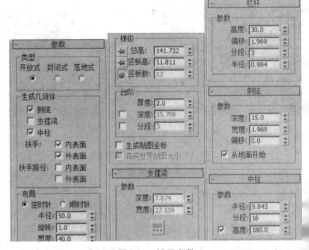

图 3-116 设置参数

03 完成螺旋楼梯的创建，如图 3-117 所示。

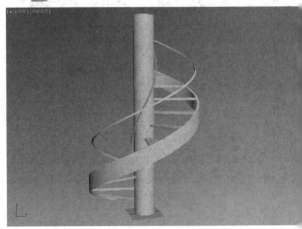

图 3-117 完成楼梯的创建

3.4.2 L 型楼梯

L 型楼梯为双跑楼梯，在建筑物中可以经常见到。选择 "L 型楼梯" 工具，分别指定一跑楼梯和二跑楼梯的长度，向上移动鼠标并单击即可完成模型的创建，如图 3-118 所示。

图 3-118 L 型楼梯

L 型楼梯各参数卷展栏如图 3-119 所示。

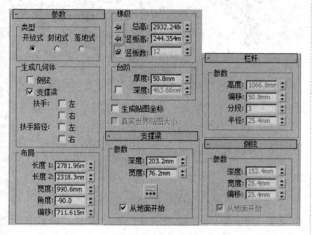

图 3-119 "参数" 卷展栏

3.4.3 直线楼梯

选择 "直线楼梯" 工具，在场景中指定直线的起点和终点，向上移动鼠标并单击，即可完成模型的创建，结果如图 3-120 所示。

图 3-120 直线楼梯

选中楼梯模型，单击 "修改" 面板按钮，在各卷展栏中可以更改模型的参数，如图 3-121 所示。

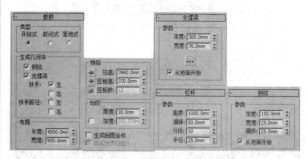

图 3-121 各卷展栏

3.4.4 U 型楼梯

选择 "U 型楼梯" 工具，在场景中拖曳鼠标以指定楼梯各跑段的位置，向上移动鼠标并单击左键即可完成楼梯模型的创建，如图 3-122 所示。

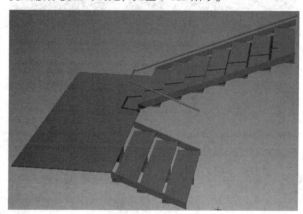

图 3-122 U 型楼梯

3.5 门和窗

门和窗是重要的建筑构件，在各种类型的建筑中都不可或缺。3ds Max 提供了三种类型的门模型和六种类型的窗模型，如图 3-123 所示，可以满足用户在创建各类模型时的需要。

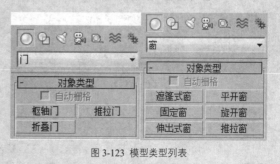

图 3-123 模型类型列表

3.5.1 门

3ds Max 内置的门模型分别为枢轴门、推拉门以及折叠门，本节分别对这几种门模型进行介绍。

1. 枢轴门

枢轴门指在一侧装有铰链的门，选择"枢轴门"工具，在场景中拖曳鼠标指定门的宽度和高度，单击即可完成门模型的创建，如图 3-124 所示。

图 3-124 枢轴门

单击"修改"按钮，切换至"修改"面板，如图 3-125 所示为枢轴门的修改参数列表，其中"门框"栏、"页面参数"栏为门模型的公共参数。

图 3-125 参数列表

2. 推拉门

推拉门有一半是固定的，有一半可以左右滑动，如图 3-126 所示为创建推拉门模型的结果。

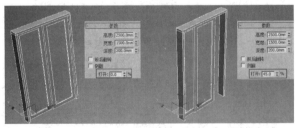

图 3-126 推拉门

在"修改"面板中的参数如下：

- ❏ 前后翻转：切换位于最前面的门。
- ❏ 侧翻：切换门的位置，使其可以移动或者被固定。
- ❏ 打开：设置百分比值，可以定义门扇的打开程度。

3. 折叠门

折叠门的铰链安装在中间以及侧端，类似于壁橱门，如图 3-127 所示为创建完成的折叠门模型。

在"修改"面板中的参数如下：

- ❏ 双门：选择该项可以创建双门。
- ❏ 翻转转动方向：更改翻转门的转动方向。
- ❏ 翻转转枢：翻转侧面的转枢装置。

3ds Max 内置的窗模型分别为遮篷式窗、平开窗、固定窗、旋开窗、伸出式窗、推拉窗，本节分别对这几种窗模型进行介绍。

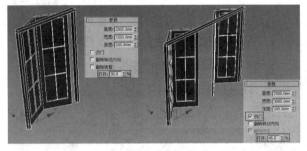

图 3-127 折叠门

3.5.2 窗

1. 遮篷式窗

遮篷式窗有一扇通过铰链与其顶部相连，模型的创建结果如图 3-128 所示。通过窗户模型的参数栏可以使其符合实际的使用情况，如图 3-129 所示。

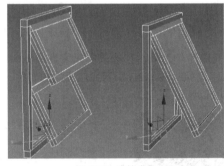

图 3-128 遮篷式窗　　　　图 3-129 参数栏

2. 平开窗

平开窗的一侧有一个固定的窗框，可以向内或者向外转动，模型的创建结果如图 3-130 所示。

3. 固定窗

固定窗顾名思义是固定的，不能打开，模型的创建结果如图 3-131 所示。

4. 旋开窗

旋开窗可以在垂直中轴或水平中轴上旋转，模型的创建结果如图 3-132 所示。

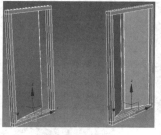

图 3-130 平开窗　　　　图 3-131 固定窗

5. 伸出式窗

伸出式窗有三扇窗框，其中两扇窗框打开时类似于反向伸出的遮蓬，模型的创建结果如图 3-133 所示。

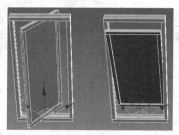

图 3-132 旋开窗　　　　图 3-133 伸出式窗

6. 推拉窗

推拉窗的其中一扇窗框可以沿着垂直或者水平方向滑动，模型的创建结果如图 3-134 所示。

本节介绍为场景添加门窗的操作方法。

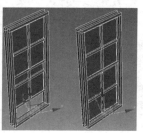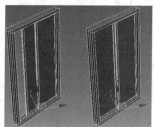

图 3-134 推拉窗

实战：为场景添加门窗

场景位置：DVD>场景文件>第 03 章>模型文件>实战：为场景添加门窗 .max

视频位置：无

难易指数：★★☆☆☆

01 按下 Ctrl+O 组合键，打开配套光盘提供的"第 3 章 / 为场景添加门窗 .max"文件，如图 3-135 所示。

02 在"创建"面板中单击"几何体"按钮 ◯，在列表中选择"门"，单击"枢轴门"按钮，在场景中拖曳创建门对象，如图 3-136 所示。

03 在"创建"面板中单击"几何体"按钮 ◯，在列表中选择"窗"，单击"推拉窗"按钮，在场景中拖曳创建窗对象，如图 3-137 所示。

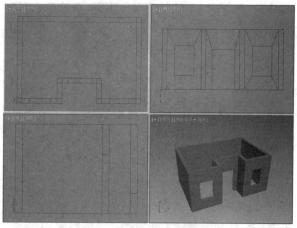

图 3-135 打开素材文件

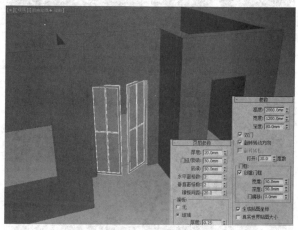

图 3-136 创建门对象

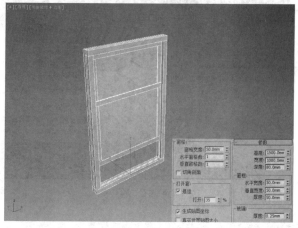

图 3-137 创建窗对象

04 单击"选择并移动"工具 ❖，选择窗对象并将其移动到窗洞处，并选择窗图形按住 Shift 键移动复制一个副本至另一门洞处，如图 3-138 所示。

05 为场景添加门窗的最终结果如图 3-139 所示。

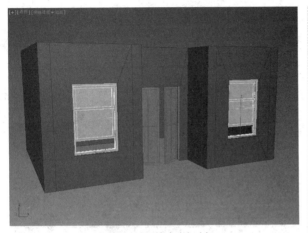

图 3-138 选择并移动窗对象

图 3-139 场景门窗效果

第 4 章

复合对象建模

本章学习要点：

- 创建复合对象
- ProBoolean 和布尔运算
- 放样功能

复合对象建模是一种较为特殊的建模方式,通过将两种或两种以上的对象进行合并,组合成一个单独的参数化对象。在 3ds Max 中包含多种复合对象类型,如图 4-1 所示,本章介绍常用的复合对象类型。

图 4-1 工具列表

4.1 创建复合对象

复合对象是在现有对象的基础上来创建的,不能直接在场景中创建。假如场景中没有复合创建条件的复合对象,则复合对象命令是不可用的。

4.1.1 变形

变形是一种与 2D 动画中的中间动画类似的动画技术。"变形"对象可以合并两个或多个对象,方法是插补第一个对象的顶点,使其与另外一个对象的顶点位置相符如图 4-2 所示。

图 4-2 变形效果及参数面板

4.1.2 散布

选择"散布"工具,可以将所选的源对象散布到分布对象的表面,如图 4-3 所示。

"散布"参数设置面板中的"拾取分布对象"卷展栏如图 4-4 所示,其中各选项含义如下。

□ 对象 < 无 >: 在场景中选择分布对象后,可以在该项中显示对象名称。

□ 拾取分布对象: 单击该按钮,选择的对象即被指定为分布对象。

□ 参考 / 复制 / 移动 / 实例: 在选项中选择用来指定将分布对象转换为散布对象的方式。

图 4-3 "散布"效果　　图 4-4 "拾取分布对象"卷展栏

实战: 用散布制作草地

视频位置: DVD> 场景文件 > 第 04 章 > 实战: 用散布制作草地 .max
视频位置: DVD> 视频文件 > 第 04 章 > 实战: 用散布制作草地 .mp4
难易指数: ★★★☆☆

本节介绍使用散布制作草地的操作方法,如图 4-5 所示为制作的结果。

图 4-5 草地效果

01 打开配套光盘提供的"第 4 章 / 用散布制作草地 .max"文件,如图 4-6 所示。

02 选择草模型,切换几何体列表为"复合对象",然后单击"散布"按钮,在参数卷展栏中单击"拾取分布对象",拾取场景中地面模型,如图 4-7 所示。

图 4-6　打开文件

图 4-7　拾取模型

03 切换至修改命令面板，对"散布对象"各参数进行设置，如图 4-8 所示。

04 在场景中完成对草地的设置，如图 4-9 所示。

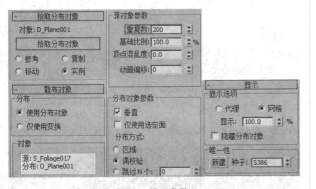

图 4-8　设置参数

图 4-9　完成草地制作

4.1.3　一致

选择"一致"工具，可将某个对象（又称为包裹器）的顶点投影到另一个对象（又称为包裹对象）的表面，使包裹器影响包裹对象，如图 4-10 所示。

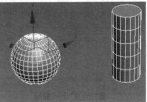

图 4-10　创建"一致"复合对象

"一致"参数设置面板中的"拾取包裹到对象"卷展栏内容如图 4-11 所示，其中各选项含义如下。

▢　对象：显示包裹对象的名称。

▢　拾取包裹对象：单击 拾取包裹对象 按钮，在场景中拾取包裹对象，可以创建"一致"复合对象。

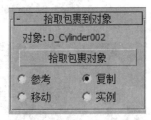

图 4-11　"拾取包裹到对象"卷展栏

4.1.4　连接

选择"连接"工具，可以通过对象表面的洞连接两个或者多个对象。要执行"连接"操作，必须删除每个对象的面，在其表面创建一个或者多个洞，并确定洞的位置，以使洞与洞之间面对面，然后再执行"连接"操作。

在场景中选择对象，在"复合对象"创建面板中单击"连接"工具按钮，并单击"拾取操作对象"卷展栏下的"拾取操作对象"按钮 拾取操作对象 ，然后选择场景中另一待连接的对象，即可完成"连接"操作，如图 4-12 所示。

在"插值"卷展栏和"平滑"卷展栏中设置参数，以使连接桥两端的表面法线的曲线变得平滑，如图 4-13 所示。

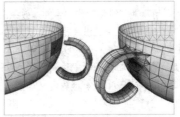

图 4-12　"连接"效果　　　图 4-13　应用平滑

❑ 分段：在选项中设置连接桥中的分段数目。

❑ 张力：选项中的参数可以控制连接桥的曲率，参数值越高，匹配连接桥两端的表面法线的曲线越平滑。

❑ "平滑"卷展栏中各选项含义如下。

❑ 桥：选择该项，可在连接桥之间应用平滑。

❑ 末端：选择该项，可在桥连接面的两端与原始对象之间应用平滑。

4.1.5 图形合并

使用"图形合并"工具，可以创建包含网格对象和一个或多个图形的复合对象，这些图形嵌入网格中，或者从网格中消失。

"图形合并"参数设置面板内容如图 4-14 所示，其中各选项含义如下：

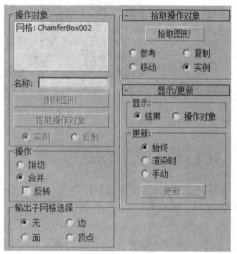

图 4-14 "图形合并"参数设置面板

❑ 操作对象：在列表中显示所有的操作对象。

❑ 名称：在选项框中显示选中的操作对象的名称。

❑ 删除图形：单击按钮，可从复合对象中删除图形。

❑ 提取操作对象：单击按钮，可以提取选中操作对象的副本或实例。只有在"操作对象"列表中选择操作对象时，该按钮才可能被激活。

❑ 实例/复制：选择提取操作对象的方式。

❑ 饼切：选择该项，可以切去网格对象曲面外部的图形。

❑ 合并：选择该项，可将图形与网格对象曲面合并。

❑ 反转：选择该项，可反转"饼切"或"合并"效果。

❑ 输出子网格选择：在选项组中提供了指定将哪个选择级别传送到"堆栈"中。

❑ 拾取图形：单击按钮，然后在场景中单击要嵌入网格对象中的图形，图形可以沿着图形局部 Z 轴负方向投射到网格对象上。

❑ 参考/复制/移动/实例：选择如何将图形传输到复合对象中。

❑ 操作对象：选择该项，可显示操作对象。

❑ 始终：选择该项，可始终更新显示。

❑ 渲染时：选择该项，可仅在场景渲染时更新显示。

❑ 手动：选择该项，则在单击"更新"按钮后才可更新显示。

❑ 更新：在选择"渲染时"选项及"手动"选项时，该按钮才可被激活。

实战：用"图形合并"制作出电脑标识

本节介绍使用"图形合并"制作出电脑标识的操作方法。

01 打开配套光盘提供的"第 4 章 / 使用图形合并制作电脑标识 .max"文件，如图 4-15 所示。

02 单击"图形"按钮 ⊙，在列表中选择"样条线"，单击"文本"按钮，如图 4-16 所示。

图 4-15 创建一个长方体　　图 4-16 单击"文本"按钮

03 在"文本"参数设置面板下单击展开"参数"卷展栏，在"文本"列表中输入文本参数，如图 4-17 所示。

04 选择笔记本盖模型，切换"几何体"列表为"复合对象"类型，单击"图形合并"按钮，在展开的"拾取操作对象"卷展栏中单击"拾取图形"按钮，拾取场景中的文本对象，如图 4-18 所示。

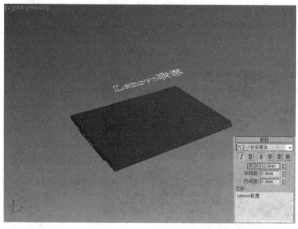

图 4-17 输入文本参数

图 4-18 移动文本

05 选择长方体，单击右键，在弹出的快捷菜单中选择"转换为可编辑多边形"选项，如图 4-19 所示。

06 在"可编辑多边形"修改器下单击展开"选择"卷展栏，单击进入"多边形"级别，在场景中选择文本对象的面，执行"挤出"命令，如图 4-20 所示。

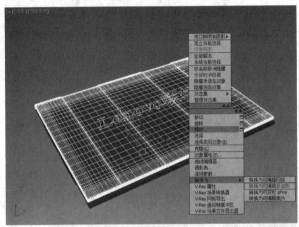

图 4-19 选择"转换为可编辑多边形"选项

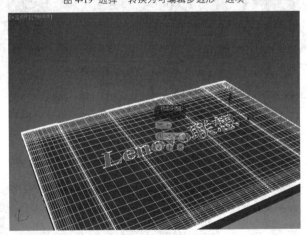

图 4-20 选择文本对象

07 确定后，使用"图形合并"制作电脑标识的操作结果如图 4-21 所示。

图 4-21 制作电脑标识

4.1.6 地形

使用"地形"工具，可以根据轮廓线的数据生成地形对象。

选择最底层的样条线，如图 4-22 所示；在"复合对象"创建面板中单击"地形"工具按钮，如图 4-23 所示。

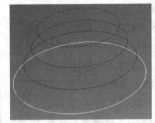
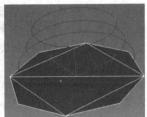

图 4-22 选择最底层的样条线　　图 4-23 执行命令

在"拾取操作对象"卷展栏中单击"拾取操作对象"按钮 拾取操作对象 ，然后逐级往上单击样条线，结果如图 4-24 所示。在"按基础海拔分区"卷展栏中单击"创建默认值"按钮 创建默认值 ，可以在场景中用不同的颜色来表示地形的海拔，如图 4-25 所示。

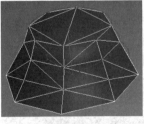

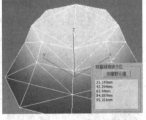

图 4-24 创建"地形"效果　　图 4-25 海拔的表现结果

4.1.7 水滴网格

使用"水滴网格"工具可以通过几何体或离子创建一组球体，还可将球体连接起来，使得这些球体像是由柔软的液态物质构成的一样。假如球体在离另外一个球体的一定范围内移动，它们就会连接在一起；假如这些球体相互移开，则可重新显示球体的形状，如图4-26所示。

图4-26 水滴网格

4.1.8 网格化复合对象

使用"网格化"工具，可以每帧为基准将程序对象转化为网格对象，这样就可以应用修改器，比如弯曲或贴图。"网格化"工具可用于任何类型的对象，但是主要是为使用粒子系统而设计的。

首先创建"粒子流源"系统对象，如图4-27所示。在"复合对象"创建面板中单击"网格化"工具按钮，在场景中拖曳光标创建网格对象，如图4-28所示。

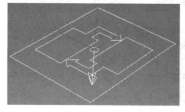 

图4-27 创建"粒子流源"系统对象　　图4-28 创建网格对象

进入"修改"面板，在"参数"卷展栏中单击"拾取对象"按钮，选择场景中"粒子流源"系统对象，则网格对象被隐藏，如图4-29所示。播放动画以查看设置效果，结果如图4-30所示。

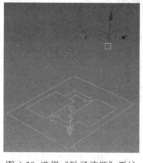 

图4-29 选择"粒子流源"系统　　图4-30 播放动画

4.2 ProBoolean 和布尔运算

布尔运算可以将两个对象进行并集、交集、差集等运算，使它们组合成一个整体。而ProBoolean复合对象与布尔操作相似，但是其功能比布尔运算要强大的多。该复合对象可一次执行多组布尔运算，完成多个对象的组合。本节介绍 ProBoolean 和布尔运算的操作方法。

4.2.1 ProBoolean

使用 ProBoolean 工具创建复合对象具有"布尔运算"工具所缺少的优势，那就是 ProBoolean 运算之后所生成的三角面比较少，网格布线更加均匀，且生成的顶点和面相对较少，还具备了操作容易、快捷的优点。ProBoolean 工具参数设置面板如图4-31所示。

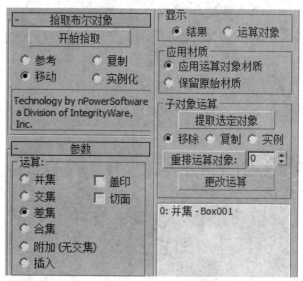

图4-31 ProBoolean 工具参数设置面板

本节介绍使用"ProBoolean"制作象棋子的操作方法。

01 在"创建"面板上单击"几何体"按钮，在列表中选择"扩展基本体"，单击"切角圆柱体"按钮，在场景中拖曳创建一个切角圆柱体，如图4-32所示。

02 单击"图形"按钮，在列表中选择"样条线"，单击"圆"按钮，如图4-33所示。

03 在场景窗分别创建半径为40及37的圆形，如图4-34所示。

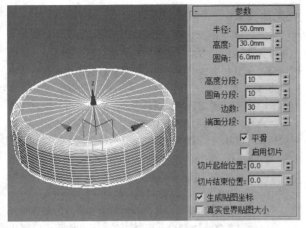

图 4-32 创建一个切角圆柱体

图 4-33 单击"圆" 按钮

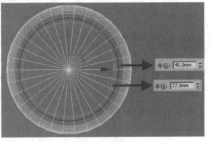

图 4-34 创建圆形

04 单击"几何体"按钮 ◯，在列表中选择"复合对象"，返回场景中选择"圆柱体"，并单击"图形合并"按钮，在"拾取操作对象"卷展栏下单击"拾取图形"按钮，按住 Ctrl 键分别拾取两个圆形，合并的结果如图 4-35 所示。

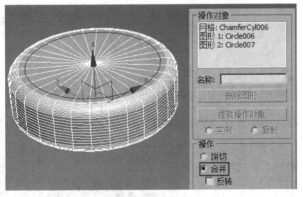

图 4-35 图形合并

05 选择圆柱体，单击右键，在快捷菜单中选择"转换为可编辑多边形"选项，在"选择"卷展栏下单击进入"多边形"级别，在圆柱体上选择待挤出的面，如图 4-36 所示。

06 在"编辑多边形"卷展栏下单击"挤出"按钮，设置所选多边形面的挤出参数，挤出效果如图 4-37 所示。

图 4-36 选择面

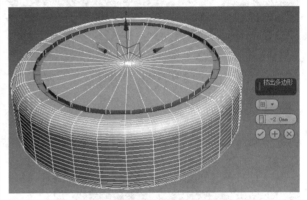

图 4-37 挤出效果

07 单击"图形"按钮 ◯，在列表中选择"样条线"，单击"文本"按钮，创建文本对象，如图 4-38 所示。

图 4-38 创建文本对象

08 将文本对象转换成可编辑多边形，进入"多边形"级别，设置其挤出参数，如图 4-39 所示。

图 4-39 设置挤出参数

09 单击"几何体"按钮◯，在列表中选择"复合对象"，选择圆柱体，单击 ProBoolean 按钮，在"拾取布尔对象"卷展栏下单击"开始拾取"按钮，在场景中拾取文本对象，如图 4-40 所示。

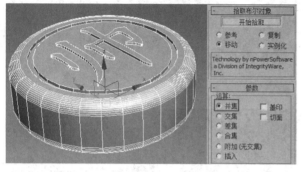

图 4-40 拾取文本对象

10 使用"ProBoolean"制作象棋的结果如图 4-41 所示。

图 4-41 制作象棋

4.2.2 布尔运算

使用"布尔"运算工具，可对选中的两个或两个以上的对象执行布尔运算后得到新的物体形态。如图 4-42 所示为"布尔运算"参数设置面板。

图 4-42 "布尔运算"参数设置面板

参数设置面板中各选项含义如下

❑ 拾取操作对象 B：单击按钮，在场景中选择另一个运算物体来完成"布尔"运算工具。在选项中提供了 4 种控制运算对象 B 的方式，在拾取操作对象 B 之前应先确定采用哪种方式。

❑ 参考：选择该项，可将原始对象的参考复制品作为运算对象 B，假如以后改变原始对象，同时也会改变布尔物体中的运算对象 B，但是改变运算对象 B 时，不会改变原始对象。

❑ 复制：选择该项，复制一个原始对象作为运算对象 B，而不改变原始对象。在原始对象还需要用在其他地方时采用该方式。

❑ 移动：选择该项，可将原始对象直接作为运算对象 B，而原始对象本身不存在。在原始对象无其他用途时采用这种方式。

❑ 实例：选择该项，可将原始对象的关联复制品作为运算对象 B，假如以后对两者的任意一个对象修改时都会影响另一个。

❑ 并集：选择该项，可将两个对象合并，相交的部分删除，运算完成后两个物体将合并为一个物体。

❑ 交集：选择该项，可将两个对象相交的部分保留，删除不相交的部分。

❑ 差集（A-B）：选择该项，可在 A 物体中减去与 B 物体重合的部分。

❑ 差集（B-A）：选择该项，可在 B 物体中减去与 A 物体重合的部分。

❑ 切割：选择该项，可使用 B 物体切除 A 物体，但不在 A 物体上添加 B 物体的任何部分。

❑ 优化：选择该项，可在 A 物体上沿着 B 物体与 A 物体相交的面来增加顶点和边数，以细化 A 物体的表面。

❑ 分割：选择该项，可在 B 物体切割 A 物体部分的边缘，且增加了一排顶点，使用该方法可根据其他物体的外形将一个物体分为两部分。

实战：使用"布尔运算"制作书柜

场景位置：DVD>场景文件>第04章>实战：使用"布尔运算"制作书柜.max
视频位置：DVD>视频文件>第04章>实战：使用"布尔运算"制作书柜.mp4
难易指数：★★☆☆☆

本节介绍使用"布尔运算"制作书柜的操作方法，最终效果如图 4-43 所示。

图 4-43 书柜效果

01 在"创建"面板中单击"几何体"按钮○，在列表中选择"标准基本体"，单击"长方体"按钮，在场景中拖曳光标创建一个长方体，如图 4-44 所示。

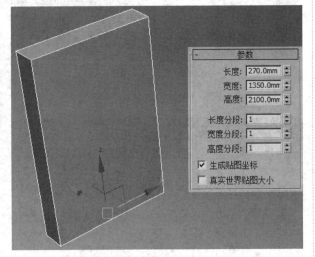

图 4-44 创建长方体

02 重复单击"长方体"按钮，在场景中创建另一个长方体，如图 4-45 所示。

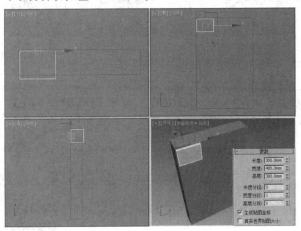

图 4-45 创建结果

03 选择上一步骤创建的长方体，执行"工具"→"阵列"命令，在弹出的【阵列】对话框中设置参数，如图 4-46 所示。

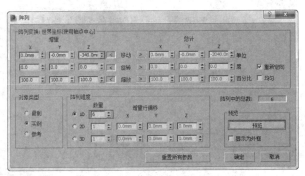

图 4-46 设置【阵列】参数

04 在对话框中单击"预览"按钮，预览参数的设置效果。单击"确定"按钮关闭对话框可以完成阵列操作，结果如图 4-47 所示。

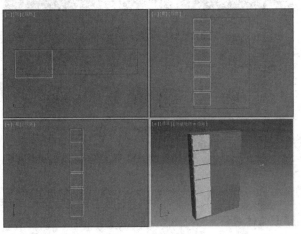

图 4-47 阵列操作结果

05 单击"长方体"按钮，在场景中创建长方体，如图 4-48 所示。

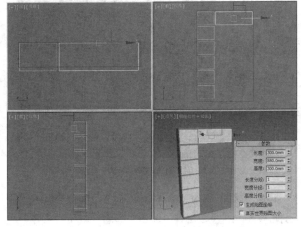

图 4-48 创建长方体

06 选择长方体，执行"工具"→"阵列"命令，设置阵列参数如图 4-49 所示。

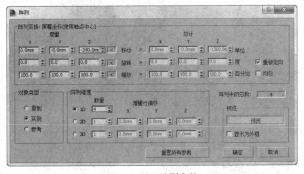

图 4-49 设置阵列参数

07 单击"确定"按钮，完成阵列操作的结果如图 4-50 所示。

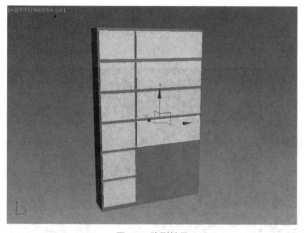

图 4-50 阵列结果

08 单击"长方体"按钮，在场景中拖曳光标以创建长方体对象，结果如图 4-51 所示。

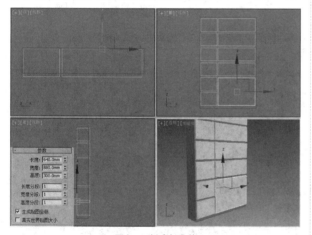

图 4-51 创建长方体

09 选择所有的长方体，在"命令"面板中单击"实用程序"按钮，在其中单击"塌陷"按钮，展开"塌陷"卷展栏，然后单击"塌陷选定的对象"按钮组合所有长方体，如图 4-52 所示。

图 4-52 单击"塌陷选定的对象"按钮

10 在"创建"面板中单击"几何体"按钮，在列表中选择"复合对象"，单击"布尔"按钮，展开"拾取布尔"卷展栏，然后单击"拾取操作对象 B"按钮，在场景中单击已执行"塌陷"操作的长方体，完成布尔运算的结果如图 4-53 所示。

图 4-53 执行布尔运算

4.3 放样功能

放样对象时通过一条路径组合一个或多个截面来创建三维形体。在 3ds Max 中放样对象至少需要两个二维型组成，一个型用来作为放样的"路径"，主要用来定义放样的中心和高度，路径本身可以是开放的样条曲线，也可以使封闭的样条曲线，但必须是唯一的一条曲线，且不能有交点。另一个型用作放样的截面，又称为"型"或"交叉断面"，在路径上可防止多个不同形态的截面型，以创建更为复杂的形体。

如图 4-54 所示为"放样"参数设置面板的内容，其中各选项含义如下。

□ 获取路径：单击按钮，在场景中将路径指定给选定图形或更改当前指定的路径。

□ 获取图形：单击按钮，在场景中将图形指定给选定路径或更改当前指定的图形。

□ 移动/复制/实例：在其中选择指定路径或图形转换为放样对象的方式。

□ 缩放：单击按钮，可从单个图形中放样对象，该图形在其沿着路径移动时只改变其缩放。

图 4-54 "放样"参数设置面板

□ 扭曲：单击按钮，可沿着对象的长度创建盘旋或扭曲的对象，扭曲将沿着路径指定旋转量。

□ 倾斜：单击按钮，可围绕局部 x 轴和 y 轴旋转图形。

□ 拟合：单击按钮，可使用两条拟合曲线来定义对象的顶部和侧剖面。

实战：用"放样"制作出装饰品

本节介绍使用"放样"制作装饰品的操作方法，最终效果如图 4-55 所示。

图 4-55 最终效果

01 在"创建"面板中单击"图形"按钮 ，在列表中选择"样条线"，单击"圆"按钮，在场景中拖曳光标以创建一个圆形，如图 4-56 所示。

图 4-56 创建圆形

02 在"样条线"工具列表中单击"线"按钮，在前视图中绘制一根曲线线，如图 4-57 所示。

03 在前视图中选择圆形，在"几何体"列表中选择"复合对象"，单击"放样"按钮，在"创建方法"卷展栏下单击"获取路径"按钮，拾取场景中的曲线，如图 4-58 所示。

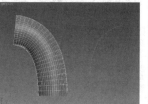

图 4-57 绘制曲线 　　图 4-58 执行"放样"

04 选择放样出来的管状体，切换至修改面板展开"变形"卷展栏，单击其中的"缩放"按钮，如图 4-59 所示。

图 4-59 单击"缩放"按钮

05 在弹出的【缩放变形】对话框中设置点的位置，如图 4-60。

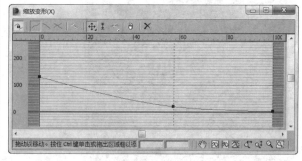

图 4-60 调整【缩放变形】参数

06 对管状体缩放变形的操作结果如图 4-61 所示。选择制作好的装饰品，缩放复制得到其他图形，如图 4-62 所示。

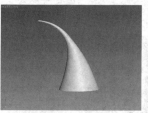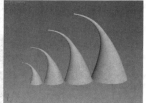

图 4-61 操作效果 　　图 4-62 复制对象

实战：用"放样"制作出窗帘

场景位置：DVD>场景文件>第 04 章>模型文件>实战：用"放样"制作出窗帘.max
视频位置：DVD>视频文件>第 04 章>实战：用"放样"制作出窗帘.mp4
技术掌握 ★★★☆☆

本节介绍使用"放样"制作出窗帘的操作方法。

01 在"几何体"列表中选择"标准基本体"，单击"长方体"按钮，在场景中拖曳光标创建长方体，如图 4-63 所示。

02 选择尺寸较小的长方体，在列表中选择"复合对象"，单击"布尔"按钮，在"拾取布尔"卷展栏下单击"拾取操作对象 B"，拾取场景中尺寸较大的长方体，完成布尔运算的操作，如图 4-64 所示。

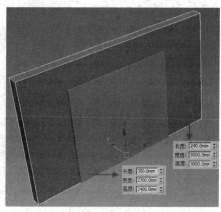

图 4-63 创建长方体

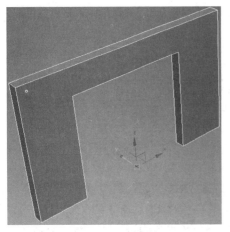

图 4-64 布尔运算

03 在列表中选择"窗"，单击"固定窗"按钮，创建固定窗对象，在主工具栏上单击"选择并移动"工具⊕，将固定窗对象移动至窗洞处，如图 4-65 所示。

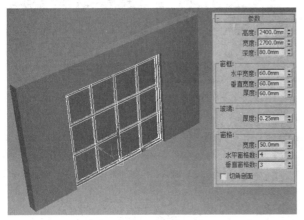

图 4-65 创建固定窗

04 选择固定窗对象，单击右键，在弹出的快捷菜单中选择"转换为可编辑多边形"选项，进入"多边形"级别，选择待删除的面，如图 4-66 所示。

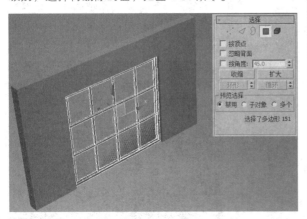

图 4-66 选择固定窗中的玻璃

05 按下 Delete 键，可将选中的面删除，如图 4-67 所示。

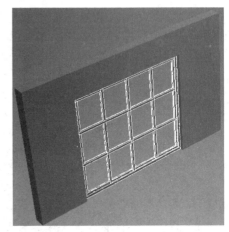

图 4-67 删除结果

06 在"创建"面板中单击"图形"按钮，单击"线"按钮，在前视图中绘制窗帘盒的轮廓线，如图 4-68 所示。

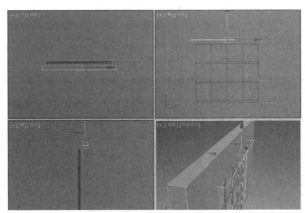

图 4-68 绘制窗帘盒轮廓线

07 将样条线转换为"可编辑多边形"，进入"多边形"级别，选择样条线上的面，单击"编辑多边形"卷展栏下的"挤出"按钮，设置其挤出参数，如图 4-69 所示。

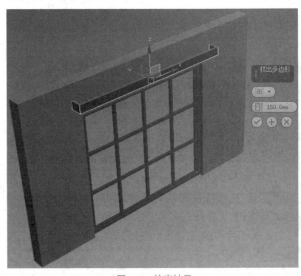

图 4-69 挤出结果

08 单击"线"
按钮，在前视图中创
建波浪线及垂直直
线，如图 4-70 所示。

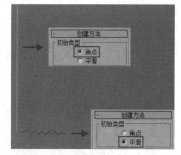

图 4-70 创建波浪线及垂直直线

09 在"几何体"列表中选择"复合对象"，单击"放样"
按钮，在"创建方法"卷展栏下单击"获取路径"按钮，拾取
场景中的直线，如图 4-71 所示。

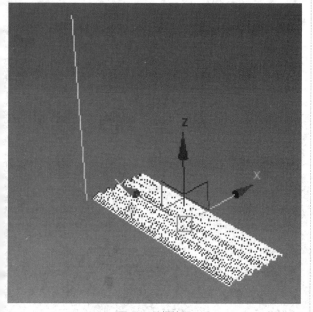

图 4-71 放样结果

10 使用鼠标右键在主工具栏上单击"角度捕捉切
换"工具，在弹出的【栅格和捕捉设置】对话框中
设置"角度"参数，单击主工具栏上的"选择并旋转"
工具，旋转窗帘对象如图 4-72 所示。

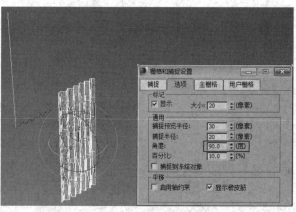

图 4-72 旋转窗帘对象

11 在主工具栏上单击"选择并移动"工具，将
窗帘移动至固定窗的前面，按住 Shift 键，移动复制窗
帘图形，如图 4-73 所示。

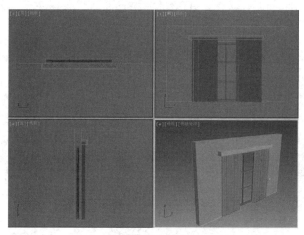

图 4-73 移动复制

12 使用"放样"工具制作窗帘的最终结果如图
4-74 所示。

图 4-74 最终结果

第 5 章

修改器图形建模

本章学习要点：

- 二维图形
- 编辑修改器
- 常用修改器

利用样条线可以创建简单的二维图形，然后通过编辑样条线可以生成复杂的二维图形。使用编辑修改器中各类修改命令，可以在较复杂的二维图形的基础上生成更为高级的模型。

5.1 二维图形

本节介绍通过使用样条线、扩展样条线、编辑样条线工具来创建或编辑二维图形的操作方法。

5.1.1 样条线

在创建物体的外轮廓时，经常会用到样条线工具来绘制，如图 5-1 所示为各类样条线的绘制结果；其中又以"线"工具使用频率最高。线的创建方法有角点和平滑两类，形状不受约束，拐弯处可尖锐也可平滑。"线"的创建面板中有 4 个卷展栏，分别是"渲染""插值""创建方法"及"键盘输入"，如图 5-2 所示，以下分别对其进行介绍。

图 5-1 各类样条线的绘制结果

图 5-2 "线"的创建面板

1. "渲染"卷展栏

单击"渲染"卷展栏前的"+"，可以展开其内容，如图 5-3 所示。

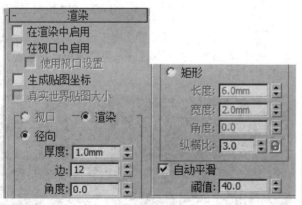

图 5-3 "渲染"卷展栏

各选项含义介绍如下

❑ 在渲染中启用：选择该项，则可渲染出样条线。

❑ 在视口中启用：选择该项，则样条线以网格的形式显示在视图中。

❑ 使用视口设置：选择"在视口中启用"选项后，该项才被激活，主要用来设置不同的渲染参数。

❑ 生成贴图坐标：选择该项，可应用贴图坐标。

❑ 真实世界贴图大小：控制应用于对象的纹理贴图材质所使用的缩放方法。

❑ 视口 / 渲染：选择"视口"选项，样条线会显示在视图中；假如同时勾选"在视口中启用""渲染"选项，则样条线可同时在视图中和渲染中显示出来。

❑ 厚度：设置视图或者渲染样条线网格的直径，默认值为 1，值范围为 0~100。

❑ 边：用来在视图或者渲染器中为样条线网格设置边数或者面数，值为 4 时表示一个方形截面。

❑ 角度：用来调整视图或者渲染器中横截面的旋转位置。

❑ 长度：用来设置沿局部 Y 轴的横截面大小。

❑ 宽度：用来设置沿局部 X 轴的横截面大小。

❑ 角度：用来调整视图或渲染器中的横截面的旋转位置。

❑ 纵横比：用来设置矩形横截面的纵横比。

❑ 自动平滑：勾选该项可激活"阈值"选项，调整"阈值"选项可自动平滑样条线。

2. "插值"卷展栏

"插值"卷展栏的内容如图 5-4 所示。

图 5-4 "插值"卷展栏

❑ 步数：定义每条样条曲线的步数。

❑ 优化：勾选该项，可以从样条线的直线线段中删除多余的步数。

❑ 自适应：勾选该项，系统可自动适应设置每条样条线的步数，从而生成平滑的曲线。

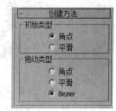

图 5-5 "创建方法"卷展栏

3. "创建方法"卷展栏

"创建方法"卷展栏内容如图 5-5 所示。

❑ 角点：选择该项，则可通过顶点产生一个没有弧度的尖角。

❑ 平滑：选择该项，则可通过顶点产生一条平滑的、不可调整的曲线。

❑ Bezier：选择该项，则可通过顶点产生一条平滑的、可调整的曲线。

4. "键盘输入"卷展栏

"键盘输入"卷展栏的内容如图 5-6 所示。

图 5-6 "键盘输入"卷展栏

实战：创建藤椅

视频位置：DVD> 视频文件 > 第 05 章 > 实战：创建藤椅 .mp4

难度指数：★★★★☆

通过在 X、Y、Z 三个选项框中设置参数，可以完成样条线的绘制。

本节介绍使用样条线创建藤椅的操作方法。

01 在"图形"列表中选择"样条线"，单击"线"按钮，在场景中绘制样条线，如图 5-7 所示。

02 进入样条线的修改面板，在"选择"卷展栏下单击"顶点"按钮 ，进入顶点层级，如图 5-8 所示。

图 5-7 绘制样条线

图 5-8 进入顶点层级

03 选择顶点，单击右键，在弹出的快捷菜单中选择"平滑"选项，可使顶点变得圆滑，如图 5-9 所示。

04 选择另一顶点，在右键菜单中选择"Bezier"选项，调节控制柄以得到圆滑的顶点，如图 5-10 所示。

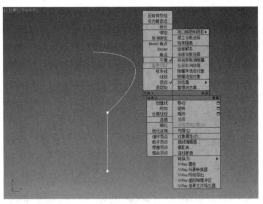

图 5-9 选择"平滑"选项

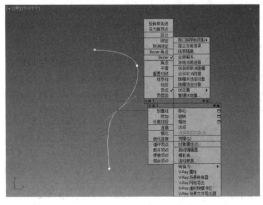

图 5-10 选择"Bezier"选项

05 单击展开"渲染"卷展栏，勾选"在渲染中启用""在视口中启用"选项，在"径向"选项组下设置样条线的厚度，如图 5-11 所示。

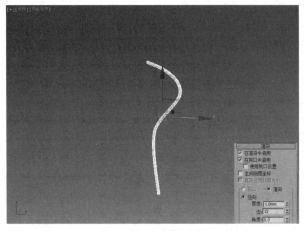

图 5-11 设置样条线的厚度

06 选择样条线，单击主工具栏上的"镜像"工具 ，在弹出的【镜像：屏幕坐标】对话框中设置参数，如图 5-12 所示。

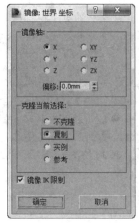

图 5-12 【镜像：屏幕坐标】对话框

07 单击"确定"按钮即可完成镜像复制操作，单击"选择并移动"工具 ，移动镜像得到的样条线，如图 5-13 所示。

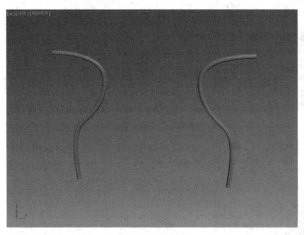

图 5-13 镜像结果

08 在"样条线"列表中单击"矩形"按钮，在场景中拖曳鼠标创建矩形，如图 5-14 所示。

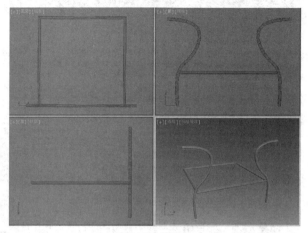

图 5-14 创建矩形

09 单击"线"按钮，创建样条线，调整其位置如图 5-15 所示。

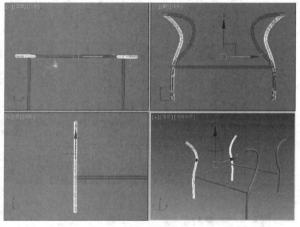

图 5-15 创建样条线

10 在"样条线"列表中单击"弧"按钮，在视口中分别单击指定弧的起点、端点以及半径大小，绘制弧的结果如图 5-16 所示。

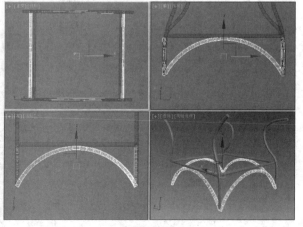

图 5-16 绘制弧

11 在"样条线"列表中单击"线"按钮，绘制样条线，如图 5-17 所示。

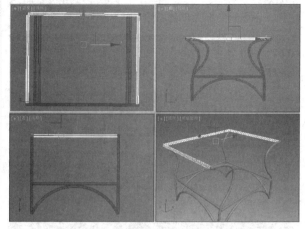

图 5-17 绘制样条线

12 单击"线"按钮，在椅子靠背轮廓线内绘制纵横交错的样条线，在"渲染"卷展栏中设置厚度值为 10，如图 5-18 所示。

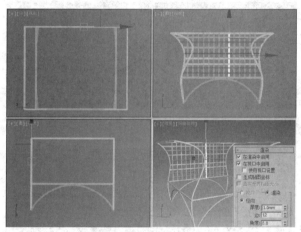

图 5-18 绘制纵横交错的样条线

13 单击"线"按钮，在椅子扶手轮廓线内绘制水平样条线，如图 5-19 所示。

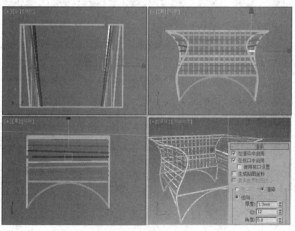

图 5-19 绘制样条线

14 在"创建"面板中单击"几何体"按钮 ⬤ ，在列表中选择"扩展基本体"，单击"切角长方体"按钮，在场景中拖曳创建一个长方体，如图 5-20 所示。

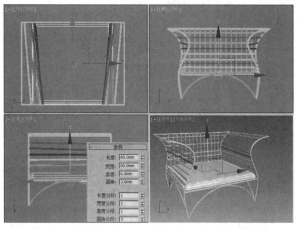

图 5-20 创建切角长方体

15 使用样条线创建藤椅的最终结果如图 5-21 所示。

图 5-21 最终结果

5.1.2 扩展样条线

3ds Max 有 5 种类型的扩展样条线，工具列表与绘制效果分别如图 5-22 和图 5-23 所示。

图 5-22 工具列表　　　　图 5-23 绘制效果

实战：创建书架

场景位置：DVD>场景文件>第 05 章>模型文件>实战：创建书架 .jpwk
视频位置：DVD>视频文件>第 05 章>实战：创建书架 .mp4
难易指数：★★★★☆

本节介绍使用扩展样条线创建书架的操作方法。

01 在"图形"列表中选择"扩展样条线"，单击"角度"按钮，在场景中拖曳鼠标创建扩展样条线，如图 5-24 所示。

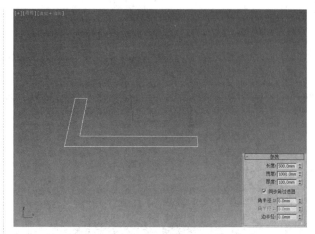

图 5-24 创建"角度"样条线

02 选择扩展样条线对象，单击右键，在弹出的快捷菜单中选择"转换为可编辑多边形"。在"选择"卷展栏下进入"多边形"级别，在"编辑多边形"卷展栏下单击"挤出"按钮，设置挤出参数如图 5-25 所示。

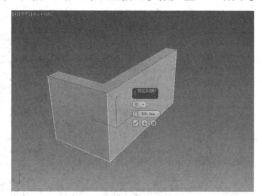

图 5-25 挤出效果

03 在"扩展样条线"列表中单击"墙矩形"按钮，在场景中拖曳创建如图 5-26 所示的扩展样条线。

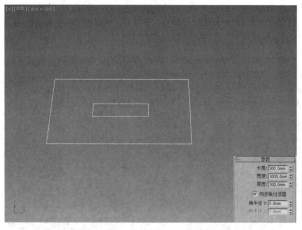

图 5-26 创建"墙矩形"样条线

04 将其转换为可编辑多边形，并执行挤出操作，结果如图 5-27 所示。

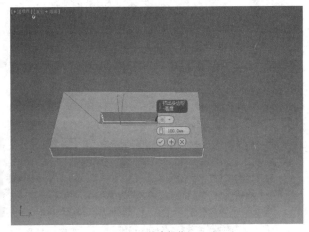

图 5-27 挤出操作

05 单击主工具栏上的"选择并旋转"工具 ⟳，对"角度"样条线执行旋转操作，单击"选择并移动"工具 ✛，移动"墙矩形"样条线以使其与"角度"样条线相接，如图 5-28 所示。

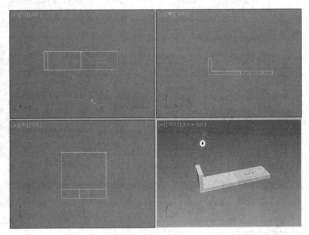

图 5-28 选择并移动效果

06 单击"镜像"工具 ⋈，在【镜像】对话框中设置镜像轴为 X 轴，镜像复制"角度"样条线，如图 5-29 所示。

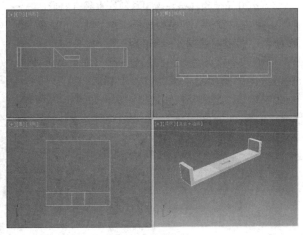

图 5-29 镜像复制

07 单击"墙矩形"按钮，创建"墙矩形"样条线，如图 5-30 所示。

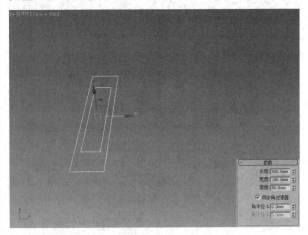

图 5-30 创建"墙矩形"样条线

08 将样条线转换成可编辑多边形，设置挤出参数，结果如图 5-31 所示。

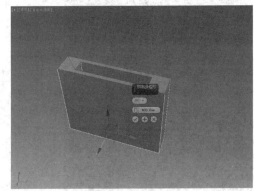

图 5-31 设置挤出参数

09 按住 Shift 键，移动复制"墙矩形"样条线，结果如图 5-32 所示。

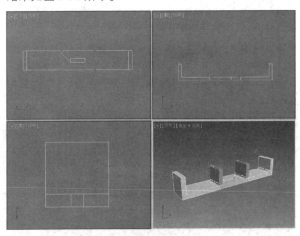

图 5-32 移动复制

10 重复前面所述的操作，继续绘制书架每层的层板，结果如图 5-33 所示。

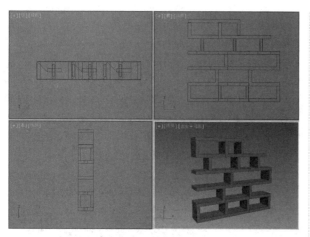

图 5-33 绘制效果

11 使用扩展样条线创建书架的操作结果如图 5-34 所示。

图 5-34 创建书架

编辑样条线

"可编辑样条线"提供了将对象作为样条线并以三个子对象层级进行操纵的控件:"顶点""线段"和"样条线"。"可编辑样条线"中的功能同编辑样条线修改器中的功能相同。不同的是,将现有的样条线形状转化为可编辑的样条线时,将不再可以访问创建参数或设置它们的动画。但是,样条线的插值设置仍可以在可编辑样条线中使用。

1. 转换为可编辑样条线

将样条线转化为可编辑样条线的方法有以下两种。

□ 第一种转换方法:选择绘制完成的样条线,单击右键,在弹出的菜单中选择"转换为"→"转换为可编辑样条线"

选项,如图 5-35 所示。样条曲线被转换后,"修改"面板中卷展栏的数目和类型会有所变化,如图 5-36 所示为转换前与转换后卷展栏的变化。

图 5-35 右键菜单　　　　图 5-36 "修改"面板

□ 第二种转换方法:选择样条线,在"修改器"列表中选择"编辑样条器"选项,为其加载一个修改器,如图 5-37 所示。

在修改器堆栈中包含了"编辑样条线"选项以及样条线选项,选择"编辑样条线"选项时,其卷展栏包括"选择""软选择""几何体"三项,选择样条线选项时,则卷展栏发生变化,分别为"渲染""插值""参数"三项,如图 5-38 所示。

图 5-37 加载修改器　　　　图 5-38 卷展栏样式对比

实战: 创建水晶灯

本节介绍使用样条线等工具创建水晶灯的操作方法。

01 在"图形"列表中选择"样条线",单击"线"按钮,在前视图绘制如图 5-39 所示的样条线。

02 选择样条线,为其加载一个"车削"修改器,在"方向"选项组中单击"Y"按钮,在"对齐"选项组中单击"最大"按钮,操作结果如图 5-40 所示。

图 5-39 绘制样条线

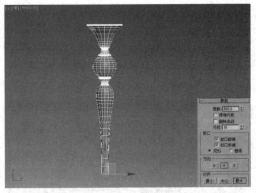

图 5-40 "车削"操作

03 单击"线"按钮,在前视图中绘制样条线,然后对其执行"车削"修改操作,结果如图 5-41 所示。

图 5-41 操作结果

04 单击主工具栏上的"选择并移动"工具，移动"车削"得到的图形,使其连接在一起,如图 5-42 所示。

图 5-42 移动图形

05 使用"线"工具,在前视图绘制样条线。选择样条线进入修改面板,在"渲染"卷展栏中分别勾选"在渲染中启用""在视口中启用"选项,并在"径向"选项组下设置厚度值为18,如图 5-43 所示。

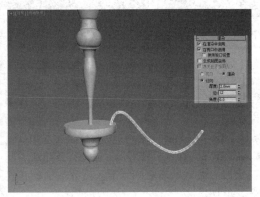

图 5-43 绘制样条线

06 单击"线"按钮,在前视图绘制样条线,并对样条线执行车削操作,如图 5-44 所示。

图 5-44 车削操作

07 单击"选择并移动"工具，移动"车削"得到的图形,使其连接在一起,如图 5-45 所示。

08 使用"线"工具,在前视图创建样条线图形,然后为样条线加载"车削"修改器,对其执行修改操作,如图 5-46 所示。

图 5-45 移动图形　　　　图 5-46 放样对象

09 选择"车削"操作后得到的图形,按住 Shfit 键移动复制一份;单击主工具栏上的"选择并缩放"工具，调整图形副本的大小,如图 5-47 所示。

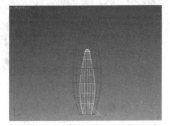

图 5-47 缩放结果

10 使用"选择并移动"工具移动图形,如图 5-48 所示。

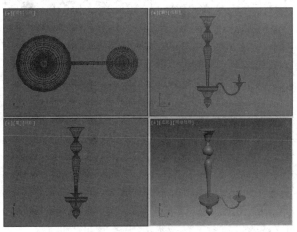

图 5-48 移动图形

11 选择待更改轴心的图形，单击命令面板上的"层次"按钮，在"调整轴"卷展栏下单击"仅影响轴"按钮，调整轴心的位置，如图 5-49 所示。

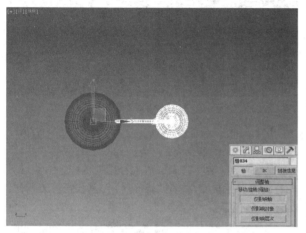

图 5-49 更改轴心

12 执行"工具"→"阵列"命令，在弹出的【阵列】对话框中设置参数，如图 5-50 所示。

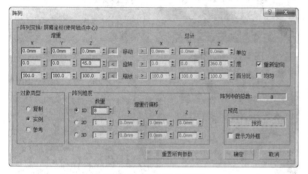

图 5-50 【阵列】对话框

13 单击"预览"按钮查看参数设置的效果，单击"确定"按钮关闭对话框，阵列结果如图 5-51 所示。

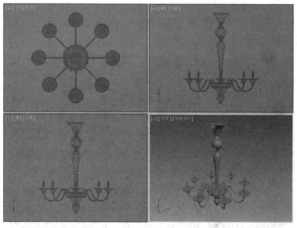

图 5-51 阵列结果

14 使用"线"工具、"车削"修改器等创建吊灯的水晶坠，如图 5-52 所示。

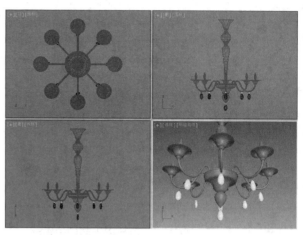

图 5-52 绘制吊坠

15 水晶灯的最终创建效果如图 5-53 所示。

图 5-53 创建水晶灯

实战：**创建花篮**

场景位置：DVD> 场景文件 > 第 05 篇 > 模型文件 > 实战：创建花篮.max
视频位置：DVD> 视频文件 > 第 05 篇 > 实战：创建花篮.mp4
难易指数：★★★☆☆

本节介绍创建花篮的操作方法。

01 在"图形"列表中选择"样条线"，单击"线"按钮，在前视图中创建样条线，如图 5-54 所示。

02 单击"圆"按钮，在前视图中创建半径为 3 的圆形，如图 5-55 所示。

图 5-54 创建样条线   图 5-55 绘制圆形

03 选择其中一个圆形，将其转换为可编辑样条线，在"几何体"卷展栏下单击"附加"按钮，然后在场景中分别单击其他几个圆形，即可将这几个圆形附加为一个整体。在"几何体"列表中选择"复合对象"，单击"放样"按钮，在"创建方法"卷展栏下单击"获取图形"按钮，拾取场景中的圆形，完成放样的操作结果如图 5-56 所示。

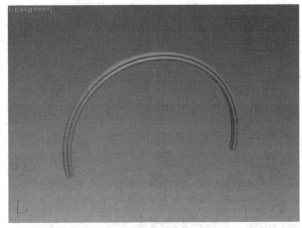

图 5-56 放样结果

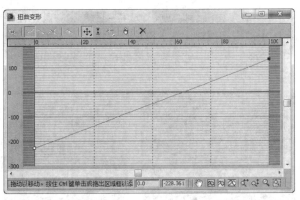

图 5-60 调整曲线

04 选择放样得到的图形，在参数面板中单击展开"变形"卷展栏，单击"变形"按钮，弹出【扭曲变形】对话框，在曲线上增加 Bezier 点，并调整曲线上点的位置，如图 5-57 所示。

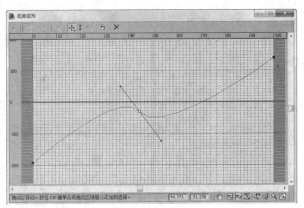

图 5-57 【扭曲变形】对话框

图 5-61 扭曲变形

05 扭曲变形的结果如图 5-58 所示。

06 在"样条线"工具列表中单击"圆"按钮，分别创建半径为 140、5 的圆形，如图 5-59 所示。

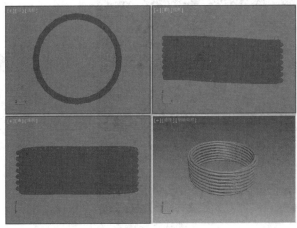

图 5-62 移动复制

10 切换为顶视图，选中"选择并均匀缩放"工具，按住 Shift 键向内缩放复制图形，如图 5-63 所示。

图 5-58 扭曲变形　　　图 5-59 绘制圆形

07 对圆形执行"附加"操作，选择"放样"工具，对圆形执行放样操作，在"变形"卷展栏下单击"扭曲"按钮，调整【扭曲变形】对话框中曲线上的点，如图 5-60 所示。

08 对样条线进行扭曲变形的结果如图 5-61 所示。

09 切换为前视图，单击"选择并移动"工具，选中样条线，按住 Shfit 键向下移动复制，如图 5-62 所示。

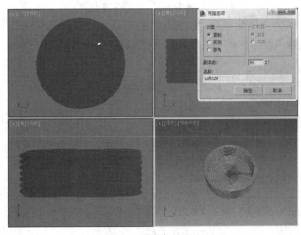

图 5-63 缩放复制图形

11 在"角度捕捉切换"工具 上单击右键，在弹出的【栅格和捕捉设置】对话框中设置角度参数；单击"选择并旋转"工具 ，旋转图形对象，如图 5-64 所示。

图 5-64 旋转图形对象

12 花篮的绘制结果如图 5-65 所示。

图 5-65 绘制花篮

5.1.4 修改可编辑样条线

可编辑样条线包含 5 个卷展栏，如图 5-36 所示，本节介绍其中的"选择""软选择"以及"几何体"卷展栏中各选项的含义。

1. "选择"卷展栏

"选择"卷展栏的内容如图 5-66 所示，主要用来切换可编辑样条线的操作级别。各选项内容含义如下：

□ 顶点 ：单击可以访问"顶点"子对象级别，在该级别下可以选择样条线的顶点以进行调节，如图 5-67 所示。

□ 线段 ：单击可以访问"线段"子对象级别，在该级别下可对样条线的线段进行调节，如图 5-68 所示。

□ 样条线 ：单击可访问"样条线"子对象级别，在该级别下可对整条样条线进行调节，如图 5-69 所示。

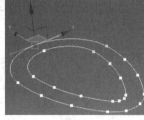

图 5-66 "选择"卷展栏　　　　图 5-67 调节顶点

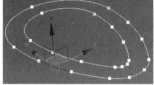
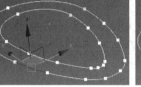

图 5-68 调节线段　　　　图 5-69 调节样条线

□ 复制：单击按钮可以将选择集放置到复制缓冲区中。

□ 粘贴：单击按钮可从复制缓冲区中粘贴命名选择集。

□ 锁定控制柄：系统默认取消勾选该项，即使选择了多个顶点，也只能每次变换一个顶点的切线控制柄；选择该项，则可同时变换多个 Bezier 和 Bezier 角点控制柄。

□ 相似：在拖曳传入向量的控制柄时，所选顶点的所有传入量将被同时移动。同理，移动某个顶点上的传出切线控制柄将移动所有被选顶点的传出切线控制柄。

□ 全部：选择该项，可以在处理单个 Bezier 角点顶点时移动两个控制柄。

□ 区域选择：选择该项，可以自动选择所单击顶点的特定半径中的所有顶点。

□ 线段端点：选择该项，可以单击线段来选择顶点。

□ 选择方式：单击该按钮，弹出如图 5-70 所示的【选择方式】对话框，在对话框中可以选择所选样条线或者线段上的顶点。

图 5-70 【选择方式】对话框

□ 显示顶点编号：选择该项，系统可在任何子对象级别的所选样条线的顶点边显示其编号，如图 5-71 所示。

□ 仅选定：选择"显示顶点编号"选项时，该项被激活；选择该项，仅能在所选顶点边显示其顶点编号，如图 5-72 所示。

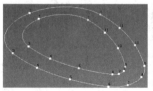

图 5-71 显示顶点编号　　　　图 5-72 显示被选顶点编号

2. "软选择"卷展栏

"软选择"卷展栏的内容如图 5-73 所示，其中的参数选项可以部分地显示选择邻接触中的子对象。各选项内容含义如下：

□ 使用软选择：选择该项，系统会将样条曲线变形应用到所变换的选择周围的未选定的子对象。

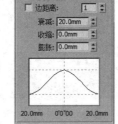
图 5-73 "软选择"卷展栏

□ 边距离：选择该项，能将软选择限定到指定的边数。

□ 衰减：定义影响区域的范围，使用当前单位表示从中心到球体的边的距离。"衰减"数值越高，则斜坡越平缓。

□ 收缩：用于沿着垂直轴提高并降低曲线的顶点。数值为 0 时，收缩跨越该轴生成平滑变换；数值为负数时，则生成凹陷，而不是点。

膨胀：用于沿着垂直轴展开和收缩曲线。受到"收缩"选项中参数的限制，在该选项中设置膨胀的固定起点。在"收缩"值为 0，"膨胀"值为 1 时，则凸起最为平滑。

3. "几何体"卷展栏

"几何体"卷展栏内容如图 5-74 所示，其中的参数选项可以对样条线及其子对象执行编辑。

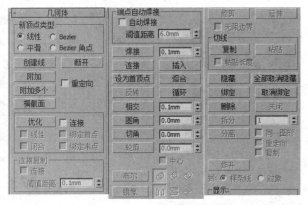
图 5-74 "几何体"卷展栏

□ 线性：选择该项，则新顶点具有线性切线。

□ Bezier：选择该项，则新顶点具有 Bezier 切线。

□ 平滑：选择该项，则新顶点具有平滑切线。

□ Bezier 角点：选择该项，则新顶点具有 Bezier 角点切线。

□ 创建线：单击按钮，可以向所选对象添加更多的样条线，且所添加的线为独立的样条线子对象。

□ 断开：单击按钮，可以在选定的一个或多个顶点拆分样条线，如图 5-75 所示。

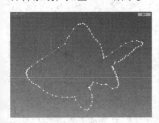
图 5-75 断开线

□ 附加：单击按钮，可将其他样条线附加到所选的样条线上，如图 5-76 所示。

图 5-76 附加线

□ 附加多个：单击按钮，可以弹出如图 5-77 所示的【附加多个】对话框，对话框中包含场景中其他图形的列表。

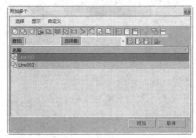
图 5-77 【附加多个】对话框

□ 横截面：单击按钮，可以在横截面形状外面创建样条线框架。

□ 优化：单击按钮，可以在样条线上添加顶点，而不更改样条线的曲率值。

□ 连接：选择该项，可以通过连接新顶点来创建一个新的样条线子对象。单击"优化"按钮添加顶点后，该选项会为每个新顶点创建一个独立的副本，然后将所有副本与一个新样条线相连。

□ 自动焊接：选择该项，系统会自动焊接在与同一样条线的另一个端点的阈值距离内放置和移动的端点顶点。

□ 阈值距离：定义在自动焊接顶点之前，顶点与另一个顶点可接近的程度。

□ 焊接：单击按钮，可以将两个端点顶点或同一样条线中的两个相邻顶点转化为一个顶点，如图 5-78 所示。

图 5-78 焊接顶点

□ 插入：单击按钮，可以插入一个或多个顶点，借以创建其他线段，如图 5-79 所示。

图 5-79 插入顶点

□ 　设为首顶点：选择样条线中的某个顶点，单击按钮，则可将其设为第一个顶点。

□ 　熔合：单击按钮，可以将所有选定顶点移至它们的平均中心位置，如图 5-80 所示。

图 5-80 熔合点

□ 　反转：在"样条线"级别下使用，单击按钮，可以反转样条线的方向。

□ 　循环：选择顶点，单击按钮，可以循环选择同一样条线上的顶点。

□ 　相交：单击按钮，可以在属于同一个样条线对象的两个样条线的相交处添加顶点。

□ 　圆角：单击按钮，可以在线段会合的地方设置圆角，以添加新的控制点，如图 5-81 所示。

□ 　切角：单击按钮，可以设置形状角部倒角，如图 5-82 所示。

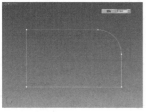

图 5-81 圆角　　　　　图 5-82 切角

□ 　轮廓：在"样条线"级别下使用，用来创建样条线的副本，如图 5-83 所示。

图 5-83 轮廓

□ 　中心：选择该项，则原始样条线和轮廓将从一个不可见的中心线向外移动由"轮廓"工具指定的距离；关闭该项，则原始样条线保持不动，仅一侧的轮廓线偏移到由"轮廓"工具指定的距离。

□ 　布尔：可以对两个样条线执行 2D 布尔运算，其中包括并集、差集和交集。

□ 　镜像：沿长、宽或对角方向镜像样条线。首先单击以激活要镜像的方向，然后单击"镜像"，如图 5-84 所示。

图 5-84 镜像样条线

□ 　修剪：使用该按钮可以清理形状中的重叠部分，以使端点接合在一个点上。

□ 　延伸：单击按钮，可以清理形状中的开口部分，使端点接合在一个点上。

□ 　隐藏：单击按钮，可隐藏所选顶点和任何相连的线段。

□ 　全部取消隐藏：显示全部被隐藏的对象。

□ 　删除：在"顶点"级别下，单击该按钮可删除所选的一个或多个顶点以及与每个要删除的顶点相连的线段。在"线段"级别下，可删除当前形状中任何选定的线段，如图 5-85 所示。

图 5-85 删除顶点

□ 　关闭：单击按钮，可以将所选样条线的端点顶点与新线段相连，以关闭该样条线。

□ 　拆分：单击按钮，可通过添加由选定的顶点数来细分所选线段，如图 5-86 所示。

图 5-86 拆分线段

□ 　分离：单击按钮，可选择不同样条线中的几个线段，然后进行拆分或复制，以构成一个新图形，如图 5-87 所示。

图 5-87 分离线段

5.2　编辑修改器

3ds Max 中的"修改器"可以对模型进行编辑，起到改变其几何形状以及属性的效果。

5.2.1　修改器的基本应用

在"修改"面板里的"修改器列表"中可以加载修改器，或者单击菜单栏中的"修改器"命令来加载。修改器可以弥补多边形建模的不足，可为某些特殊形状的模型提供编辑修改，使模型更加精美或准确。如图 5-88 和图 5-89 所示为使用修改器制作的模型。

图 5-88　沙发　　　　　　　图 5-89　花瓶

5.2.2　修改命令堆栈

单击"修改"按钮 ，进入"修改"面板，查看修改器堆栈中的工具，如图 5-90 所示。各堆栈工具含义介绍如下：

□　锁定堆栈 ：单击该按钮，可以将堆栈和"修改"面板中的所有控件锁定到选中对象的堆栈中。即便在场景中选择了其他对象，也可继续对锁定堆栈的对象进行编辑。

□　显示最终结果开/关切换 ：单击该按钮，可以在选中的对象上显示整个堆栈的效果。

□　使唯一 ：在场景中有选集对象时，单击该按钮，可以将关联的对象修改成独立的对象，即可对选择集中的对象单独进行操作。

图 5-90　修改器堆栈

□　从堆栈中移除修改器 ：单击该按钮，可以清除由修改器所做的一切更改。

□　配置修改器集 ：单击该按钮，可以弹出如图 5-91 所示的菜单；菜单中的各项命令可以用来配置在"修改"面板中如何显示和选择修改器。

图 5-91　配置修改器集

5.3　常用修改器

本节介绍一些常用修改器的使用方法，包括弯曲修改器、扭曲修改器以及锥化修改器等。

5.3.1　弯曲修改器

"弯曲"修改器的参数设置面板如图 5-92 所示。使用该修改器，可以使选中的物体在任意三个轴上控制弯曲的角度及方向，也可限定几何体的某一段弯曲的效果，如图 5-93 所示。

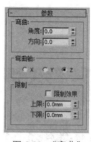　　

图 5-92　"弯曲"　　　　　　图 5-93　弯曲效果
修改器参数

"弯曲"修改器各项参数含义介绍----------------

□　角度：定义从顶点平面要弯曲的角度，设置范围为 -999999~999999。

□　方向：定义弯曲相对于水平面的方向，设置范围为 -999999~999999。

□　X/Y/Z 弯曲轴：选定要弯曲的轴，系统默认选择 Z 轴。

□　限制效果：选择该项，则将限制约束应用在弯曲效果上。

□　上限：以世界单位设置上部的边界，此边界位于弯曲中心点的上方，假如超出该边界弯曲则不再影响几何体，设置范围为 0~999999。

□　下限：以世界单位设置下部的边界，此边界位于弯曲中心点的下方，假如超出该边界弯曲则不再影响几何体，设置范围为 -999999~0。

实战：制作水龙头

视频位置：DVD> 视频文件 > 第 05 章 > 实战：制作水龙头 .mp4

技术指标：★★★☆☆

本节介绍使用弯曲修改器制作水龙头的操作方法。

01　在"几何体"列表中选择"扩展基本体"，单击"切角圆柱体"按钮，在场景中拖曳创建一个切角圆柱体，如图 5-94 所示。

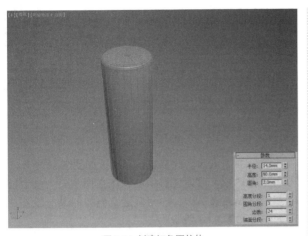

图 5-94 创建切角圆柱体

02 重复使用"切角圆柱体"工具,在场景中创建三个尺寸不同的切角圆柱体,如图 5-95 所示。

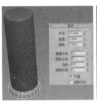

图 5-95 创建结果

03 在"扩展基本体"工具列表下单击"油罐"按钮,在场景中创建油罐模型,如图 5-96 所示。

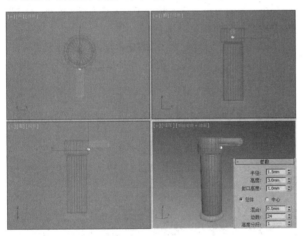

图 5-96 创建油罐模型

04 在"几何体"列表中选择"标准基本体",单击"管状体"按钮,在场景中拖曳鼠标以创建一个管状体模型,如图 5-97 所示。

05 选择管状体单击鼠标右键,在弹出的快捷菜单中选择"转换为可编辑多边形"选项;展开"可编辑多边形"修改器中的"选择"卷展栏,进入"边"级别,选择管状体上的一条边,然后单击修改面板中的"循环"按钮,选择一圈边,如图 5-98 所示。

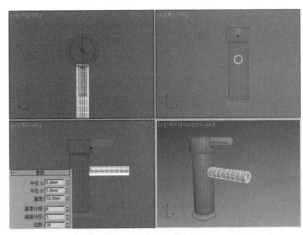

图 5-97 创建管状体模型

图 5-98 选择边

06 单击"编辑边"卷展栏下的"切角"按钮,设置"切角量"为 0.3,如图 5-99 所示。

07 单击"多边形"按钮■,进入"多边形"级别,选择如图 5-100 所示的多边形

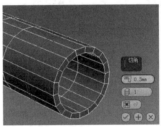

图 5-99 切角操作　　　　　　图 5-100 选择面

08 展开"编辑多边形"卷展栏,单击"挤出"按钮,设置挤出方式为"局部法线",挤出参数为 -1.5,如图 5-101 所示。

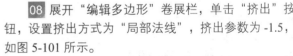

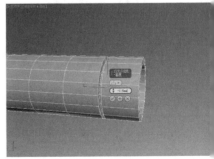

图 5-101 挤出面

09 选择管状体,为其加载一个"弯曲"修改器,如图 5-102 所示。

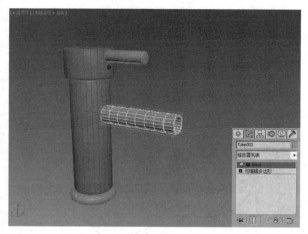

图 5-102　加载"弯曲"修改器

10 在修改器参数设置面板中设置参数，如图 5-103 所示。

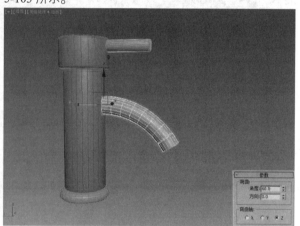

图 5-103　设置参数

11 单击展开"弯曲"修改器的次物体层级，选择"中心"层级，使用"选择并移动"工具⊕调整"中心"的位置，如图 5-104 所示。

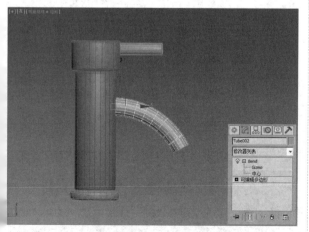

图 5-104　调整"中心"的位置

12 水龙头的制作效果如图 5-105 所示。

图 5-105　最终效果

5.3.2　扭曲修改器

"扭曲"修改器的参数设置面板如图 5-106 所示，与"弯曲"修改器的参数设置面板相似。但"扭曲"修改器可以对选中的物体产生扭曲效果，不但可以控制任意三个轴上的扭曲角度，也可限制几何体的某一段扭曲效果。

图 5-106　"扭曲"修改器

实战：制作双子楼

场景位置：DVD>场景文件>第 05 章>模型文件>实战：制作双子楼 .max
视频位置：DVD>视频文件>第 05 章>实战：制作双子楼 .mp4
难易指数：★★★☆☆

本节介绍使用"扭曲"修改器制作双子楼的操作方法。

01 在"几何体"列表中选择"标准基本体"，单击"长方体"按钮，在场景中拖曳鼠标创建一个长方体，如图 5-107 所示。

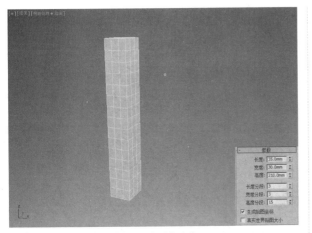

图 5-107 创建长方体

02 选择长方体，为其加载一个"扭曲"修改器，在参数设置面板中设置扭曲的角度值及扭曲轴的类型，如图 5-108 所示。

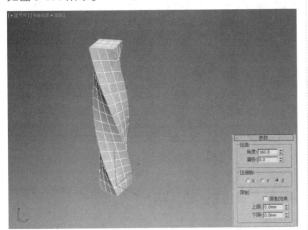

图 5-108 设置"扭曲"参数

03 选择长方体，为其加载一个 FFD4×4×4 修改器，并进入"控制点"层级，使用"选择并缩放"工具 ，选择长方体顶部的顶点，缩放顶面。再选择底部的顶点，按住左键不放向外拖动，以放大底面，如图 5-109 所示。

图 5-109 加载 FFD4×4×4 修改器

04 选择模型，为其加载一个"编辑多边形"修改器，并进入"边"层级，切换至前视图，选择竖向上的边，如图 5-110 所示。

05 在"选择"卷展栏下单击"循环"按钮，可全选所有竖向上的边，如图 5-111 所示。

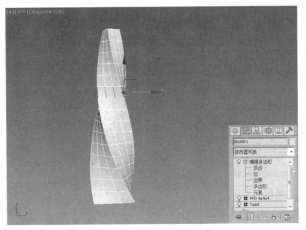

图 5-110 选择边

图 5-111 全选所有竖向上的边

06 切换至顶视图，按住 Alt 键不放，减选顶部的边，如图 5-112 所示。

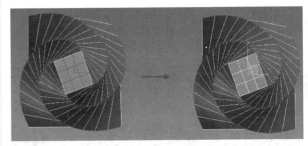

图 5-112 减选顶部的边

07 切换至底视图，按住 Alt 键不放，减选底部的边，如此可保证仅选择了竖向上的边，如图 5-113 所示。

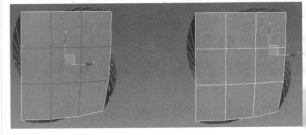

图 5-113 减选底部的边

08 保持当前选择，在"编辑边"卷展栏下单击"连接" 连接 后的"设置"按钮 ■，在弹出的【连接边】对话框中设置"分段"值为 2，如图 5-114 所示。

09 在前视图中选择一条横向上的边，在"选择"卷展栏下单击"循环"按钮，然后再单击"环形"按钮，可全选纬度上的所有横向边，如图 5-115 所示。

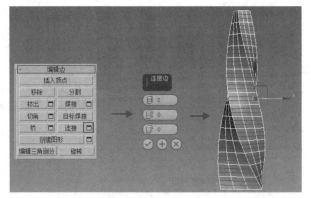

图 5-114 "选择"操作

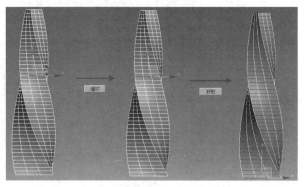

图 5-115 全选纬度上的所有横向边

10 分别切换至顶视图和底视图，取消顶部边及底部边的选择，以保证仅选择横向上的边，如图 5-116 所示。

11 保持当前选择，在"编辑边"卷展栏下单击"连接" 连接 后的"设置"按钮 ■，在弹出的【连接边】对话框中设置参数，如图 5-117 所示。

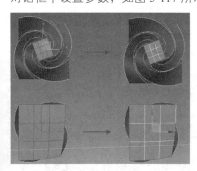

图 5-116 取消选择　　图 5-117 "连接"操作

12 在"选择"卷展栏下单击"多边形"按钮 ■ 进入多边形级别，在前视图中框选模型，如图 5-118 所示。

13 在顶视图和底视图中取消对面的选择，如图 5-119 所示。

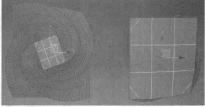

图 5-118 框选模型　　图 5-119 取消对"面"的选择

14 仅保持立面方向上多边形的选择，如图 5-120 所示。

15 保持当前选择，在"编辑多边形"卷展栏中单击"插入"后的"设置"按钮，设置"插入"类型为"按多边形"，并设置插入数量为 0.8，如图 5-121 所示。

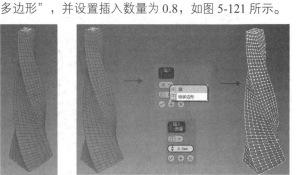

图 5-120 选择结果　　图 5-121 "插入"操作

16 保持当前选择，在"编辑多边形"卷展栏下单击"挤出" 挤出 后的"设置"按钮 ■，设置"挤出"类型为"按多边形"，并设置挤出值为 -0.8，如图 5-122 所示。

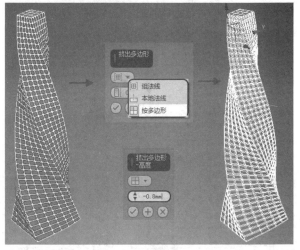

图 5-122 挤出结果

17 使用"选择并移动"工具 ✛ 选中模型，按住 Shift 键移动复制一个模型副本，如图 5-123 所示。

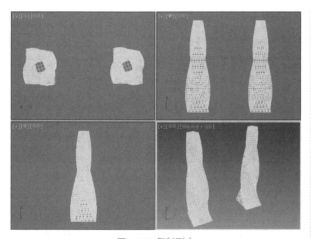

图 5-123 复制副本

18 双子楼的制作结果如图 5-124 所示。

图 5-124 双子楼的制作结果

5.3.3 锥化修改器

"锥化"修改器参数设置面板如图 5-125 所示。通过控制任意三个轴上锥化数值的大小，将选中的几何体产生一个锥化效果，如图 5-126 所示。

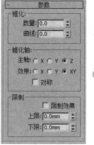

图 5-125 "锥化"修改器   图 5-126 锥化效果

5.3.4 波浪修改器

"波浪"修改器可以在对象表面产生波浪起伏的影响。其参数设置面板如图 5-127 所示提供了两个方向的振幅，用于制作平行波动效果，通过"相位"的变化可也以产生动态的波浪效果，如图 5-128 所示。

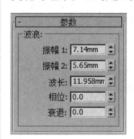

图 5-127 "波浪"修改器   图 5-128 波浪效果

 "波浪"修改器各项参数含义介绍--------------

❑ 振幅 1：设置波浪沿对象自身 Y 轴的振动幅度。

❑ 振幅 2：设置波浪沿对象自身 X 轴的振动幅度。

❑ 波长：设置每一个波动的长度，波长越小，产的扭曲也就越多。

❑ 相位：设置波动的起始位置。该值的变化可记录为动画，用来产生连续波动的波浪。

❑ 衰退：设置从波浪中心向外衰退的振动的影响。值越大，衰退也就越强烈；此时，靠近中心的地区振动强，远离中心的区域则振动弱。

5.3.5 涟漪修改器

"涟漪"修改器可以在对象的表面形成同心波，从中心向外辐射，震动对象表面的顶点，从而形成涟漪的效果，如图 5-129 所示。"涟漪"修改器参数设置面板如图 5-130 所示。

图 5-129 涟漪效果　　　　图 5-130 "涟漪"修改器

5.3.6 FFD 类型修改器

FFD 修改器也称为"自由变形"修改器，有 5 种类型，分别为 FFD2×2×2 修改器、FFD3×3×3 修改器、FFD4×4×4 修改器、FFD（长方体）修改器和 FFD（圆柱体）修改器。几何体选择 FFD 修改器后，即被晶格框包围住，通过调整晶格框上的控制点达到改变封闭几何体的形状，如图 5-131 所示。

图 5-131 几何体上的晶格框

以较常用的 FFD（长方体）修改器为例，如图 5-132 所示，其参数设置面板各选项的含义如下：

图 5-132 FFD（长方体）修改器

□ 设置点数：单击该按钮，系统弹出如图 5-133 所示的【设置 FFD 尺寸】对话框，在其中可以设置长度、宽度、高度的点数。

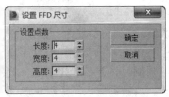

图 5-133 【设置 FFD 尺寸】对话框

□ 晶格：勾选该项，可使连接控制点的线条形成栅格。

□ 源体积：勾选该项，可以将控制点和晶格以未修改的状态显示出来。

□ 仅在体内：选择该项，则仅有位于源体积内的顶点会变形。

□ 所有顶点：选择该项，则所有顶点会变形。

□ 张力／连续性：更改其中的数值可以调整变形样条线的张力和连续性。

□ 全部 X／全部 Y／全部 Z：单击各按钮，可以选中沿着由这些轴指定的局部维度的所有控制点。

□ 重置：单击该按钮，则所有控制点可恢复到原始位置。

□ 全部动画：单击该按钮，可以将控制器指定给所有的控制点，以使它们在轨迹视图中可见。

□ 与图形一致：单击该按钮，在对象中心控制点位置之间沿直线方向来延长线条，可将每一个 FFD 控制点一到修改对象的交叉点上。

□ 内部点：选择该项，则仅控制受"与图形一致"影响的对象内部的点。

□ 外部点：选择该项，则仅控制受"与图形一致"影响的对象外部的点。

□ 偏移：其中的数值定义了控制点偏移对象曲面的距离。

实战：制作双人沙发

场景位置：DVD＞场景文件＞第 05 章＞模型文件＞实战：制作双人沙发 .max
视频位置：DVD＞视频文件＞第 05 章＞实战：制作双人沙发 .mp4
难易指数：★★☆☆☆

本节介绍使用 FFD 修改器制作双人沙发的操作方法。

01 单击"几何体"列表中选择"扩展基本体"，单击"切角长方体"按钮，在场景中拖曳创建一个切角长方体，如图 5-134 所示。

02 选择长方体，单击"选择并移动"工具，按住 Shift 键移动复制一个模型，在弹出的【克隆选项】对话框中选择克隆模式为"实例"，如图 5-135 所示。

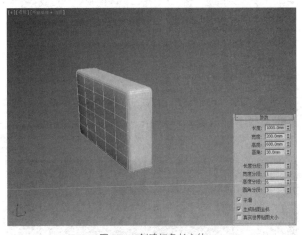

图 5-134 创建切角长方体

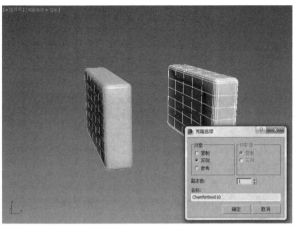

图 5-135 移动复制模型

03 选择其中一个长方体，为其加载一个 FFD2×2×2 修改器，并进入"控制点"层级，如图 5-136 所示。

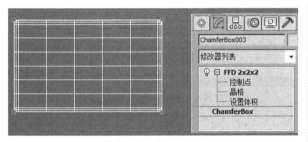

图 5-136 进入"控制点"层级

04 在前视图中选择长方体右上角的顶点，使用"选择并移动"工具 ✛ 向下移动一段距离，如图 5-137 所示。

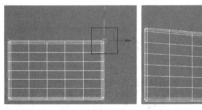

图 5-137 移动控制点

05 选择其他的控制点，对其进行移动操作，调整结果如图 5-138 所示。

06 退出"控制点"层级，选择"选择并移动"工具 ✛，按住 Shift 键移动复制一个长方体至中间位置，将克隆模式设置为"复制"，如图 5-139 所示。

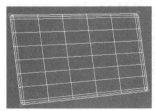

图 5-138 调整结果

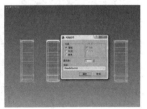

图 5-139 移动复制模型

07 单击展开"FFD 参数"卷展栏，在"控制点"选项组下单击"重置"按钮，可将控制点产生的变形效果恢复到初始状态，如图 5-140 所示。

08 在前视图中选择"选择并均匀缩放"工具 ▣，按住鼠标左键不放沿着 X 轴放大模型，如图 5-141 所示。

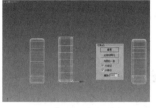

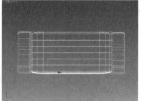

图 5-140 恢复初始状态　　　图 5-141 放大模型

09 进入"控制点"层级，选择顶部的 4 个控制点，使用"选择并移动"工具 ✛ 向下移动控制点，如图 5-142 所示。

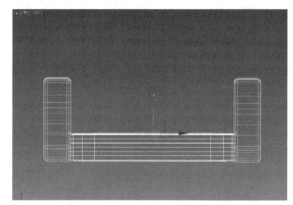

图 5-142 向下移动控制点

10 切换至左视图，选择顶点并调整其位置，结果如图 5-143 所示。

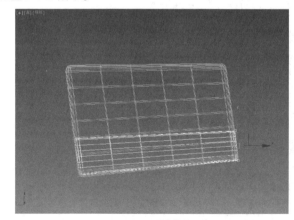

图 5-143 调整位置

11 退出"控制点"层级，切换至前视图，使用"选择并移动"工具 ✛ 并按住 Shift 键移动复制一个扶手模型，将克隆模式设置为"复制"，并在"控制点"选项组下单击"重置"按钮，以恢复期控制点产生的变形效果，如图 5-144 所示。

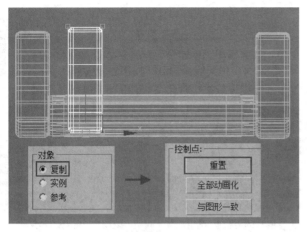

图 5-144 操作结果

12 切换至左视图，进入"控制点"层级，框选右侧的 4 个顶点，如图 5-145 所示。

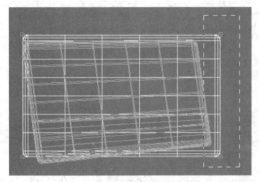

图 5-145 选择顶点

13 使用"选择并移动"工具 ⊕ 将控制点向左拖曳，如图 5-146 所示。

14 选择控制点，调整位置的结果如图 5-147 所示。

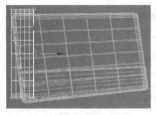

图 5-146 向左拖曳顶点　　　图 5-147 调整顶点位置

15 切换至前视图，选择右侧的 4 个控制点，使用"选择并移动"工具 ⊕ 将控制点向右拖曳，如图 5-148 所示。

16 沙发模型的创建效果如图 5-149 所示。

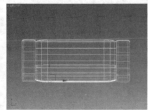

图 5-148 选择并移动顶点　　　图 5-149 创建效果

17 在"几何体"列表中选择"标准基本体"，单击"管状体"按钮，在场景中拖曳创建一个管状体模型，如图 5-150 所示。

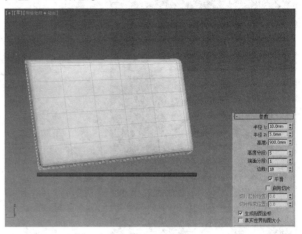

图 5-150 创建管状体模型

18 为管状体加载一个 FFD2×2×2 修改器，进入"控制点"层级，选择管状体模型的控制点，并使用"选择并移动"工具 ⊕ 调整控制点的位置，如图 5-151 所示。

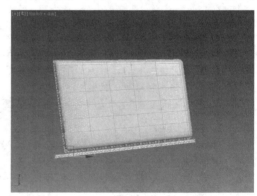

图 5-151 调整位置

19 重复创建管状体模型，并使用 FFD2×2×2 修改器来更改其形状，完成沙发支架的绘制结果如图 5-152 所示。

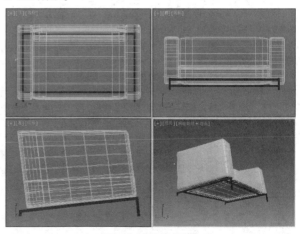

图 5-152 绘制沙发支架

20 如图 5-153 所示为双人座沙发模型的最终创建结果。

图 5-153 双人座沙发模型模型

5.3.7 挤出修改器

"挤出"修改器的参数设置面板如图 5-154 所示，可以将深度添加到选定的二维图形中，如图 5-155 所示，并将对象转换成一个参数化对象。

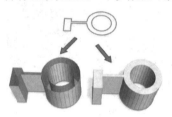

图 5-154 添加深度   图 5-155 "挤出"修改器

"挤出"修改器参数设置面板各选项含义如下。

☐ 数量：其中的数值决定挤出的深度。

☐ 分段：定义在要挤出对象中创建的线段数目。

☐ 封口始端：勾选该项，可以在挤出对象的初始端生成一个平面。

☐ 封口末端：勾选该项，可以在挤出对象的末端生成一个平面。

☐ 变形：系统默认选择该项，能以可预测、可重复的方式排列封口面，这是创建变形目标所必须的操作。

☐ 栅格：选择该项，可在图形边界的方形上修剪栅格中安排的封口面。

实战：用"挤出"制作休息椅

场景位置 DVD> 场景文件 > 第05章 > 场景文件 > 实战：用"挤出"制作休息椅 .max
视频位置 DVD> 视频文件 > 第05章 > 实战：用"挤出"制作休息椅 .mp4
难易指数 ★★★★☆

本节介绍使用"挤出"修改器制作休息椅的操作方法。

01 在"图形"列表中选择"样条线"，单击"线"按钮，在左视图中绘制样条线，如图 5-156 所示。

02 选择样条线，加载"挤出"修改器，并在参数设置面板中设置挤出数量值，如图 5-157 所示。

图 5-156 绘制样条线   图 5-157 "挤出"结果

03 使用"选择并移动"工具，移动复制一个样条线图形，如图 5-158 所示。

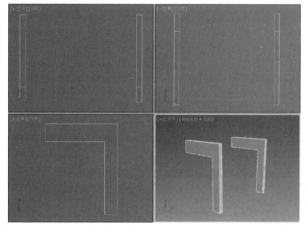

图 5-158 移动复制

04 重复使用"线"工具绘制样条线，然后加载"挤出"修改器，设置挤出数量即可完成模型的创建，结果如图 5-159 所示。

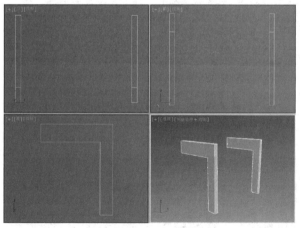

图 5-159 创建结果

05 使用"线"工具，在左视图中绘制如图 5-160 所示的样条线。

图 5-160　绘制样条线

06 加载"挤出"修改器，对样条线执行挤出操作的结果如图 5-161 所示。

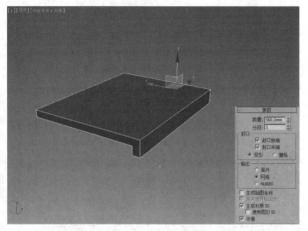

图 5-161　"挤出"操作

07 使用"选择并移动"工具，选择并移动上一步骤所绘制完成的模型，如图 5-162 所示。

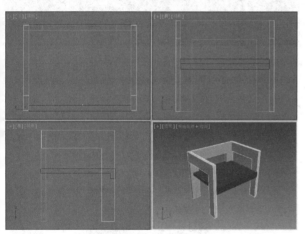

图 5-162　选择并移动模型

08 保持模型的选择单击鼠标右键，在快捷菜单中选择"转换为可编辑多边形"，进入"边"层级，选择模型上的边，在"编辑边"卷展栏下单击 切角 后的"设置"按钮，在弹出的对话框中设置"切角"参数，如图 5-163 所示。

图 5-163　设置"切角"参数

09 重复操作，对模型的其他各边执行"切角"操作，如图 5-164 所示。

图 5-164　"切角"操作

10 使用"线"工具，在左视图中创建坐垫、靠垫的轮廓线，如图 5-165 所示。

图 5-165　绘制轮廓线

11 分别为轮廓线加载"挤出"修改器，设置挤出数量值为 560，如图 5-166 所示。

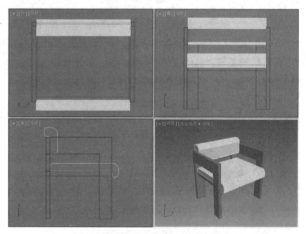

图 5-166　"挤出"操作

12 时尚休息椅的最终创建结果如图 5-167 所示。

图 5-167　休息椅

5.3.8 倒角修改器

"倒角"修改器参数设置面板如图 5-168 所示，可以将选中的对象挤出为3D 对象，并在边缘应用平滑的倒角效果。"倒角"修改器参数设置面板中各选项含义如下：

图 5-168 "倒角"修改器

□ 始端：选择该项，可用对象的最低局部 Z 值（底部）对始端进行封口。

□ 末端：选择该项，可用对象的最高局部 Z 值（底部）对末端进行封口。

□ 起始轮廓：定义轮廓到原始图形的偏移距离。其中正值使轮廓变大，负值使轮廓变小。

□ 高度：定义各级别在起始级别之上的距离。

□ 轮廓：定义各级别的轮廓到起始轮廓的偏移距离。

实战：用"倒角"制作三维艺术文字

场景位置：DVD> 场景文件 > 第 05 章 > 模型文件 > 实战：用 "倒角" 制作三维艺术文字 .max
视频位置：DVD> 视频文件 > 第 05 章 > 实战：用 "倒角" 制作三维艺术文字 .mp4
难易指数：★★★☆☆

本节介绍使用"倒角"修改器制作三维艺术文字的操作方法。

01 在"图形"列表中选择"样条线"，单击"文本"按钮，在下方的"参数"卷展栏中设置文本的参数，创建文本的结果如图 5-169 所示。

图 5-169 创建文本

02 选择文本对象，为其加载一个"倒角"修改器，如图 5-170 所示。

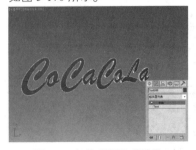

图 5-170 加载"倒角"修改器

03 在"倒角"修改器中的"参数"卷展栏、"倒角值"卷展栏中设置参数，如图 5-171 所示。

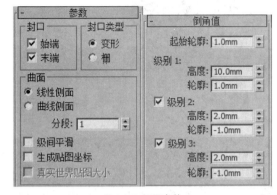

图 5-171 设置参数

04 对文本执行"倒角"操作的结果如图 5-172 所示。

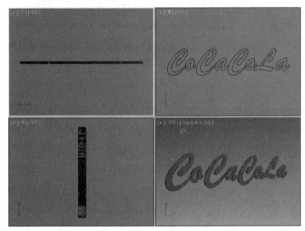

图 5-172 "倒角"操作

05 制作三维艺术文字的最终结果如图 5-173 所示。

图 5-173 制作三维艺术文字

5.3.9 车削修改器

"车削"修改器参数设置面板如图 5-174 所示，可以通过围绕坐标轴旋转一个图形或者 NURBS 曲线来生成 3D 对象。"车削"修改器参数设置面板各选项含义如下：

图 5-174 "车削"修改器

□ 度数：定义对象围绕坐标轴旋转的角度，值范围为 0°~360°，系统默认值为 360°。

□ 焊接内核：选择该项，可通过焊接旋转轴中的顶点来简化网格。

□ 翻转法线：选择该项，可使物体的法线翻转，翻转后物体的内部会往外翻。

□ 分段：在起始点之间定义在曲面上创建的插补线段的数量。

□ 方向：定义轴的旋转方向，有 X、Y、Z 三个轴可选。

□ 对齐：定义对齐的方式，有"最小""中心""最大"三种。

□ 输出：定义车削对象的输出方式，有"面片""网格""NURBS"三种。

实战：用"车削"制作台灯

场景位置：DVD> 场景文件 > 第 05 章 > 场景文件 > 实战：用"车削"制作台灯 .max
视频位置：DVD> 视频文件 > 第 05 章 > 实战：用"车削"制作台灯 .mp4
难易指数：★★★★☆

本节介绍使用"车削"修改器制作台灯的操作方法。

01 在"图形"列表中选择"样条线"，单击"线"按钮，在前视图中绘制样条线，如图 5-175 所示。

02 选择样条线加载"车削"修改器，在"参数"卷展栏中设置参数，"车削"的操作结果如图 5-176 所示。

图 5-175 绘制样条线　　　图 5-176 "车削"操作

03 绘制台灯支架。使用"线"工具绘制样条线，为样条线加载"车削"修改器，设置"分段"为 40，"方向"为 Y 轴，"对齐"为最大，操作结果如图 5-177 所示。

图 5-177 绘制台灯支架

04 绘制底座。单击"线"按钮，在前视图中绘制样条线，加载"车削"修改器，设置"分段"为 40，"方向"为 y 轴，"对齐"为最大，操作结果如图 5-178 所示。

图 5-178 绘制底座

05 使用"线"工具及"车削"修改器创建灯泡及灯泡底座，结果如图 5-179 所示。

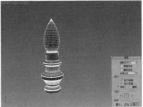

图 5-179 创建灯泡及灯泡底座

06 使用"选择并移动"工具 ✛ ，选择并移动灯罩、支架、底座等图形，组合结果如图 5-180 所示。

图 5-180 最终结果

第 6 章

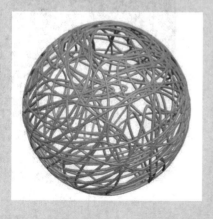

本章学习要点：

- 认识 NURBS
- 编辑 NURBS 对象
- 使用 NURBS 工具箱
- 实例制作

NURBS 是 Non—Uniform Rational B—Spline 的缩写，中文为"非均匀有理 B 样条曲线"。NURBS 建模适合于创建一些较为繁复的曲面，是一种高级的建模方法。如图 6-1 所示为 NURBS 建模作品。

图 6-1 NURBS 建模作品

6.1 认识 NURBS

NURBS 对象有两种，一种是在"几何体"类型列表里的"NURBS 曲面"，如图 6-2 所示；另一种是在"图形"类型列表里的"NURBS 曲线"，如图 6-3 所示。

图 6-2 NURBS 曲面　图 6-3 NURBS 曲线

6.1.1 "点"和"CV 控制点"

NURBS 曲面和 NURBS 曲线都各自包含两种图形对象。

1. NURBS 曲面

NURBS 曲面有"点曲面"和"CV 曲面"两种。

在"点曲面"中，移动选中的点，即可以改变曲面的形状，且每个点都位于曲面的表面上，如图 6-4 所示。

在"CV 曲面"中，移动控制顶点（CV）可以来调整模型的形状，CV 形成围绕曲面的控制晶格，而不是位于曲面上，如图 6-5 所示。

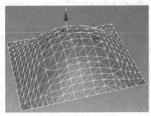
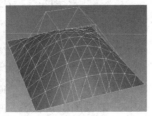

图 6-4 点曲面　　　　图 6-5 CV 曲面

2. NURBS 曲线

NURBS 曲线有"点曲线"和"CV 曲线"两种。

移动"点曲线"中的点，可以改变曲线的形状，且每个点始终位于曲线上，如图 6-6 所示。

控制顶点（CV）可以调整"CV 曲线"的形状，而这些控制点可以不位于曲线上，如图 6-7 所示。

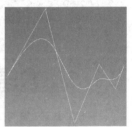

图 6-6 点曲线　　　　图 6-7 CV 曲线

6.1.2 创建 NURBS 对象

可以调用命令创建 NURBS 对象，也可将选定的对象转换为 NURBS 对象，转换方法有三种。

第一种转换方法：选择图形，在弹出的菜单中选择"转换为→转换为 NURBS"选项，如图 6-8 所示，可以将完成转换操作。

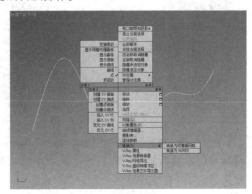

图 6-8 右键菜单

第二种转换方法：选择图形，进入"修改" 面板，在修改器堆栈中单击右键，在弹出的菜单中选择"NURBS"选项，如图6-9所示，可将对象转换为NURBS对象。

图6-9 选择"NURBS"选项

第三种转换方法：选择二维图形，为其添加"车削"或者"挤出"修改器，在修改参数面板中的"输出"选项组中选择"NURBS"选项，如图6-10和图6-11所示，可将对象以"NURBS"的格式输出。

图6-10 "车削"修改器

图6-11 "挤出"修改器

6.2 编辑 NURBS 对象

NURBS对象的编辑修改可以在其相对应的参数设置面板中完成，本节介绍参数设置面板各组成部分的含义。

选择创建完成的"曲线"对象，进入其修改面板，可以看到其由7个卷展栏组成，如图6-12所示。"常规"卷展栏的内容如图6-13所示，包含"附加""附加多个""导入"等工具。

图6-12 修改面板

图6-13 "常规"卷展栏

"显示线参数"卷展栏内容如图6-14所示，通过设置"U向线数""V向线数"选项中的参数，可以定义NURBS曲线在这两个方向上的数值。

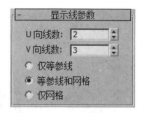

图6-14 "显示线参数"卷展栏

"曲面近似"卷展栏内容如图6-15所示，通过"低""中""高"三种不同的细分预设，来控制视图和渲染器的曲面细分。

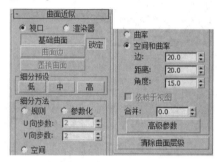

图6-15 "曲面近似"卷展栏

"曲线近似"卷展栏内容如图6-16所示，主要用来控制曲线的步数及曲线的细分级别。

图6-16 "曲线近似"卷展栏

"创建点""创建曲线""创建曲面"卷展栏的内容如图6-17、图6-18、图6-19所示，其中各工具按钮对应于【NURBS】创建工具对话框中的工具，单击各按钮可以创建图形。

图6-17 "创建点"卷展栏

图6-18 "创建曲线"卷展栏

图6-19 "创建曲面"卷展栏

6.2.1 "曲面"子对象

"曲面"子对象即NURBS对象曲面，如果编辑的NURBS子对象中包含CV曲面、点曲面或未定义的NURBS曲面，则可以在"NURBS曲面"编辑修改器的堆栈栏中，通过单击"曲面"子对象层级名称，进入该子对象的编辑状态，并在"修改"命令面板下方会出现"曲面公用"卷展栏，该卷展栏为编辑"曲面"

子对象的各种命令。由于"曲面"子对象的一些编辑命令与"曲线"子对象编辑命令使用功能相同，所以在这里就不详细介绍，只列出"曲面"层级特有的编辑命令，如图6-20所示。

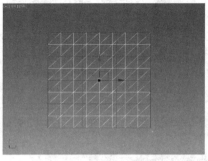

图 6-20 创建放样工具按钮

□ 硬化：曲面硬化。只有在一些可以编辑的刚体曲面上对"曲面"子对象进行变换。

□ 创建放样：显示"创建放样"对话框，将曲面子对象转化为 U 向放样或 UV 放样曲面，也可以更改用于构建 U 向放样曲面的维度。如果曲面子对象处于错误条件中，不能使用"创建放样"。

6.2.2 "曲面 CV"子对象

"曲线 CV"子对象即 CV 曲线上的"控制"顶点，CV 曲线以"控制"顶点来控制曲线的形态。"控制"顶点与曲线并不直接接触，而是与曲线保持一定的距离，用户可以通过调节 CV 权重值的方法来调整曲线的形态。

如果一个 NURBS 中包含 CV 曲线，可以从"修改"命令面板堆栈栏中，进入"曲面 CV"子对象层级，并在"修改"命令面板下会出现 CV 卷展栏，该卷展栏为编辑"曲面 CV"子对象的各种命令。由于"曲面CV"子对象的一些编辑命令与"点"子对象编辑命令使用方法相同，所以在这里就不详细介绍，只列出"曲面 CV"层级特有的编辑命令，如图6-21所示。

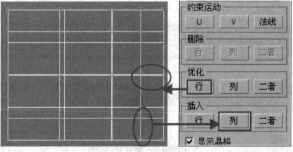

图 6-21 曲面 CV

在"约束运动"选项组可限制控制点的拖曳方向；"优化"选项组可以用来增加控制点；"插入"选项组则可在曲面上的任意位置插入控制点，和"优化"

不同的是，插入的控制点会使曲面产生相应的变化。"显示晶格"复选框用于控制"曲面 CV"子对象的显示。

6.2.3 "曲线"子对象

"曲线"子对象包括 NURBS 对象中所有类型的曲线，每创建一条"点曲线"或"CV曲线"，相当于同时创建了一个"曲线"子对象。

如果一个 NURBS 对象中包含有"曲线"子对象，会出现在"NURBS 曲面"编辑修改器的堆栈栏中，通过单击"曲线"子对象名称栏，就可进入其子对象层级。进入"曲线"子对象层级后，在"修改"命令面板下将出现"曲线公用"卷展栏，该卷展栏内包含有编辑"曲线"子对象的各种命令，如图6-22所示。

图 6-22 曲线公用

6.2.4 "曲线 CV"子对象

在"曲线 CV"子对象层级下，可以通过调整 CV 控制点来改变曲线的形态。如果一个 NURBS 对象包含"曲线 CV"子对象，可选择该对象后进入"修改"命令面板来访问该子对象，进入"曲线 CV"子对象层级后，在"修改"命令面板的下方会出现 CV 卷展栏，该卷展栏提供了编辑"曲线 CV"子对象的各种命令，如图6-23所示。

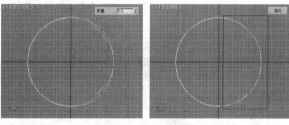

图 6-23 权重和优化

6.2.5 "点"子对象

在"曲面"子对象修改器堆栈中选择"点"选项，可以显示"点"的参数设置面板，如图6-24所示。"曲线"子对象中的"点"的参数设置面板如图 6-25 所示，由"点"、"软选择"卷展栏组成。

图 6-24 NURBS 曲面修改器堆栈　图 6-25 NURBS 曲线修改器堆栈

6.3　使用 NURBS 工具箱

在"常规"卷展栏下单击右侧的"NURBS 创建工具箱"按钮，弹出如图 6-26 所示的【NURBS】创建工具对话框，将鼠标置于某个按钮上，右下方可以显示该按钮的名称，单击该按钮，可以在场景中绘制相对应的 NURBS 图形。

图 6-26　【NURBS】创建工具对话框

6.3.1　"点"功能区

 "点"功能区工具介绍------------------

- □　创建点：单击按钮，可绘制单独的点。
- □　创建偏移点：通过定义一个偏移量来创建一个点。
- □　创建曲线点：绘制从属于曲线上的点。
- □　创建曲线—曲线点：绘制从属于"曲线—曲线"的相交点。
- □　创建曲面点：绘制从属于曲面的点。
- □　创建曲面—曲线点：绘制从属于"曲面—曲线"的相交点。

6.3.2　"曲线"功能区

 "曲线"功能区工具介绍---------------------

- □　创建 CV 曲线：绘制一条独立的 CV 曲线子对象。
- □　创建点曲线：绘制一条独立点曲线子对象。
- □　创建拟合曲线：绘制一条从属的拟合曲线。
- □　创建变换曲线：绘制一条从属的变换曲线。
- □　创建混合曲线：绘制一条从属的混合曲线。
- □　创建偏移曲线：绘制一条从属的偏移曲线。
- □　创建镜像曲线：绘制一条从属的镜像曲线。

- □　创建切角曲线：绘制一条从属的切角曲线。
- □　创建圆角曲线：绘制一条从属的圆角切线。
- □　创建曲面—曲面相交曲线：绘制一条从属于"曲面—曲面"的相交曲线。
- □　创建 U 向等参曲线：绘制一条从属的 U 向等参曲线。
- □　创建 V 向等参曲线：绘制一条从属的 V 向等参曲线。
- □　创建法向投影曲线：绘制一条从属于法线方向的投影曲线。
- □　创建向量投影曲线：绘制一条从属于向量方向的投影曲线。
- □　创建曲面上的 CV 曲线：绘制一条从属于曲面上的 CV 曲线。
- □　创建曲面上的点曲线：绘制一条从属于曲面上的点曲线。
- □　创建曲面偏移曲线：绘制一条从属于曲面上的边曲线。

6.3.3　"曲面"功能区

 "曲面"功能区工具介绍-----------------------

- □　创建 CV 曲面：绘制独立的 CV 曲面子对象。
- □　创建点曲面：绘制独立的点曲面子对象。
- □　创建变换曲面：绘制从属的变换曲面。
- □　创建混合曲面：绘制从属的混合曲面。
- □　创建偏移曲面：绘制从属的偏移曲面。
- □　创建镜像曲面：绘制从属的镜像曲面。
- □　创建挤出曲面：绘制从属的挤出曲面。
- □　创建车削曲面：绘制从属的车削曲面。
- □　创建规则曲面：绘制从属的规则曲面。
- □　创建封口曲面：绘制从属的封口曲面。
- □　创建 U 向放样曲面：绘制从属的 U 向放样曲面。
- □　创建 UV 向放样曲面：绘制从属的 UV 向放样曲面。
- □　创建单轨扫描：绘制从属的单轨扫描曲面。
- □　创建双轨扫描：绘制从属的双轨扫描曲面。
- □　创建多边混合曲面：绘制从属的多变混合曲面。
- □　创建多重曲线修剪曲面：绘制从属的多重曲线修剪曲面。
- □　创建圆角曲面：绘制从属的圆角曲面。

6.4　实例制作

通过使用 NURBS 建模方式可以制作各种常见的模型，本节介绍抱枕、藤艺灯、花瓶模型的制作方法。

6.4.1　使用 NURBS 建模制作抱枕

实战：使用 NURBS 建模制作抱枕

素材位置：DVD> 素材文件 > 第06章 > 视频文件 > 实战：使用 NURBS 建模制作抱枕 .max
视频位置：DVD> 视频文件 > 第 06 章 > 实战：使用 NURBS 建模制作抱枕 .mp4
难易指数　★★★☆☆

本节介绍使用 NURBS 建模制作抱枕的操作方法。

01 在"几何体"列表中选择"NURBS 曲面"，单击"CV 曲面"按钮，在场景中创建一个 CV 曲面，结果如图 6-27 所示。

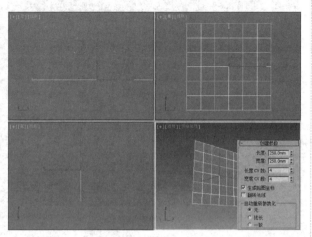

图 6-27 创建 CV 曲面

02 选择 CV 曲面，进入修改面板，单击进入"曲面 CV"层级，在前视图中框选中间的 4 个 CV 点，如图 6-28 所示。

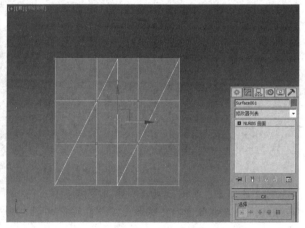

图 6-28 选择 CV 点

03 单击选择"选择并均匀缩放"工具，在前视图中向外缩放选中的 CV 点，如图 6-29 所示。

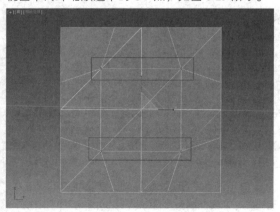

图 6-29 向外缩放 CV 点

04 在前视图中选择如图 6-30 所示的 8 个 CV 点。

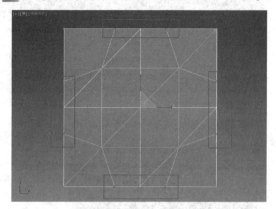

图 6-30 选择 CV 点

05 使用"选择并均匀缩放"工具，在前视图中向内缩放选中的 CV 点，如图 6-31 所示。

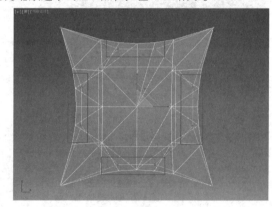

图 6-31 向内缩放 CV 点

06 在前视图中使用"选择并移动"工具选择中间的 4 个 CV 点，如图 6-32 所示。

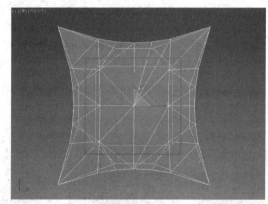

图 6-32 选择 CV 点

07 切换至左视图，向右拖曳选中的 CV 点，如图 6-33 所示。

08 保持模型的选择，为其加载一个"对称"修改器，在"参数"卷展栏中设置"镜像轴"为 Z 轴，取消勾选"沿镜像轴切片"选项，设置"阈值"为 2.5，"对称"操作的结果如图 6-34 所示。

图 6-33 向右拖曳 CV 点

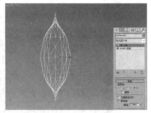

图 6-34 "对称"操作结果

09 抱枕的最终创建结果如图 6-35 所示。

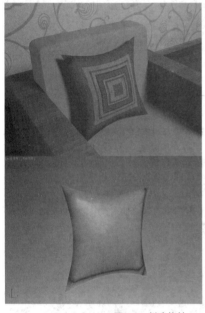

图 6-35 创建抱枕

6.4.2 使用 NURBS 建模制作藤艺灯

本节介绍使用 NURBS 建模制作藤艺灯的操作方法。

实战: 使用 NURBS 建模制作藤艺灯

素材位置: DVD-素材文件-第06章-模型文件-.......使用 NURBS 建模制作藤艺灯.max
视频位置: 无
难易指数: ★★★☆☆

01 在"几何体"列表中选择"标准基本体",单击"球体"按钮,在场景中拖曳鼠标创建一个球体,如图 6-36 所示。

图 6-36 创建球体

02 选择球体,单击右键,在弹出的快捷列表中选择"转换为 NURBS"选项,转换结果如图 6-37 所示。

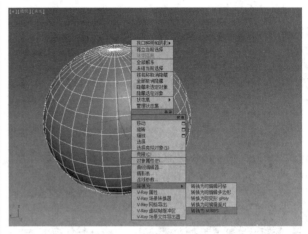

图 6-37 转换为 NURBS

03 展开"NURBS 曲面"修改器下的"常规"卷展栏,单击"NURBS 创建工具箱"按钮 ,在弹出的【NURBS】对话框中单击"曲线"选项组下的"创建曲面上的点曲线"按钮 ,如图 6-38 所示。

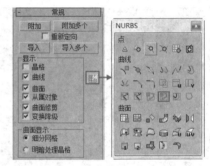

图 6-38 【NURBS】工具栏

04 在球体上单击,可以创建曲线,按住 Alt 键旋转球体,并连续单击,在球体上绘制曲线,如图 6-39 所示。

05 单击右键结束曲线的绘制,可在球体上显示绿色的点曲线,如图 6-40 所示。

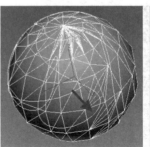

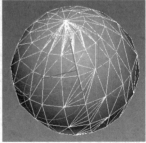

图 6-39 绘制点曲线   图 6-40 显示绿色的点曲线

06 单击进入"NURBS 曲面"修改器中的"曲线"层级,进入"单个曲线" 层级,如图 6-41 所示。

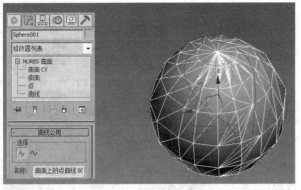

图 6-41 进入 "单个曲线" 层级

07 单击 "曲线公用" 卷展栏下的 "分离" 按钮,系统弹出【分离】对话框,在其中取消勾选 "相关" 选项,如图 6-42 所示,单击 "确定" 按钮关闭对话框如图 6-43 所示。

图 6-42 分离对象

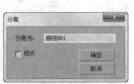

图 6-43 选择 "隐藏选定对象" 选项

08 选择球体,单击右键,在快捷菜单中选择 "隐藏选定对象" 选项,结果如图 6-44 所示。

09 选择点曲线,在 "渲染" 卷展栏下勾选 "在渲染中启用" "在视口中启用" 选项,并设置 "厚度" 值为 1,如图 6-45 所示。

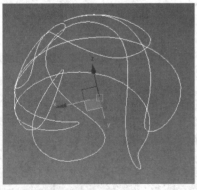

图 6-44 隐藏球体

图 6-45 "渲染" 卷展栏

10 选择曲线,单击 "选择并旋转" 工具,按住 Shift 键进行旋转复制,在【克隆选项】对话框中设置克隆模式为 "实例",如图 6-46 所示。

11 单击 "确定" 按钮完成旋转复制操作,结果如图 6-47 所示。

图 6-46 【克隆选项】对话框

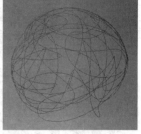

图 6-47 旋转复制

12 按住 Shift 键,重复对点曲线执行 "选择并旋转" 操作,如图 6-48 所示。

13 藤艺灯的最终制作效果如图 6-49 所示。

图 6-48 复制操作

图 6-49 藤艺灯

6.4.3 使用 NURBS 建模制作花瓶

实战：使用 NURBS 建模制作花瓶

本节介绍使用 NURBS 建模制作花瓶的操作方法。

01 在 "图形" 列表中选择 "样条线",单击 "圆" 按钮,在场景中拖曳鼠标创建圆形,结果如图 6-50 所示。

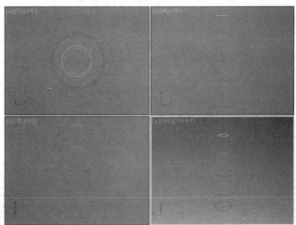

图 6-50 绘制圆形

02 全选圆形,单击右键,在弹出的快捷菜单中选择 "转换为 NURBS" 选项,将圆形转换为 NURBS 曲线,如图 6-51 所示。

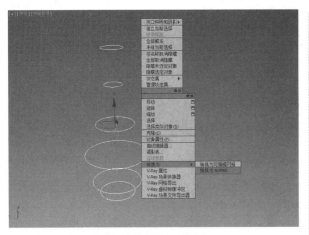

图 6-51 转换 NURBS 对象

03 在"常规"卷展栏到下单击"NURBS 创建工具箱"按钮，在弹出的【NURBS】对话框中单击"创建 U 向放样曲面"按钮；在视图中从下至上依次单击圆形，如图 6-52 所示。

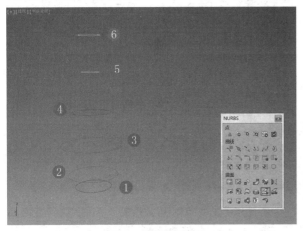

图 6-52 依次单击圆形

04 放样后模型的结果如图 6-53 所示。

图 6-53 放样结果

05 按住 Alt 键旋转模型，在【NURBS】对话框中单击"创建封口曲面"按钮，拾取底部的曲面边，封口结果如图 6-54 所示。

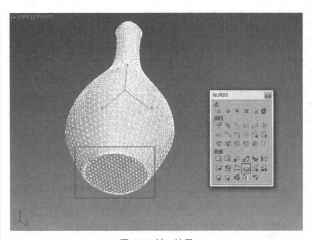

图 6-54 封口结果

06 花瓶的创建结果如图 6-55 所示。

图 6-55 花瓶

第7章

多边形建模工具

本章学习要点：

- 转化多边形编辑对象
- 编辑多边形
- 实例制作

多边形建模是 3ds Max 诸多建模方式中的一种，该建模方式不仅在编辑上更加灵活，而且对电脑硬件的要求也不高，因此受到大多数用户的青睐。如今多边形建模已广泛渗透到影视制作、游戏角色设计以及工业造型等领域中。如图 7-1 所示为多边形建模的作品。

图 7-1 多边形建模

7.1 转化多边形编辑对象

多边形对象不是直接创建出来，而是通过转换得来的，其转换方法如下。

1. 第一种方法

选择待转换的对象，单击软件工作界面上方的"多边形建模"中的"建模"选项卡，单击下拉列表中"转化为多边形"选项，可以完成转换操作，如图 7-2 所示。

图 7-2 单击"转化为多边形"选项

2. 第二种方法

选择待转换的对象，单击鼠标右键，在弹出的右键菜单中选择"转换为→转换为可编辑多边形"选项，如图 7-3 所示，可将对象转换为多边形对象。

图 7-3 右键菜单

3. 第三种方法

选择待转换的对象，进入其修改面板，在修改器堆栈中单击右键，在弹出的菜单中选择"可编辑多边形"选项，如图 7-4 所示，可以完成转换操作。

值得注意的是，经过以上三种转换方法转换得到的多边形将丢失原本的创建参数。

图 7-4 选择"可编辑多边形"选项

4. 第四种方法

为对象加载"编辑多边形"修改器，如图 7-5 所示，可以将其转换为多边形，并可保留原始的创建参数。

图 7-5 加载"编辑多边形"修改器

7.2 编辑多边形

将对象转换为多边形后，需要再进行编辑操作，才能得到想要的模型。如图 7-6 所示为可编辑多边形修改器的参数设置面板，一共有 6 个卷展栏，分别为"选择""软选择""编辑几何体""细分曲面""细分置换"以及"绘制变形"，可以对多边形的"顶点""边""边界""多边形""元素"进行编辑。

在"选择"卷展栏中单击"顶点"按钮，然后可编辑多边形的参数设置面板卷展栏发生了改变，增加了"编辑顶点"和"顶点属性"卷展栏，以方便对顶点进行编辑，如图 7-7 所示。

图 7-6 参数设置面板

图 7-7 单击"顶点"按钮

单击"边"按钮，可编辑多边形的参数设置面板新增了"编辑边"卷展栏，如图 7-8 所示。

单击"多边形"按钮，则增加了 4 个卷展栏，分别是"编辑多边形"卷展栏、"多边形：材质 ID"卷展栏、"多边形：平滑组"卷展栏和"多边形：顶点颜色"卷展栏，如图 7-9 所示。

图 7-8 单击"边"按钮

图 7-9 单击"多边形"按钮

本章对"选择""软选择""编辑几何体""编辑子对象（顶点、边、多边形）"卷展栏进行讲解。

7.2.1 选择卷展栏

"选择"卷展栏的内容如图 7-10 所示，其中的工具和选项可以用来访问多边形的子对象级别以及快速的选择子对象。

图 7-10 "选择"卷展栏

 卷展栏中各选项的含义如下 ------------------------

□ 顶点：单击该按钮，可访问多边形的"顶点"子对象级别。

□ 边：可访问多边形的"边"子对象级别。

□ 边界：用来访问多边形的"边界"子对象级别，选择构成网格中孔洞边框的一系列边。

□ 多边形：可访问多边形的"多边形"子对象级别。

□ 元素：用来访问多边形的"元素"子对象级别，可选择对象中的所有连续多边形。

□ 按顶点：排除"顶点"级别，该项在其他 4 种级别中亮显。选择该项，则只有选择所用的顶点才能选择子对象。

□ 忽略背面：选择该项，则只能选择法线指向当前视图的子对象。选择该项，在前视图中框选如图 7-11 所示的顶点；然后切换至左视图，发现茶壶背面的点没有被选中，如图 7-12 所示；取消勾选该项，在前视图中框选相同区域的顶点，然后分别切换至左视图、顶视图，发现茶壶背面的顶点被选中了，如图 7-13 所示。

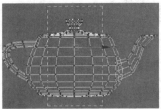

图 7-11 前视图

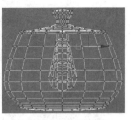
图 7-12 左视图

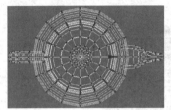

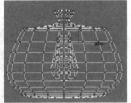
图 7-13 背面顶点被选中

□ 按角度：在"多边形"级别中该项才能被激活。选中该项，在选择一个多边形时，系统会基于所设置的角度来自动选择相邻的多边形。

□ 收缩：单击一次按钮，则在当前选择范围中向内减少一圈对象。

□ 扩大：单击一次按钮，可咋当前选择范围中向外增加一圈对象。

□ 环形：在"边""边界"级别中被激活。选择部分子对象，单击按钮可自动选择平行于当前对象的其他对象。选择茶壶中的一条边，单击按钮，则与该边平行的其他边也被选中，如图 7-14 所示。

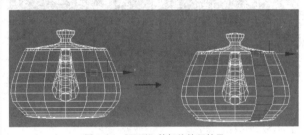
图 7-14 "环形"按钮的使用效果

□ 循环：只有在"边""边界"级别中才被激活。选择部分子对象，单击按钮可以自动选中与当前对象位于同一曲线上的其他对象。选择茶壶中的边，单击按钮，与其位于同一曲线上的其他边被选中，如图 7-15 所示。

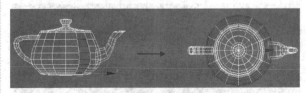
图 7-15 "循环"按钮的使用效果

预览选择：其下包含三个子选项，分别为"禁用""子对象"多个"。在选择对象前，可根据所指定的预览类型来预览光标滑过处的子对象。

7.2.2 软选择卷展栏

"软选择"卷展栏如图7-16所示。在其中通过控制"衰减""收缩""膨胀"的参数来控制所选子对象区域的大小以及对子对象控制力的强弱；此外还可设置绘制软选择的参数，比如"笔刷大小""笔刷强度"等。

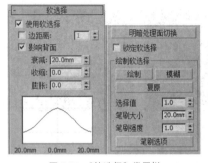

图7-16 "软选择"卷展栏

 卷展栏中各选项含义如下-----------------------

□ 使用软选择：勾选该项，则启用软选择功能。此时选择一个或者一个区域的子对象，则系统会以该子对象为中心向外选择其他对象。框选茶壶中的顶点，然后软选择会以这些顶点为中心向外进行扩散选择，如图7-17所示。

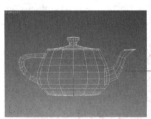

图7-17 "软选择"结果

□ 边距离：选择该项，可以在后面的选框中定义软选择的指定面数。

□ 影响背面：选择该项，则与选定对象法线方向相反的子对象也会受到相同的影响。

□ 衰减：设置影响区域的距离，系统默认值为20。参数值越大，软选择的范围就越大。如图7-18所示为不同的衰减值，其软选择范围大小的对比。

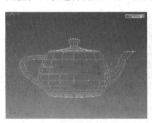

图7-18 对比结果

□ 收缩：定义选中区域的相对"突出度"。
□ 膨胀：定义选中区域的相对"丰满度"。

□ 软选择曲线图：可预览软选择是如何进行工作的。
□ 明暗处理面切换：用于"多边形"及"元素"级别中，可显示颜色的渐变，如图7-19所示。

图7-19 明暗处理面切换

□ 锁定软选择：选择该项，则可防止对按程序的选择仅更改。

□ 绘制：单击按钮，可以在使用当前设置的活动对象上绘制软选择。

□ 模糊：单击按钮，可通过绘制来软化现有绘制软选择的轮廓。

□ 复原：单击按钮，可通过绘制的方式来还原软选择。

□ 选择值：其中的参数值表示绘制的或者还原的软选择的最大相对选择，而笔刷半径内周围顶点的值会趋向于0衰减。

□ 笔刷大小：定义圆形笔刷的半径。
□ 笔刷强度：定义绘制子对象的速率。
□ 笔刷选项：单击按钮，系统弹出如图7-20所示的【绘制选项】对话框，在其中可以设置笔刷的其他属性。

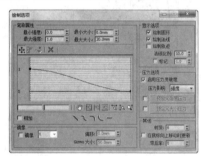

图7-20 【绘制选项】对话框

7.2.3 编辑几何体卷展栏

"编辑几何体"卷展栏内容如图7-21所示。其中的各选项主要用来全局修改多边形几何体，适用于所有的子对象级别。

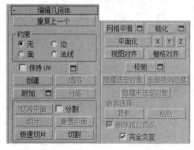

图7-21 "编辑几何体"卷展栏

卷展栏中各选项的含义如下-----------------------

□ 重复上一个：单击该按钮，可重复调用上一次所调用的命令。

□ 创建：单击该按钮，可以创建新的几何体，如图7-22所示。

图 7-22 创建几何体

□ 塌陷：单击该按钮，可将顶点与选择中心的顶点焊接，以使连续选定子对象的组产生塌陷，如图7-23所示。

图 7-23 塌陷

□ 附加：单击按钮，可以将其他对象附加到选定的可编辑多边形中，如图7-24所示。

图 7-24 附加对象

□ 分离：单击按钮，可将选定的子对象作为单独的对象或者元素分离出来。

□ 切片平面：单击按钮，可沿某一平面分开网格对象，如所示图7-25。

图 7-25 切片平面

□ 分割：选择该项，可以通过"快速切片"工具和"切割"工具在划分边的位置处创建出两个顶点集合。

□ 切片：单击按钮，可在切片平面位置处执行切割操作。

□ 重置平面：单击按钮，可将执行过"切片"的平面恢复至之前的状态。

□ 快速切片：单击按钮，可将对象进行快速切片；切片线将沿着对象表面，可更准确地进行切片。

□ 切割：单击按钮，可在一个或多个多边形上创建出新的边。

□ 网格平滑：单击按钮，可使选定的对象产生平滑的效果。

□ 细化：单击按钮，可增加局部网格的密度，方便处理对象的细节。

□ 平面化：单击按钮，可强制所有选定的子对象称为共面。

□ 视图对齐：单击按钮，可使对象中所有顶点与活动视图所在的平面对齐。

□ 栅格对齐：单击按钮，可使选定对象中的所有顶点与活动视图所在的平面对齐。

□ 松弛：单击按钮，可使当前选中的对象产生松弛现象，如图7-26所示。

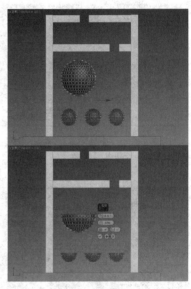
图 7-26 松弛对象

7.2.4 编辑子对象卷展栏

本节介绍多边形子对象卷展栏的使用，分别为"顶点"级别下的"编辑顶点"卷展栏、"边"级别下的"编辑边"卷展栏、"多边形"级别下的"编辑多边形"卷展栏。

1. "编辑顶点"卷展栏

在"选择"卷展栏中单击"顶点"按钮，进入"顶点"级别后在修改面板中会新增一个名称为"编辑顶点"的卷展栏，如图7-27所示。

图 7-27 "编辑顶点"卷展栏

该卷展栏下所有的工具都可以用来对顶点执行编辑操作，其含义分别如下。

□ 移除 单击该按钮，可以移除被选中的一个或多个顶点。

选中待移除的顶点，单击"移除"按钮或者按下 Backspace 键，可完成移除顶点的操作；其操作结果是移除了顶点，保留了面，且导致网格形状严重变形，如图 7-28 所示。

图 7-28 移除顶点

选中待删除的顶点，按下 Delete 键，可将顶点以及连接到顶点的面删除，操作结果如图 7-29 所示。

图 7-29 删除顶点

❏ 断开：选择顶点，单击该按钮后，可在与选定顶点相连的每个多边形上都创建一个新顶点，以使多边形的转角相互分开，不再相连于原来的顶点上，如图 7-30 所示。

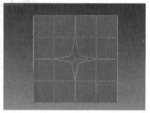

图 7-30 断开顶点

❏ 挤出：单击按钮，可将选中的顶点在视图中挤出，如图 7-31 所示；单击后面的"设置"按钮 ❑，在弹出的"挤出顶点"对话框中可以设定顶点挤出的高度和宽度，如图 7-32 所示。

图 7-31 挤出顶点　　　　图 7-32 设置挤出参数

❏ 焊接：单击按钮，可在"焊接阈值"范围内连续选中的顶点进行合并，合并后所有的变将与产生的单个顶点连接。单击后面的"设置"按钮 ❑，在弹出的"焊接顶点"对话框中可定义"焊接阈值"参数。

❏ 切角：单击按钮，可将选中的顶点制作切角效果，如图 7-33 所示；单击"设置"按钮 ❑，在弹出的"切角"对话框中可以设置切角值，如图 7-34 所示。

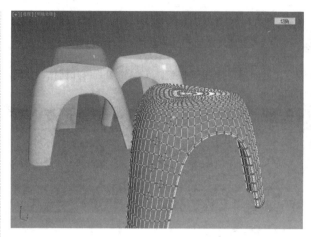

图 7-33 切角效果

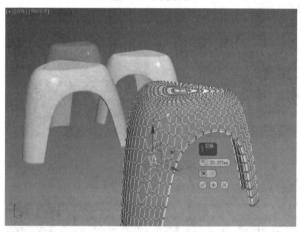

图 7-34 设置切角参数

❏ 目标焊接：选中顶点单击该按钮，按住鼠标左键不放将选中的顶点拖曳至目标点上进行焊接，如图 7-35 所示。

图 7-35 焊接结果

❏ 连接：选中待连接的顶点，单击该按钮，可在这两个顶点之间创建新的边，如图 7-36 所示。

图 7-36 连接结果

❏ 移除孤立顶点：单击按钮，可删除不属于任何多边形的全部顶点。

□ 移除未使用的贴图顶点：单击按钮，可删除建模后留下的未使用的贴图顶点。

□ 权重：定义选定顶点的权重，在 NURMS 细分选项和"网格平滑"修改器中使用。

2. 编辑边卷展栏

"编辑边"卷展栏内容如图 7-37 所示，可以对多边形的边进行编辑，其中各选项含义如下：

图 7-37 "编辑边"卷展栏

□ 插入顶点：单击按钮，在边上单击左键，可以添加顶点，结果如图 7-38 所示。

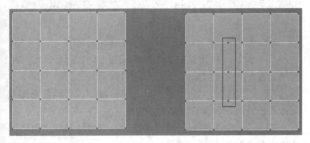

图 7-38 插入顶点

□ 移除：选择边，单击按钮或者按下 Backspace 键，可移除边，如图 7-39 所示。按下 Delete 键，可删除边及与边相连接的面，如图 7-40 所示。

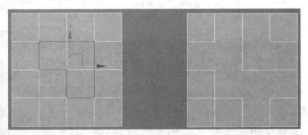

图 7-39 移除边

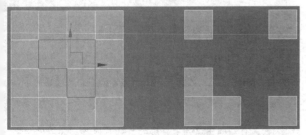

图 7-40 删除边

□ 分割：单击按钮，可沿着选定的边来分割网格。而在对网格中心的单条边应用该工具时，则不会起任何作用。

□ 挤出：选择待挤出的边，单击该按钮，可将边按一定的高度或宽度挤出，如图 7-41 所示。单击"设置"按钮 □，在弹出的"挤出边"对话框中可设置挤出的高度或宽度。

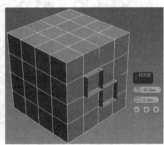

图 7-41 挤出效果

□ 切角：选择对象的边，单击按钮，可制作切角效果，如图 7-42 所示；在"切角"对话框中可对"切角量"参数进行设置。

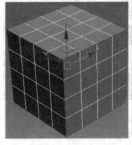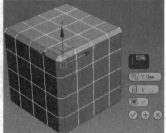

图 7-42 切角效果

□ 桥：单击按钮，可连接边界边，即只在一侧有多边形的边。

□ 连接：选择一对平行的边，单击按钮，可在垂直方向上生成新的边，如图 7-43 所示；选择垂直方向上的边，也可生成水平方向的新边。

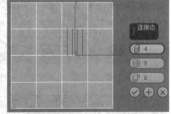

图 7-43 连接效果

□ 利用所选内容创建图形：选择边，单击按钮，系统弹出如图 7-44 所示的【创建图形】对话框；选择"平滑"选项，则生成如图 7-45 所示的图形；选择"线性"选项，则生成的样条线形状与选定的边形状一致，如图 7-46 所示。

图 7-44 【创建图形】对话框

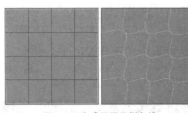

图 7-45 生成平滑的样条线　　　图 7-46 生成结果

❑ 拆缝：设置对选定边或边执行的拆缝操作量，在 NURMS 细分选项和"网格平滑"修改器中使用。

❑ 编辑三角形：单击按钮，可用来修改绘制内边或对角线时多边形细分为三角形的方式。使用该工具进行编辑时，对角线在线框和边面视图中显示为虚线。

3. 编辑多边形卷展栏

"编辑多边形"卷展栏的内容如图 7-47 所示，可以对多边形进行编辑，其中各选项含义如下：

❑ 插入顶点：单击按钮，在多边形上单击，即可完成插入顶点的操作，结果如图 7-48 所示。

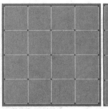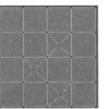

图 7-47 "编辑多边形"卷展栏　　　图 7-48 插入顶点

❑ 挤出：选择面，如图 7-49 所示；单击按钮，挤出厚度为正值，则面往外挤出，如图 7-50 所示；挤出厚度为负值，则面向内陷入，如图 7-51 所示。

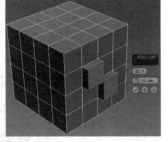

图 7-49 选择面　　　　　　图 7-50 挤出厚度为正值

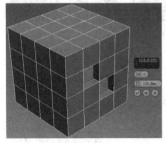

图 7-51 挤出厚度为负值

❑ 轮廓：单击按钮，可增加或减少每组连续的选定多边形的外边。

❑ 倒角：单击按钮，可以挤出多边形的面，并为面制作倒角效果，如图 7-52 所示。

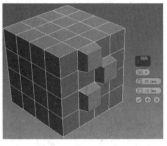

图 7-52 倒角效果

❑ 插入：单击按钮，可将选中的面向内执行没有高度的倒角，如图 7-53 所示。

图 7-53 插入效果

❑ 桥：单击按钮，可连接对象上的两个多边形或多边形组。

❑ 翻转：翻转选中多边形的法线方向，以使其面向用户的正面。

❑ 从边旋转：选中多边形，单击按钮，可沿着垂直方向拖动任何边，以旋转选中的多边形。

❑ 沿样条线挤出：单击按钮，可沿着样条线挤出当前选定的多边形。

❑ 编辑三角剖分：单击按钮，可通过绘制内边修改多边形细分为三角形的方式。

❑ 重复三角形算法：单击按钮，可在当前选定的一个或多个多边形上执行最佳三角剖分。

7.3 实例制作

本节以制作边几模型、创意杯子模型、现代简约双人床模型为例，介绍多边形建模工具的实际运用。

7.3.1 制作茶几

实战：制作茶几

场景位置	DVD> 场景文件 > 第 07 章 > 模型文件 > 实战：制作茶几 .max
视频位置	DVD> 视频文件 > 第 07 章 > 实战：制作茶几 .mp4
难易指数	★★★★☆

本节介绍使用多边形建模的方式制作茶几的操作方法。

01 在"几何体"列表中选择"标准基本体"，单击"长方体"按钮，在场景中拖曳创建一个长方体，如图 7-54 所示。

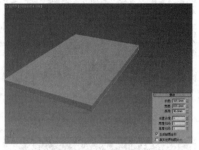

图 7-54 创建长方体

02 选择长方体，单击右键，在弹出的快捷菜单中选择"转换为可编辑多边形"选项，将长方体转换为可编辑多边形，如图 7-55 所示。

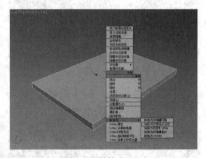

图 7-55 转换多边形

03 在修改面板中进入"多边形"层级，选择中间的面，单击"插入"按钮 插入 后的"设置"按钮 ▣ ，在弹出的【插入】对话框中设置"数量"值为 50，如图 7-56 所示。

图 7-56 "挤出"效果

04 保存插入选择的多边形，单击"挤出"按钮 挤出 后的"设置"按钮 ▣ ，在弹出的【挤出多边形】对话框中设置"挤出高度"值，如图 7-57 所示。

05 进入"边"层级，选择如图 7-58 所示的边。

06 在"编辑边"卷展栏下单击"切角"按钮 切角 后的"设置"按钮 ▣ ，在弹出的【切角】对话框中设置"边切角量"为 2，"连接边分段"为 2，如图 7-59 所示。

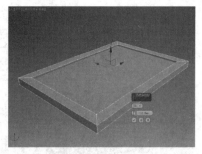

图 7-57 挤出多边形

图 7-58 选择边

图 7-59 "切角"操作

07 单击选择如图 7-60 所示的边。

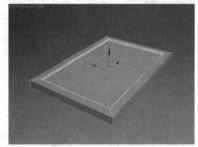

图 7-60 选择边

08 在【切角】对话框中设置"边切角量"为 13，"连接边分段"为 10，切角操作的结果如图 7-61 所示。

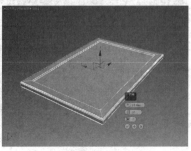

图 7-61 "切角"操作

09 在场景中创建如图 7-62 所示的长方体。

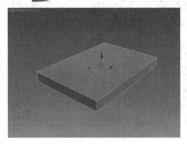

图 7-62 创建长方体

10 将长方体转换为"可编辑多边形",在"可编辑多边形"修改器中单击"多边形"按钮进入"多边形"层级,选择如图 7-63 所示的多边形。

图 7-63 选择边

11 单击"插入"按钮 插入 后的"设置"按钮□,在弹出的【插入】对话框中设置"数量"值为15,如图 7-64 所示。

图 7-64 插入多边形

12 分别选择如图 7-65 所示的多边形。

13 再次执行插入命令,在【插入】对话框中设置"数量"值为 5,操作结果如图 7-66 所示。

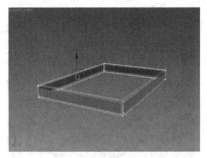

图 7-65 选择边

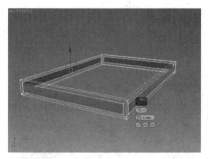

图 7-66 "挤出"边

14 进入"多边形"层级,选择如图 7-67 所示的面。

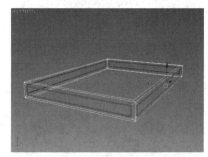

图 7-67 选择面

15 执行挤出命令,在【挤出多边形】对话框中设置"挤出高度"为 -7,结果如图 7-68 所示。

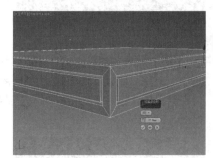

图 7-68 "挤出"面

16 使用"选择并移动"工具 ,移动模型,结果如图 7-69 所示。

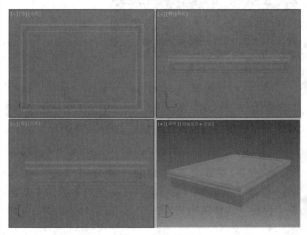

图 7-69 移动模型

17 在场景中创建一个长度为 120，宽度为 56，高度为 60 的长方体，结果如图 7-70 所示。

图 7-70 创建长方体

18 将长方体转换为"可编辑多边形"，进入"顶点"层级，选择顶点并调整其位置，结果如图 7-71 所示。

图 7-71 调整顶点的位置

19 进入"边"层级，选择如图 7-72 所示的边。

图 7-72 选择边

20 在【切角】对话框中设置"边切角量"为 2，如图 7-73 所示。

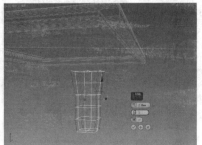

图 7-73 "切角"操作

21 为长方体加载一个"FFD（长方体）"修改器，在"FFD 参数"卷展栏下单击"设置点数"按钮 设置点数 ，在弹出的【设置 FFD 尺寸】对话框中设置"高度"值为 5，如图 7-74 所示。

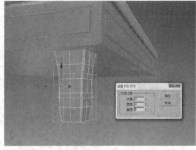

图 7-74 【设置 FFD 尺寸】对话框

22 进入"控制点"层级，选择并移动控制点，如图 7-75 所示。

23 为模型加载一个"网格平滑"修改器，在"细分量"卷展栏下设置"迭代次数"为 2，如图 7-76 所示。

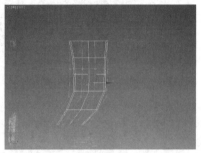

图 7-75 移动控制点

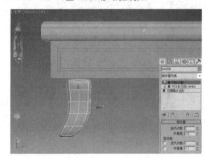

图 7-76 设置"迭代次数"

24 选中"选择并移动"工具 ，按住 Shift 键，移动复制模型，如图 7-77 所示。

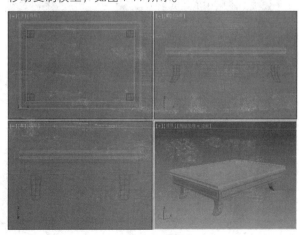

图 7-77 移动复制模型

25 茶几的创建结果如图 7-78 所示。

图 7-78 茶几效果

7.3.2 制作创意杯子

实战： 制作创意杯子

场景位置：DVD> 场景文件 > 第 07 章 > 模型文件 > 实战：制作创意杯子 .max
视频位置：DVD> 视频文件 > 第 07 章 > 实战：制作创意杯子 .mp4
难易指数：★★★☆☆

本节介绍使用多边形建模的方式制作创意杯子的操作方法。

01 在 "几何体" 列表中选择 "标准基本体"，单击 "圆柱体" 按钮，在场景中拖曳鼠标创建一个圆柱体，如图 7-79 所示。

图 7-79 创建圆柱体

02 选择圆柱体，单击右键，在弹出的快捷列表中选择 "转换为可编辑多边形" 选项，将圆柱体转换为可编辑多边形。

03 在修改面板中，按数字键 1，进入 "顶点" 层级，选择如图 7-80 所示的顶点。

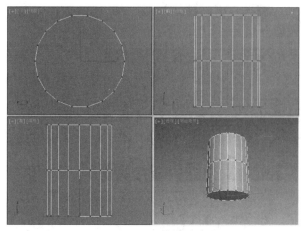

图 7-80 选中顶点

04 单击主工具栏上的 "选择并均匀缩放" 工具 ，向内移动鼠标缩放选中的顶点，操作结果如图 7-81 所示。

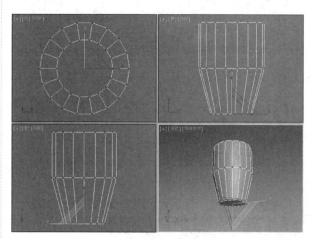

图 7-81 缩放顶点

05 使用 "选择并移动" 工具 选择如图 7-82 所示的顶点，向下移动鼠标，调整顶点的位置如图 7-83 所示。

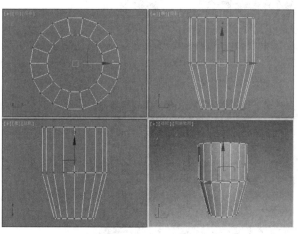

图 7-82 选中顶点

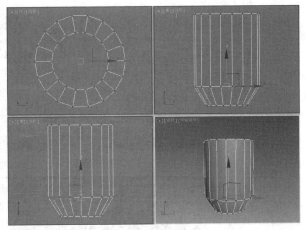

图 7-83 调整顶点的位置

06 进入"多边形"层级，单击选择圆柱体底部的面，如图 7-84 所示。

图 7-84 选中圆柱体底部的面

07 单击"编辑多边形"卷展栏下的"倒角" 倒角 后的"设置"按钮□，在弹出的【倒角】对话框中设置"倒角高度"为 3.5，"倒角轮廓"为 -4，结果如图 7-85 所示。

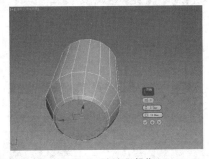

图 7-85 "倒角"操作

08 选择圆柱体顶面，如图 7-86 所示。单击"编辑多边形"卷展栏下的"插入" 插入 后的"设置"按钮□，在弹出的【插入】对话框中设置"插入数量"为 5，如图 7-87 所示。

图 7-86 选择圆柱体顶面

图 7-87 "插入"操作

09 单击选择如图 7-88 所示的面。单击"挤出" 挤出 后的"设置"按钮□，在【挤出多边形】对话框中设置"挤出高度"为 5，如图 7-89 所示。

图 7-88 选择面

图 7-89 "挤出"操作

10 保持面的选择，重复执行挤出操作，结果如图 7-90 所示；单击选择如图 7-91 所示的面。

图 7-90 操作结果

图 7-91 选择面

11 设置"挤出高度"为9，挤出结果如图 7-92 所示；保持面的选择，设置"挤出高度"为 15，挤出面的结果如图 7-93 所示。

图 7-92 "挤出"结果

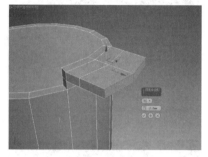

图 7-93 "挤出"面

12 进入"顶点"层级，选择如图 7-94 所示的顶点，使用"选择并移动"工具 ，向下移动顶点，如图 7-95 所示。

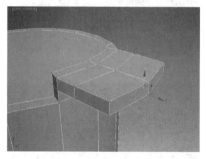

图 7-94 选择顶点

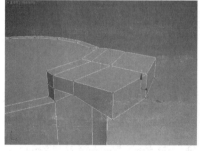

图 7-95 移动顶点

13 进入"多边形"层级，选择如图 7-96 所示的面。

14 设置"挤出高度"为 20，对选中的面执行挤出操作，结果如图 7-97 所示。

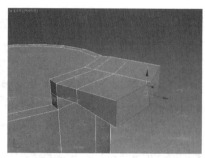

图 7-96 选择面

图 7-97 "挤出"面

15 进入"顶点"层级，选择如图 7-98 所示的顶点，使用"选择并移动"工具 ，移动顶点至如图 7-99 所示的位置。

图 7-98 选择顶点　　　　图 7-99 移动顶点

16 重复对模型执行"挤出"、移动顶点操作，完成杯子把柄的绘制结果如图 7-100 所示。

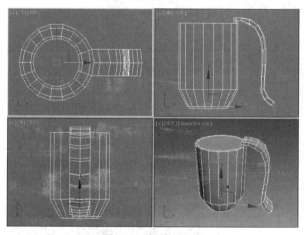

图 7-100 绘制被子把柄

17 进入"多边形"层级，选择如图 7-101 所示的面；设置"挤出高度"为 -125，对选中的面执行"挤出"

操作的结果如图 7-102 所示。

图 7-101 选择面

图 7-102 "挤出"操作

18 进入"顶点"层级,选择如图 7-103 所示的顶点;使用"选择并移动"工具 ✛,移动选中的顶点,结果如图 7-104 所示。

图 7-103 选择顶点　　　　图 7-104 移动顶点

19 使用"选择并移动"工具 ✛ 调整其他顶点的位置,结果如图 7-105 所示。

20 进入"边"层级,单击选中如图 7-106 所示边。

图 7-105 调整结果　　　　图 7-106 选择边

21 设置"边切角量"为 1,对边执行"切角"操作的结果如图 7-107 所示。

22 退出编辑子对象模式,选中模型加载一个"涡轮平滑"修改器,在"涡轮平滑"卷展栏中设置"迭代次数"为 2,结果如图 7-108 所示。

图 7-107 "切角"操作

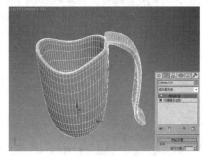

图 7-108 涡轮平滑

23 创意杯子的制作效果如图 7-109 所示。

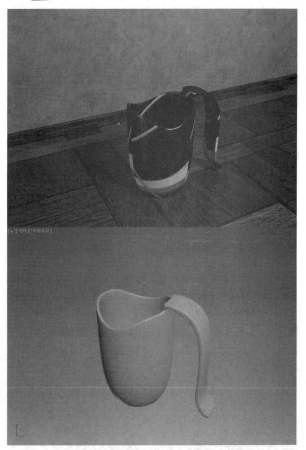

图 7-109 制作效果

7.3.3 制作现代简约双人床

实战：制作现代简约双人床

场景位置: DVD> 场景文件 > 第 07 章 > 模型文件 > 实战: 制作现代简约双人床 .max
视频位置: DVD> 视频文件 > 第 07 章 > 实战: 制作现代简约双人床 .mp4
难易指数: ★★★☆☆

本节介绍使用多边形建模的方式制作双人床的操作方法。

01 单击"几何体"列表中选择"扩展基本体"，单击"切角长方体"按钮，在场景中拖曳创建一个切角长方体，结果如图 7-110 所示。

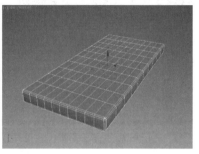

图 7-110 制作切角长方体

02 选择切角长方体，为其加载一个"FFD3×3×3"修改器，如图 7-111 所示。

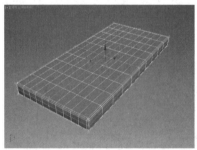

图 7-111 加载"FFD3×3×3"修改器

03 进入"控制点"层级，使用"选择并移动"工具，调整控制点的位置，如图 7-112 所示。

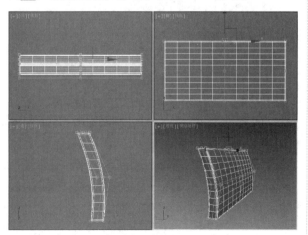

图 7-112 调整控制点的位置

04 在"几何体"列表中选择"标准基本体"，单击"长方体"按钮，在场景中拖曳创建一个长方体，如图 7-113 所示。

图 7-113 创建长方体

05 选择长方体，单击右键，在弹出的快捷菜单中选择"转换为可编辑多边形"选项，将长方体转换为可编辑多边形。

06 在修改面板中，按数字键 4 进入"多边形"层级，选择如图 7-114 所示的面。

图 7-114 选择面

07 单击"编辑多边形"卷展栏下的"插入" 插入 后的"控制"按钮 □，在弹出的【插入】对话框中设置"数量"值为 50，如图 7-115 所示。

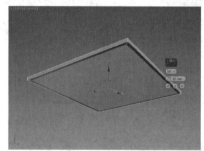

图 7-115 "插入"操作

08 选择面，单击"挤出" 挤出 后的"控制"按钮 □，在弹出的【挤出多边形】对话框中设置"挤出高度"为 140，结果如图 7-116 所示。

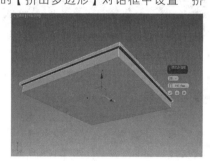

图 7-116 "挤出"操作

09 单击 "边" 按钮 ，进入 "边" 层级，选择如图 7-117 所示的边。

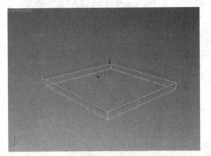

图 7-117 选择边

10 单击 "切角" 切角 后的 "控制" 按钮 ，在弹出的【切角】对话框中设置 "边切角量" 为 20，"连接边分段" 为 7，如图 7-118 所示。

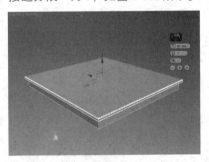

图 7-118 "切角" 操作

11 选择如图 7-119 所示的边；执行切角命令，在【切角】对话框中设置 "边切角量" 为 10，"连接边分段" 为 5，如图 7-120 所示。

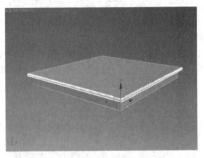

图 7-119 选择边

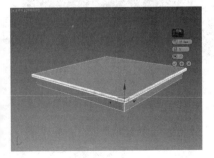

图 7-120 "切角" 操作

12 在场景中创建一个长度为 2000，宽度为 2100，高度为 300，长度分段为 18，宽度分段为 9，高度分段为 5 的长方体，如图 7-121 所示。

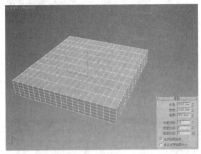

图 7-121 创建长方体

13 选择长方体，为其加载一个 "涡轮平滑" 修改器，在 "涡轮平滑" 卷展栏下设置 "迭代次数" 为 1，如图 7-122 所示。

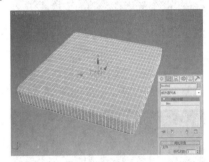

图 7-122 涡轮平滑

14 使用 "选择并移动" 工具 移动模型，结果如图 7-123 所示。

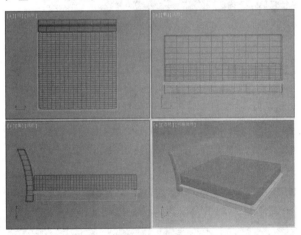

图 7-123 移动模型

15 在 "标准基本体" 工具列表中单击 "平面" 按钮，在场景中拖曳创建一个如图 7-124 所示的平面。

16 选择平面将其转换成可编辑多边形，单击 "顶点" 按钮 ，进入顶点层级，选择如图 7-125 所示的顶点。

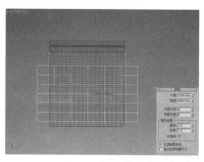

图 7-124 创建平面

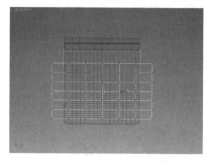

图 7-125 选择顶点

17 使用"选择并移动"工具 ✥，向下移动顶点，调整顶点的位置，结果如图 7-126 所示。

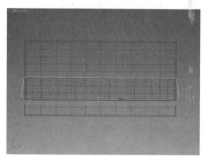

图 7-126 调整顶点的位置

18 退出子对象编辑模式，选择平面加载"壳"修改器，在"参数"卷展栏中设置"外部量"参数为 8，如图 7-127 所示。

19 选择平面，为其加载一个"细化"修改器，在"参数"卷展栏中单击"多边形"按钮 ⬚，设置"迭代次数"为 2，操作结果如图 7-128 所示。

图 7-127 加载壳修改器

图 7-128 "细化"效果

20 模型的创建结果如图 7-129 所示。

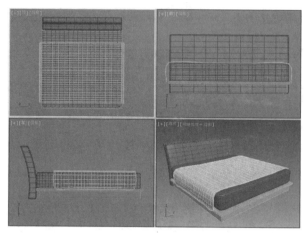

图 7-129 创建效果

21 使用 NURBS 建模工具制作抱枕图形，可完成简约双人床模型的制作，如图 7-130 所示。

图 7-130 简约双人床模型

第 8 章

其他方式建模

本章学习要点：
- 石墨建模
- 面片建模

"石墨建模"工具可用于编辑网格和多边形对象，其工具集位于菜单栏的下方，可自定义调整显示方式。"面片建模"工具可创建外观类似于网格但可通过控制柄，如微调器来控制其曲面率的对象。

本章介绍使用这两种方式来建模的操作方法。

8.1 石墨建模

"石墨建模"工具包括5个选项卡，分别为"建模""自由形式""选择""对象绘制""填充"，如图8-1所示。首次启动3ds Max2015时，"石墨"建模工具栏会自动显示在操作界面中，单击主工具栏上的"切换功能区"按钮，可显示或关闭"石墨建模"工具栏。

图8-1 "石墨"建模工具选项卡

8.1.1 石墨建模工具

"石墨建模"工具栏有三种显示方式。单击建模工具选项卡后的"显示完整功能区"按钮，在弹出的列表中可选择工具栏的显示方式，如图8-2所示，系统默认选择"最小化为选项卡"方式。

图8-2 显示方式列表

"石墨建模"工具选项卡中包含多种多边形建模的工具，各工具根据其自身的性质被划分为若干个不同的面板，比如"多边形建模"面板、"修改选项"面板、"编辑"面板、"几何体（全部）"面板等，如图8-3所示。

图8-3 最小化显示方式

8.1.2 工具界面

"石墨建模"工具选项卡中包含不同的级别，分别有"顶点"级别、"边"级别、"边界"级别、"多边形"级别和"元素"级别。单击选择不同的级别按钮，可显示其相应的参数面板，如图8-4~图8-7所示。

图8-4 "边"级别参数面板

图8-5 "边界"级别参数面板

图8-6 "多边形"级别参数面板

图8-7 "元素"级别参数面板

8.1.3 "建模"选项卡

以下对"建模"选项卡中各工具面板进行介绍--

1. "多边形建模"面板

"多边形建模"面板中显示了用于切换子对象级别、修改器堆栈、将对象转化为多边形和编辑多边形的常用工具或命令，如图8-8所示，其中各工具选项含义如下：

图8-8 "多边形建模"面板

☐ 顶点：单击按钮，可进入多边形的"顶点"级别，在该级别下可选择对象的顶点。

☐ 边：单击按钮，可进入多边形的"边"级别，在该级别下可选择对象的边。

☐ 边界：单击按钮，可进入多边形的"边界"级别，在该级别下可选择对象的边界。

☐ 多边形：单击按钮，可进入多边形的"多边形"级别，在该级别下可选择对象的多边形。

☐ 元素：单击按钮，可进入多边形的"元素"级别，在该级别下可选择对象中相邻的多边形。

☐ 切换命令面板：单击按钮，可控制"命令"面板的可见性。

☐ 锁定堆栈：单击按钮，可将修改器堆栈和"Graphite建模工具"控件锁定到当前选定的对象。

☐ 显示最终结果：单击按钮，可在堆栈中显示所有修改完成后出现的选定对象。

☐ 下一个修改器/上一个修改器：单击按钮，可通过上移或下移堆栈来改变修改器的先后顺序。

☐ 预览关闭：单击按钮，关闭预览功能。

☐ 预览子对象：单击按钮，可仅在当前子对象层级启用预览，如图8-9所示。

❑　预览多个 ：单击按钮，可开启预览多个对象，如图 8-10 所示。

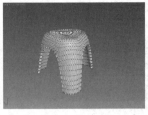

图 8-9　预览子对象　　　图 8-10　预览多个对象

❑　忽略背面 ：单击按钮，可开启忽略背面对象的选择。

❑　使用软选择 ◉ ：单击按钮，可在软选择和"软选择"面板之间切换。

❑　塌陷堆叠 ：单击按钮，可将选定对象的整个堆栈塌陷为可编辑多边形。

❑　转化为多边形 ：单击按钮，可将对象转化为可编辑多边形格式并进入"修改"模式。

❑　应用编辑多边形模式 ：单击按钮，可为对象加载"编辑多边形"修改器并切换到"修改"模式。

❑　生成拓扑 ：单击按钮，可打开【拓扑】对话框，如图 8-11 所示。

图 8-11　拓扑结构

❑　对称工具 ：单击按钮，可打开【对称工具】对话框。

❑　完全交互：选择该项，可切换"快速切片"工具和"切割"工具的反馈层级以及所有的设置对话框。

2. "修改选择"面板

在"修改选择"面板中提供了多种调整对象的工具，如图 8-12 所示，其中各工具选项含义如下：

图 8-12　"修改选择"面板

❑　增长 ：单击按钮，可朝所有可用方向外侧扩展选择区域，如图 8-13 所示。

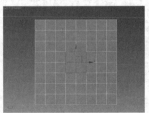
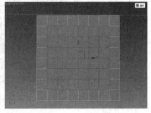

图 8-13　增长选择区域

❑　收缩 ：单击按钮，可通过取消选择最外部的子对象来缩小子对象的选择区域。

❑　循环 ：单击按钮，可根据当前选择的子对象来选择一个或者多个循环，如图 8-14 所示。

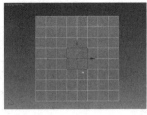
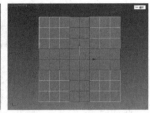

图 8-14　循环选择对象

❑　增长循环 ：单击按钮，可根据当前选择的子对象来增长循环。

❑　收缩循环 ：单击按钮，可通过从末端移除子对象来缩小选定循环的范围。

❑　循环模式 ：单击按钮，则选择子对象时也会自动选择关联循环。

❑　点循环 ：在其中选择有间距的循环。

❑　环 ：单击按钮，可根据当前选择的子对象来选择一个或多个环，如图 8-15 所示。

图 8-15　环选择对象

❑　增长环 ：单击按钮，可分步扩大一个或多个边环，但只能用在"边"及"边界"级别中。

❑　收缩环 ：单击按钮，可通过从末端移除边来缩小选定边循环的范围，不适用于圆形环，仅能用在"边"及"边界"界别中。

❑　环模式 ：单击按钮，可系统会自动选择环。

❑　点环 ：单击按钮，可基于当前的选择，来选择有间距的边环。

❑　轮廓 ：单击按钮，可选择当前子对象的边界，并取消选择其余部分，如图 8-16 所示。

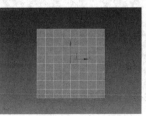
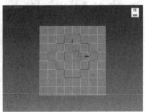

图 8-16　轮廓选择

❑　相似 ：单击按钮，可根据选定的子对象特性来选择其他相类似的元素。

❑　填充 ：单击按钮，可选择两个选定子对象之间的所有子对象。

□ 填充孔洞 ：单击按钮，可选择由轮廓选择和轮廓内的独立选择指定的闭合区域中的所有子对象。

□ 步长循环 ➤➤：单击按钮，可在同一循环上的两个选定子对象之间选择循环。

□ 步长循环最长距离 ➤➤：单击按钮，可使用最长距离在同一循环中的两个选定子对象之间选择循环。

□ 步模式 ✎：单击按钮，可使用"步模式"来分布选择循环。

□ 点间距：在该项中指定使用"点循环"选择循环中的子对象之间的间距范围，或者用"点环"选择环中边之间的间距范围。

3. "编辑"面板

在"编辑"面板中提供了各种用于修改多边形对象的各种工具，如图 8-17 所示，其中各选项含义如下：

图 8-17 "编辑"面板

□ 保留 UV ⬚：单击按钮，可编辑子对象，而不会影响对象的 UV 贴图。

□ 扭曲 ⬚：单击按钮，可通过鼠标操作来扭曲 UV。

□ 重复上一个 ⟳：单击按钮，可重复最近使用的命令。

□ 快速切片 ⬚：单击按钮，可将对象快速切片，单击鼠标右键可停止切片操作。

□ 快速循环 ⬚：单击按钮，可通过单击来放置边循环。在按住 Shift 键的同时单击可插入边循环，并调整新循环以匹配周围的曲面流。

□ 使用 NURMS ⬚：单击按钮，可通过 NURBS 方法应用平滑并开启"使用 NURMS"面板。

□ 剪切 ⬚：单击按钮，可用来创建一个多边形到另一个多变形的边，或在多边形内创建边，如图 8-18 所示。

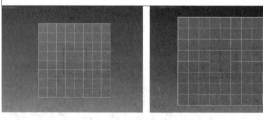

图 8-18 剪切方式添加边

□ 绘制连接 ⬚：单击按钮，能以交互的方式来绘制边和顶点之间的连接线。

□ 设置流 ⬚设置流 单击按钮，可使用"绘制连接"工具 ⬚ 自动重新定位新边，以适合周围网格内的图形。

□ 约束 ⬚⬚⬚⬚：单击相应的按钮，可使用现有的几何体来约束对象的变换。

4. "几何体（全部）"面板

在"几何体（全部）"面板中提供了编辑几何体的工具，如图 8-19 所示，其中各选项含义如下：

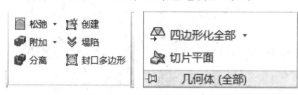

图 8-19 "几何体（全部）"面板

□ 松弛 ⬚：单击按钮，可将松弛效果应用于当前选定的对象。

□ 创建 ⬚：单击按钮，可创建新的几何体。

□ 附加 ⬚：单击按钮，可用于将场景中的其他对象附加到选定的多边形对象。

□ 塌陷 ⬚：单击按钮，可通过将其顶点与选择中心的顶点焊接起来，使连续选定的子对象组产生塌陷效果。

□ 分离 ⬚：单击按钮，可将选定的子对象和附加到子对象的多边形作为单独的对象或元素分离出来。

□ 封口多边形 ⬚：单击按钮，可从顶点或边选择创建一个多边形并选择该多边形。

□ 四边形化全部 ⬚：可将三角形转化为四边形，如图 8-20 所示。

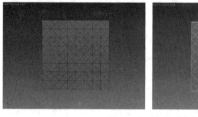

图 8-20 四边化对象

□ 切片平面 ⬚：单击按钮，可为切片平面创建 Gizmo，可定位和旋转它来指定切片位置。

5. 子对象

选择不同的子对象级别，其命令面板的显示状态也会相应的发生变化，如图 8-21 所示是"顶点"子对象、"边"子对象、"边界"子对象、"多边形"子对象和"元素"子对象的参数面板。

图 8-21 子对象参数面板

6. "循环"面板

如图 8-22 所示为"边"级别下的"循环"面板，提供了用来处理边循环的工具及参数，各选项含义如下：

图 8-22　"循环"面板

□　连接 ▦：单击按钮，可在选中的对象之间创建新边，如图 8-23 所示。

图 8-23　链接边

□　插入 ⬇：单击按钮，可根据当前子对象选择或创建一个或多个边循环。

□　距离连接 ▦：单击按钮，可在跨越一定距离和其他拓扑的顶点和边之间创建边循环。

□　移除循环 ✕：单击按钮，可移除当前子对象层级处的循环，并自动删除所有剩余顶点。

□　流连接 ▦：单击按钮，可跨越一个或多个边环来连接选定边。

□　设置流 ⬍：单击按钮，可调整选定边以适合周围网格的图形。

□　构件末端 ▦：单击按钮，可根据选择的顶点或边来构建四边形。

□　构建角点 ▦：单击按钮，可根据选择的顶点或边来构建四边形的角点，以翻转边循环。

□　循环工具 ✕：该按钮，可打开【循环工具】对话框，其中包含调整循环的相关工具，如图 8-24 所示。

□　随机连接 ▦：单击按钮，可连接选定的边，并随机定位所创建的边。

□　设置流速度：在其中调整选定边的流的速度。

图 8-24　循环工具

7. "细分"面板

"细分"面板的内容如图 8-25 所示，其中的工具可用来增加网格数量，各选项含义如下：

图 8-25　"细分"面板

□　网格平滑 ▦：单击按钮，可将对象进行网格平滑处理，如图 8-26 所示。

图 8-26　网格平滑

□　细化 ▦：单击按钮，可对所有多边形进行细化操作。

□　使用置换 ⌂：单击按钮，可在"置换"面板中为置换指定细分网格的方式。

8. "三角剖分"面板

"多边形"级别下的"三角剖分"面板如图 8-27 所示，其中的工具可将多边形细分为三角形，当中各选项含义如下：

□　编辑 ▦：单击按钮，可在修改内边或对角线时，将多边形细分为三角形的方式。

□　旋转 ▦：单击按钮，可通过单击对角线加工多边形细分为三角形。

图 8-27　"三角剖分"面板

□　重复三角算法 ▦：单击按钮，可对当前选定的多边形自动执行最佳的三角剖分操作。

9. "对齐"面板

"对齐"面板如图 8-28 所示，其中的工具可用在对象级别及所有子对象级别中，各选项含义如下：

□　生成平面 ➕：单击按钮，可强制所有选定的子对象成为平面。

□　到视图 ▦：单击按钮，可使对象中的所有顶点与活动视图所在的平面对齐。

图 8-28　"对齐"面板

□　到栅格 ▦：单击按钮，可使选定对象中的所有顶点与活动视图所在的平面对齐。

□　对齐 X/Y/Z ▣ ▣ ▣：单击按钮，可平面化选定所有的子对象，并使该平面与对象的局部坐标系中的相应平面对齐。

10. "可见性"面板

"可见性"面板如图 8-29 所示，使用其中的工具可隐藏和取消隐藏对象，各选项含义如下：

图 8-29　"可见性"面板

□　隐藏选定对象 ▦：单击按钮，可隐藏当前选定的对象。

□　隐藏未选定对象 ▦：单击按钮，可隐藏未选定的对象。

□　全部取消隐藏 💡：单击按钮，可将隐藏的对象恢复为可见。

11. "属性"面板

"多边形"级别下的"属性"面板如图 8-30 所示，使用其中的工具可调整网格平滑、顶点颜色及材质 ID，各选项含义如下：

□ 硬：单击按钮，可对整个模型禁用平滑。

□ 平滑：单击按钮，可对整个对象应用平滑。

图 8-30 "属性"面板

□ 平滑 30：单击按钮，可对整个对象应用平滑。

□ 平滑组：单击按钮，可打开用于处理平滑组的对话框。

□ 材质 ID：单击按钮，可打开用来设置材质 ID、按 ID 和子材质名称选择的【材质 ID】对话框。

8.1.4 其他选项卡

1. "自由形式"选项卡

"多边形绘制"提供用于快速地在主栅格上绘制和编辑网格的工具，根据"绘制于"设置，网格将投影到其他对象的曲面或投影到选定对象本身。根据所按的 Ctrl、Shift 和 Alt 键的不同，这些工具具有不同的效果，如图 8-31 所示。

图 8-31 自由形式选项卡

2. "选择"选项卡

"选择"选项卡提供了专门用于进行子对象选择的各种工具，如图 8-32 所示。例如，可以选择凹面或凸面区域、朝向视口的子对象或某一方向的点等。

图 8-32 选择选项卡

3. "对象绘制"选项卡

通过"对象绘制"工具，可以在场景中的任何位置或特定对象曲面上徒手绘制对象，也可以用绘制对象来"填充"选定的边。在场景中可以用多个对象按照特定顺序或随机顺序进行绘制，并可在绘制时更改缩放比例，如图 8-33 所示。如铆钉、植物、列等，甚至包括使用字符来填充场景。

图 8-33 对象绘制选项卡

实战：用石墨工具制作出古典梳妆台

场景位置：DVD>场景文件>第08章>模型文件>实战：用石墨工具制作出古典梳妆台 .max

视频位置：DVD>视频文件>第 08 章>实战：用石墨工具制作出古典梳妆台 .mp4

难易指数：★★★★★

本节介绍使用石墨建模的方式制作古典梳妆台的操作方法。

01 单击"图形"列表中选择"样条线"，单击"线"按钮，在前视图中创建如图 8-34 所示的样条线。

02 选择样条线，加载"挤出"修改器，设置挤出"数量"为 500，结果如图 8-35 所示。

图 8-34 创建样条线　　　　　图 8-35 "挤出"操作

03 选择模型，在"建模"选项卡中的"多边形建模"面板中选择"转化为多边形"选项，如图 8-36 所示。

04 单击"边"按钮，进入边层级，选择模型的边，如图 8-37 所示。

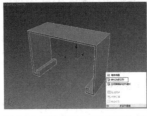

图 8-36 选择"转化为多边形"选项　　图 8-37 选择模型的边

05 单击"边"面板中的"切角"按钮，同时按住 Shfit 键，在弹出的【切角】对话框中设置"边切角量"为 5，"连接边分段"为 4，如图 8-38 所示。

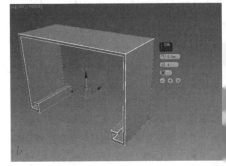

图 8-38 "切角"操作

06 在"几何体"列表中选择"标准基本体"，单击"长方体"按钮，在场景中拖曳鼠标以创建长方体模型，结果如图 8-39 所示。

07 选中较长的长方体模型，在"几何体"列表中选择"复合对象"，单击"布尔"按钮，在"拾取布尔"卷展栏下单击"拾取操作对象 B"按钮，拾取场景中较短的长方体模型，完成布尔运算的操作结果如图 8-40 所示。

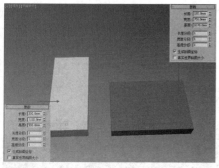

图 8-39 创建长方体

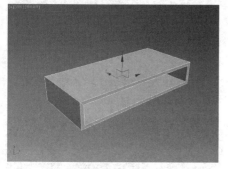

图 8-40 布尔运算

08 在 "几何体" 列表中选择 "标准基本体", 单击 "长方体" 按钮, 在场景中拖曳创建一个长方体模型, 结果如图 8-41 所示。

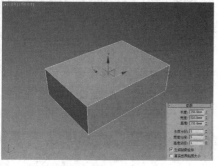

图 8-41 创建长方体

09 选择长方体, 在 "建模" 选项卡中的 "多边形建模" 面板中选择 "转化为多边形" 选项, 将模型转换为可编辑多边形。

10 单击 "多边形" 按钮, 进入 "多边形" 层级, 单击选择如图 8-42 所示的面。

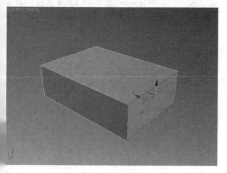

图 8-42 选择面

11 在 "多边形" 面板中单击 "插入" 下的 "插入设置" 按钮, 在弹出的【插入】对话框中设置 "插入数量" 为 15, 结果如图 8-43 所示。

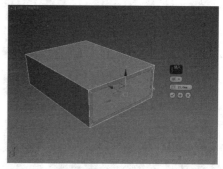

图 8-43 "插入" 操作

12 保持当前面的选择, 单击 "多边形" 面板中的 "倒角" 下的 "倒角设置" 按钮, 在弹出的【倒角】对话框中设置 "轮廓" 值为 -15, 结果如图 8-44 所示。

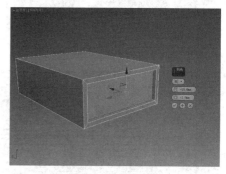

图 8-44 "倒角" 操作

13 在 "多边形建模" 面板中单击 "边" 按钮进入 "边" 层级, 选择如图 8-45 所示的边。

图 8-45 选择边

14 在 "边" 面板中单击 "切角" 下的 "切角设置" 按钮, 在弹出的【切角】对话框中设置切角 "数量" 值为 15, "分段" 值为 5, 结果如图 8-46 所示。

15 选择模型, 按住 Shfit 键移动复制两个模型副本, 结果如图 8-47 所示。

16 使用 "选择并移动" 工具, 移动模型的位置, 结果如图 8-48 所示。

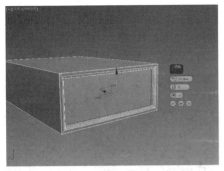

图 8-46 "切角"操作

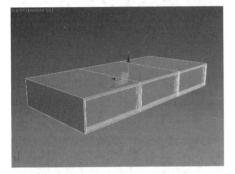

图 8-47 移动复制模型副本

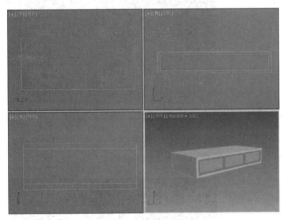

图 8-48 移动模型的位置

17 使用"选择并移动"工具 ✛ 调整抽屉模型的位置，结果如图 8-49 所示。

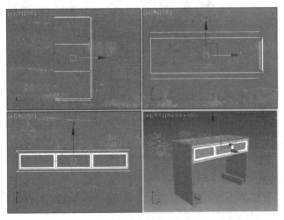

图 8-49 调整抽屉模型的位置

18 在"标准基本体"工具列表下分别单击"圆柱体"和"圆锥体"按钮，在场景中创建如图 8-50 所示的模型。

19 选择创建出来的模型，执行"组"→"组"命令，将模型创建成组。按住 Shfit 键，移动复制一个模型副本，结果如图 8-51 所示。

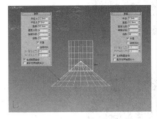

图 8-50 创建模型　　　　　图 8-51 移动复制模型副本

20 在"图形"按钮 ⬛，单击"样条线"按钮，在前视图中创建如图 8-52 所示的样条线。

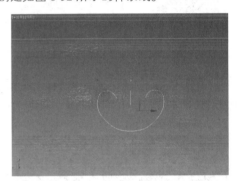

图 8-52 创建样条线

21 选择样条线，在其修改面板中的"渲染"卷展栏下分别勾选"在渲染中启用""在视口中启用"选项，并设置径向厚度值为 3，结果如图 8-53 所示。

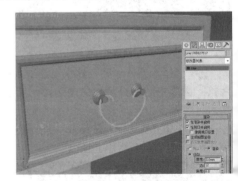

图 8-53 设置参数

22 选择圆柱体、圆柱体以及样条线模型，将其创建成组；按住 Shfit 键，移动复制两个模型副本，结果如图 8-54 所示。

23 在"几何体"列表中选择"标准基本体"，单击"长方体"按钮，在场景中创建一个长方体，如图 8-55 所示。

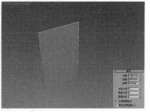

图 8-54　移动复制模型副本　　　　图 8-55　创建长方体

24 选择长方体，在"多边形建模"面板中选择"转化为多边形"选项，将模型转换为可编辑多边形。单击"多边形"按钮，进入"多边形"层级，单击选择如图 8-56 所示的面。

25 单击"多边形"面板中的"插入" 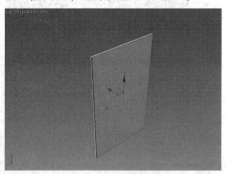 下的"插入设置"按钮，在弹出的【插入】对话框中设置"数量"值为 80，结果如图 8-57 所示。

图 8-56　选择面

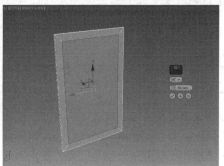

图 8-57　"插入"操作

26 保持面的选择，单击"多边形"面板中的"倒角" 下的"倒角设置"按钮，在弹出的【倒角】对话框中设置"高度"值为 -10，结果如图 8-58 所示。

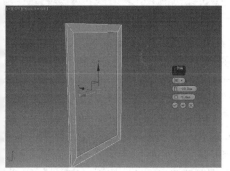

图 8-58　"倒角"操作

27 在"多边形建模"面板中单击"边"按钮进入"边"层级，选择模型外轮廓的边；单击"边"面板中的"切角" 下的"切角设置"按钮，在弹出的【切角】对话框中设置"边切角量"为 3，"连接边分段"为 2，结果如图 8-59 所示。

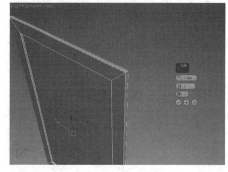

图 8-59　"切角"操作

28 使用"选择并移动"工具 调整模型的位置，结果如图 8-60 所示。

29 在"创建"面板中单击"图形"按钮，单击"线"按钮，在前视图中创建如图 8-61 所示的样条线。

图 8-60　调整模型　　　　图 8-61　创建样条线

30 选择样条线，为其加载一个"挤出"修改器，设置挤出"数量"为 450，挤出操作的结果如图 8-62 所示。

图 8-62　"挤出"操作

31 选择模型，在"多边形建模"面板中单击"边"按钮进入"边"层级，选择模型的边，单击"边"面板中的"切角" 下的"切角设置"按钮，在弹出的【切角】对话框中设置切角参数，结果如图 8-63 所示。

32 在"几何体"面板中，单击"长方体"按钮，在场景中拖曳鼠标创建一个长方体，如图 8-64 所示。

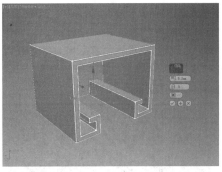

图 8-63 "切角" 操作

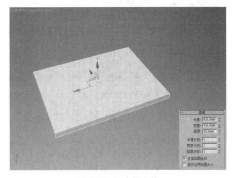

图 8-64 创建长方体

33 选择模型，在 "多边形建模" 面板中选择 "转化为多边形" 选项，将模型转化为可编辑多边形，单击 "边" 按钮进入 "边" 层级，在 "边" 面板中单击 "切角" 下的 "切角设置" 按钮 切角设置，设置切角参数如图 8-65 所示。

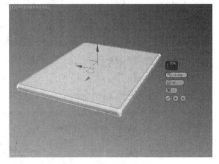

图 8-65 "切角" 操作

34 使用 "选择并移动" 工具 调整模型的位置，结果如图 8-66 所示。

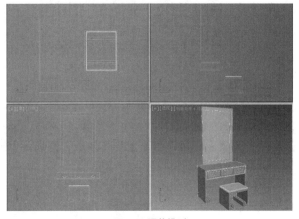

图 8-66 调整模型

35 古典梳妆台模型的制作结果如图 8-67 所示。

图 8-67 制作结果

8.2 面片建模

使用 "面片建模" 方式可创建四边形和三角形两种面片表面。可以使用内置面片栅格来创建面片模型，或者将对象转换成面片格式，也可得到面片模型。

面片建模方法具有两方面的特点：一方面，面片建模能够基于 Bezier 曲线，创建平滑的曲面，这一特性使其在角色建模和不规则平滑模型创建方面，大大优于其他建模；另一方面，面片建模比 NURBS 更容易控制，并可大大节省系统资源。

面片是一种可变形的对象，在创建平缓曲面时，面片对象十分有用，它也可以为操纵复杂几何体提供细致的控制，如图 8-68 所示。

图 8-68 面片建模

当向对象应用编辑面片修改器或将它转换为可编辑面片对象时，3ds Max 会将对象的几何体转换为一组独立的 Bezier 面片。每个面片都由三或四个由边连接在一起的顶点构成，它们共同定义了一个曲面。面片也包含由用户控制或由 3ds Max 控制的内部顶点，也可以通过操纵顶点和边来控制面片区面的形状，曲面是可渲染的对象几何体。

8.2.1 创建面片对象

在"创建"命令面板中的"几何体"下拉列表中选择"面片栅格"选项，可以弹出"面片栅格"创建列表，如图 8-69 所示。单击相应的创建按钮，可绘制指定类型的面片栅格，如图 8-70 所示。

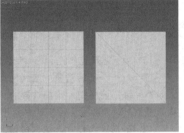

图 8-69 "面片栅格"创建列表　　图 8-70 面片栅格

选择图形对象，单击右键，在弹出的快捷菜单中选择"转换为可编辑面片"选项，如图 8-71 所示，也可创建面片对象。

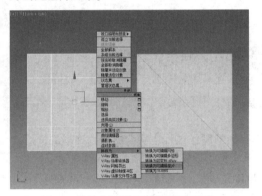

图 8-71 选择"转换为可编辑面片"选项

8.2.2 编辑面片对象

使用"四边形面片"工具、"三角形面片"工具创建的面片栅格，需要加载"编辑面片"修改器，如图 8-72 所示。通过右键菜单将对象转换成可编辑面片后，系统可自动弹出修改参数面板，如图 8-73 所示。

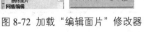

图 8-72 加载"编辑面片"修改器　　图 8-73 修改参数面板

在"编辑面片"修改参数面板中，不但可将对象作为面片对象进行操纵，还可在顶点、控制柄、边、面片和元素这 5 个子对象层级中进行操纵。将某个对象转换为可编辑面片时，3ds Max 可将该对象的几何体转化为单个贝塞尔面片的集合，其中每个面片由顶点和边的框架以及曲面组成。"编辑面片"修改参数面板介绍如下。

1. "选择"卷展栏

"选择"卷展栏如图 8-74 所示，在其中展示了多种按钮，用来选择子对象层级和命名选择，还可对显示和过滤器进行设置，并显示与选定实体相关的信息。

图 8-74 "选择"卷展栏

□ 顶点 ：选中"顶点"层级，可用来选择面片对象中的顶点控制点及其向量控制柄。

□ 控制柄 ：选中"控制柄"层级，可用来选择与每个顶点有关的向量控制柄。

□ 边 ：选中"边"层级，可控制选择面片对象的边界边。

□ 面片 ：选中"面片"层级，可控制选择整个面片。

□ 元素 ：选中"元素"层级，可用来选择和编辑整个元素。

2. "软选择"卷展栏

"软选择"卷展栏如图 8-75 所示，在其中允许部分选择显式和邻接处的子对象，这将会使显式选择的行为就像被磁场包围了一样。在对子对象进行变换时，在场景中被部分选定的子对象会平滑地进行绘制，这种效果随着距离或部分选择的强度而衰减。这种衰减在视图中表现为选择周围颜色的渐变，其与标准彩色光谱的第一部分相一致。

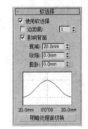

图 8-75 "软选择"卷展栏

3. "几何体"卷展栏

"几何体"卷展栏如图 8-76 所示。在未选择子对象级别时，该卷展栏在可编辑面片对象级别下可用，还可适用于所有子对象级别，且每个级别的工作方式都完全一致。

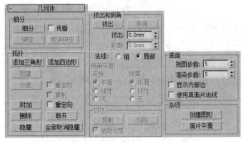

图 8-76 "几何体"卷展栏

"细分" 选项组

❑ 细分: 选择一个或多个元素，单击按钮，可细分选定元素。

❑ 传播: 选择该项可将细分伸展到相邻面片。沿着所有连续的面片传播细分，连接面片时，可防止面片断裂。

❑ 绑定: 单击按钮，可在两个顶点数不同的面片之间创建无缝无间距的连接；但这两个面片必须属于同一个对象，所以不需要先选中该顶点。

❑ 取消绑定: 单击按钮，可断开用过绑定连接到面片的顶点。

"拓扑" 选项组

❑ 添加三角形: 选择一个或多个边，单击按钮，可添加一个面片或多个面片。

❑ 添加到四边形: 单击按钮，可添加一个四边形面片到每一个选定边。

❑ 创建: 单击按钮，可在现有的几何体或自由空间中创建三边或四边面片。

❑ 分离: 单击按钮，用于选择当前对象内的一个或多个元素，然后使对象分离，以形成单独的面片对象。

❑ 重定向: 选择该项，分离的面片元素复制源对象创建局部坐标系的位置和方向。

❑ 复制: 选择该项，可将分离的面片元素复制到新面片对象，原始面片对象保持完好。

❑ 附加: 单击按钮，可将对象附加到选定的面片对象。

❑ 重定向: 选择该项，可重新定向附加元素，使得每个面片的创建局部坐标系与选择面片的创建局部坐标系对齐。

❑ 删除: 单击按钮，可删除选定的元素。

❑ 断开: 单击按钮，可为常规建模操作分割边功能。

❑ 隐藏: 单击按钮，可隐藏选定的元素。

❑ 全部取消隐藏: 单击按钮，可还原任何隐藏子对象，使之全部可见。

"焊接" 选项组

❑ 选定: 选择要在两个不同面片之间焊接的顶点，然后将该微调器设置到足够的距离并单击选定。

❑ 目标: 单击按钮，从一个顶点拖动到另一个顶点，以便将这些顶点焊接在一起。

"挤出和倒角" 选项组

❑ 挤出: 单击按钮后拖动任何元素，以便对其进行交互式地高低压操作。

❑ 倒角: 单击按钮后拖动任意一个元素，对其执行交互式的挤压操作然后释放鼠标按钮，然后重新拖动，对挤出元素执行倒角操作。

❑ 轮廓: 调整选项参数，可放大或缩小选定的元素，而显示的具体情况视该值的正负来定。

❑ 法线: 选择法线挤出的方式，有 "组" "局部" 两种。

4. "曲面属性" 卷展栏

"曲面属性" 卷展栏如图 8-77 所示，在其中可设置面片法线、材质 ID、平滑组及顶点颜色，各选项含义如下：

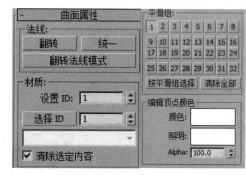

图 8-77 "曲面属性" 卷展栏

❑ 翻转: 单击按钮，可反转选定面片的曲面法线方向。

❑ 统一: 翻转对象的法线使其指向相同的方向，通常是向外。单击该按钮，可将对象的面片设置为相应的方向，从而避免在对象曲面中留下明显的孔洞。

❑ 翻转法线模式: 单击按钮，可翻转在场景中所单击的任何面片法线。

❑ 材质: 在其中设置可以对面片使用的多维/子对象材质。

❑ 平滑组: 使用这些控制可向不同的平滑组分配选定的面片，还可按照平滑组选择面片。

❑ 编辑顶点颜色: 在其中调整颜色、照明颜色和顶点的透明值。

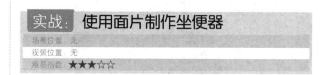

实战: 使用面片制作坐便器

场景位置 无
视频位置 无
难易指数 ★★★☆☆

在本实例的制作过程中将介绍面片建模的使用方法，通过该实例可以使读者对面片建模加深认识。

01 执行 "创建" → "图形" 面板中的 "线" 命令按钮，在视图中创建一半坐便器主体的轮廓线，通过 "附加" 命令将所有的轮廓线合并为一个整体，如图 8-78 所示。

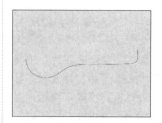

图 8-78 创建轮廓线

 注意

在创建轮廓线时线段的点数和方向必须相同，否则在下一步的使用中将会出现错误。

02 选择创建出来的线，在修改器堆栈中添加"横截面"修改器，制作出坐便器的一半外轮廓模型，如图 8-79 所示。

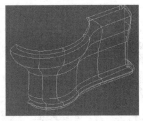

图 8-79　添加横截面

03 在为其添加一个"曲面"修改器创建出一半模型，并再"曲面"的"参数"卷展栏中勾选"翻转法线"复选框，如图 8-80 所示。

图 8-80　添加曲面

04 在创建出的模型添加"编辑面片"修改器，并通过"镜像"命令创建出另一半的模型，在结合使用"附加"和"焊接"命令，创建出整个模型来，如图 8-81 所示。

图 8-81　编辑面片

05 执行"打开"→"导入"→"合并"命令，合并"曲线 3"文件，通过添加"挤出""编辑多边形""编辑面片"修改器制作出坐便器盖来，如图 8-82 所示。

图 8-82　制作马桶盖

06 执行"创建"→"几何体"→"扩展几何体"面板中的"切角长方体"命令按钮，在视图中创建一个长方体，并通过变换工具调整其位置和设置其参数，如图 8-83 所示。

图 8-83　创建切角几何体

07 执行"创建"→"几何体"→"扩展几何体"面板中的"切角长方体"命令按钮，在视图中创建一个长方体，通过变换工具和添加一些修改器对模型进行调整，在使用"编辑多边形"修改器时使用"石墨建模工具"工具栏的"编辑"面板中的"快速切片"为模型添加线，如图 8-84 所示。

图 8-84　创建水箱

08 选择所有模型，按 M 键打开"材质编辑器"，在示例窗中选择"材质"，然后单击"将材质指定给选择对象"按钮，赋予整个模型一个简单的材质，如图 8-85 所示。

09 执行"打开"→"导入"→"合并"命令，合并"changjing"文件，该文件中创建好了一个卫生间，最终效果如图 8-86 所示。

图 8-85　赋予简单材质

图 8-86　最终效果

第 **9** 章

本章学习要点:

- 材质编辑器
- 标准材质
- 材质类型
- 材质资源管理器
- 贴图类型
- 贴图坐标
- 贴图的应用

材质是模型质感和效果是否完美的关键所在。在真实世界中，由于石块、模板、玻璃等物体表面的纹理、透明性、光滑、反光性能等各不相同，才在人们眼中呈现出丰富多彩的、不同质感的物体。因此，只有模型是不够的，还需为模型赋予材质，模型才会变得更加逼真，效果图看上去才更加真实可信，如图 9-1 所示。

图 9-1　材质的运用效果

9.1　材质编辑器

通过"材质编辑器"可以完成材质的设置与赋予，其打开方式有以下两种。

第一种：执行"渲染"→"材质编辑器"→"精简材质编辑器"命令，可打开的【材质编辑器】对话框，如图 9-2 所示。

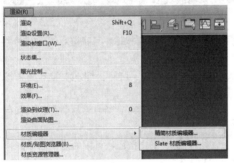

图 9-2　执行菜单命令

第二种：单击主工具栏上的"材质编辑器"按钮 或者按下 M 键，也可打开【材质编辑器】对话框，如图 9-3 所示。

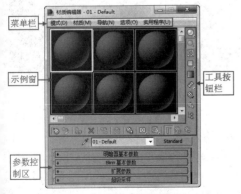

图 9-3　【材质编辑器】对话框

在对话框中执行"材质编辑器"→"Slate 材质编辑器"命令，可以打开如图 9-4 所示的【Slate 材质编辑器】对话框。对话框显示了完整的材质编辑界面，在设计和编辑材质时使用节点和关联以图形方式显示材质的结构。

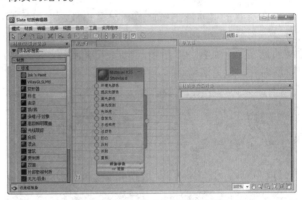

图 9-4　【Slate 材质编辑器】对话框

> **提示**
>
> "Slate 材质编辑器"的完整性为设计材质时带来很大的帮助，但一般在工作中要求快捷、方便，所以不太常用到该编辑器，因此本书将以"精简材质编辑器"为例来进行讲解。

9.1.1　材质示例窗

【材质编辑器】对话框中的材质球示例窗可以显示材质的创建效果，比如纹理、光泽度等，如图 9-5 所示。

双击材质球，可以弹出独立的对话框，将光标置于对话框的右下角，按住左键不放来回拖动，可以放大或缩小对话框以查看材质的设置效果，如图 9-6 所示。

图 9-5 材质球示例窗　　　图 9-6 独立对话框

将鼠标置于其中的一个材质球上，按住中键不放，移动鼠标可以转动材质球以查看材质其他角度的效果，如图 9-7 所示。

图 9-7 转动材质球

在选定的材质球上按住鼠标左键不放，拖曳鼠标至另一材质球中；则后一个材质球被前一个材质球的材质所覆盖，如图 9-8 所示。材质被覆盖后，应更改材质名称，以免混淆。

图 9-8 覆盖材质

按住鼠标左键不放，可以将材质球中的材质拖曳至场景中的物体上，完成将该材质指定给对象操作，同时材质球上会显示 4 个符号，如图 9-9 所示。

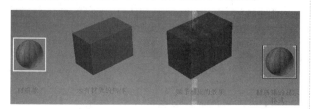

图 9-9 赋予材质

9.1.2 工具按钮

材质球示例窗的右边和下方为工具栏，如图 9-10 所示，本节介绍工具栏中各工具的含义及使用。

□ 获取材质：单击按钮，打开如图 9-11 所示的【材质 / 贴图浏览器】对话框，可以从中获取材质。

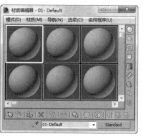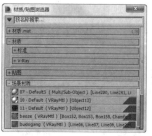

图 9-10 工具栏　　　图 9-11 【材质 / 贴图浏览器】对话框

□ 将材质放入场景：更改材质参数后，单击按钮，可以更新已应用于对象的材质。

□ 将材质指定给选定对象：单击按钮，可将材质指定给选中的对象。

□ 重置贴图 / 材质为默认设置：单击按钮，可删除选中的材质球的所有属性，以将材质属性恢复到默认值，如图 9-12 所示为不同方式场景中材质的效果。

图 9-12 重置贴图 / 材质为默认设置

□ 生成材质副本：单击按钮，可在选定的示例图中创建当前材质的副本。

□ 使唯一：单击按钮，可将实例化的材质设置为独立的材质。

□ 放入库：单击按钮，可重新命名材质并将其保存到当前打开的库中。

□ 材质 ID 通道：单击按钮，可以为应用后期制作效果设置唯一的 ID 通道。

□ 在视口中显示明暗处理材质：单击按钮，可在视口对象上显示 2D 材质贴图，如图 9-13 所示。

图 9-13 在视口中显示明暗处理材质

□ 显示最终结果：单击按钮，可在实例图中显示材质及应用的所有层次，如图 9-14 所示。

□ 转到父对象：单击按钮，可将当前材质上移一级。

□ 转到下一个同级项：单击按钮，可选定同一层级的下一贴图或材质。

图 9-14 显示最终结果

□　采样类型 ⊙：单击按钮，可更改示例窗显示的对象类型，系统默认为球体，另有圆柱体以及立方体类型供选择，如图 9-15 所示。

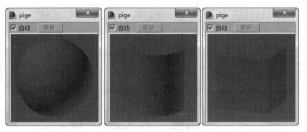

图 9-15 不同采样类型

□　背光 ⊙：单击按钮，可打开或者关闭示例窗中的背景灯光。

□　背景 ▦：单击按钮，可在材质后面显示彩色方格背景图像，便于观察透明材质。

□　采用 UV 平铺 ⊡：单击按钮，可为示例窗中的贴图设置 UV 平铺显示。

□　视频颜色检查 ▦：单击按钮，可检查当前材质中 NTSC 和 PAL 制式的不支持颜色。

□　生成预览 ◇：单击按钮，可产生、浏览和保存材质预览渲染。

□　选项 ◈：单击按钮，可打开【材质编辑器选项】对话框，在其中可以设置材质的参数、加载灯光或摄影机、加载自定义背景、设置示例窗数目等。

□　按材质选择 ▩：单击按钮，可选定使用当前材质的所有对象。

□　材质 / 贴图导航器 ▩：单击按钮，弹出【材质 / 贴图导航器】对话框，可显示当前材质的所有层级。

9.2 标准材质

在 3ds Max 中，标准材质基本上可以模拟真实世界中的任何材质，是系统的默认材质，如图 9-16 所示为标准材质的参数设置面板。

图 9-16 参数设置面板

系统默认选择 Blinn 明暗器，本节以该明暗器为例，介绍标准材质中"明暗器基本参数"卷展栏、"Blinn 基本参数"卷展栏、"扩展参数"卷展栏的使用。

9.2.1 材质明暗器

"材质明暗器参数"卷展栏如图 9-17 所示，在左边可以设置明暗器的类型，在右边显示了 4 种明暗器的样式，分别是"线框""双面""面贴图""面状"。卷展栏各选项参数含义如下：

□　明暗器列表：在列表中显示了 8 种明暗器的类型，如图 9-18 所示。

图 9-17 "材质明暗器参数"卷展栏　　图 9-18 明暗器列表

□　各向异性：该明暗器通过调节两个垂直于正向上可见高光尺寸之间的差值来提供一种"重折光"的高光效果，该渲染属性可以较逼真的表现毛发、玻璃和被擦拭过的金属等物体的质感，如图 9-19 所示。

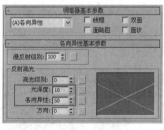 

图 9-19 各向异性

□　Blinn：这是系统默认的明暗器，也是较为常用的明暗器，是以光滑的方式来渲染物体的表面。

□　金属：该明暗器适用于金属表面，可制作金属所属的强烈反光，如图 9-20 所示。

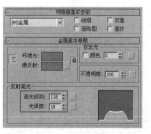 

图 9-20 金属明暗器效果

□　多层：该明暗器与"各向异性"明暗器相类似。但该明暗器可控制两个高亮区，所以拥有对材质更多的控制。第一高光反射层和第二高光反射层具有相同的参数控制，可对这些参数适用不同的设置，如图 9-21 所示。

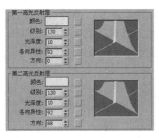

图 9-21 多层明暗器效果

□ Oren-Nayar-Blinn：该明暗器适用于无光的表面，比如纤维或者陶土。与 Blinn 明暗器基本相同，通过它来附加的"漫反射色级别"和"粗糙度"两个参数可以实现无光效果。

□ Phong：该明暗器可以平滑面与面之间的边缘，也可真实的渲染有光泽和规则曲面的高光，适合于高强度的表面和具有圆形高光的表面，如图 9-22 所示。

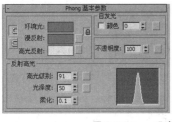

图 9-22 Phong 明暗器效果

□ Strauss：该明暗器与"金属"明暗器类似，适用于金属和非金属表面。

□ 半透明明暗器：该明暗器可设置半透明的效果，使光线能穿透半透明的物体，且在穿过物体内部时离散，如图 9-23 所示。

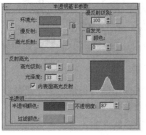

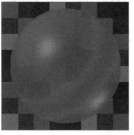

图 9-23 半透明明暗器效果

□ 线框：勾选该项，则以"线框"的模式渲染材质，如图 9-24 所示。在"扩展参数"卷展栏下的"线框"选项组中，可以设置线框的"大小"参数，如图 9-25 所示。

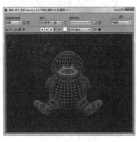

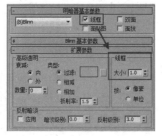

图 9-24 线框渲染　　图 9-25 "线框"选项组

□ 双面：选择该项，则可将材质应用到选定的对象的面中，以使材质成为双面。

□ 面贴图：选择该项，可将材质应用到几何体的各个面。假如是材质贴图，则不需要贴图坐标，因为贴图可自动应用到对象的每一个面。

□ 面状：选择该项，可使对象产生不光滑的明暗效果；即把对象的每个面作为平面来渲染，一般用来制作加工过的钻石或者任何带有硬边的物体表面。

9.2.2 材质的基本参数

"Blinn 基本参数"卷展栏的内容如图 9-26 所示，在其中可以对"环境光""漫反射""高光反射"和"自发光"等参数进行设置。卷展栏各选项参数的含义如下：

□ 环境光：该选项可以模拟间接光，也可用来模拟光能传递。

□ 漫反射："漫反射"光是指在光照条件较好的情况下，物体反射出来的颜色，又称物体的"固有色"，即物体本身的颜色。

□ 高光反射：该选项　用来设置物体发光表面高亮显示部分的颜色。

> **提示**
>
> 单击上述三个选项中的颜色色块，系统弹出如图 9-27 所示的【颜色选择器：漫反射颜色】对话框，在其中可以设置光的颜色。

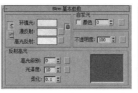

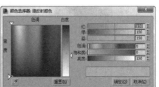

图 9-26 "Blinn 基本参数"卷　图 9-27 【颜色选择器：漫反射颜色】
展栏　　　　　　　　　　对话框

□ 自发光：选择"颜色"选项，单击其后的颜色色块按钮，可以设置自发光的颜色，以创造白炽灯的效果。

□ 不透明度：通过定义该项参数值的大小，以控制材质的不透明度。

□ 高光级别：该选项用来控制"反射高光"的强度，数值越大，反射度越强。

□ 光泽度：该选项用来控制镜面高亮区域的大小，也就是反光区域的大小，其数值越大，反光区域越小。

□ 柔化：该选项用来定义反光区及无反光区衔接的柔和度。参数值为 0 时，没有柔化效果；为 1 时应用最强的柔化效果。

9.2.3 材质的扩展参数

"扩展参数"卷展栏的内容如图 9-28 所示，通过对"高级透明""线框""反射暗淡"等参数的设置，可以制作一些特殊的透明材质效果。

□ 过滤：该组主要控制如何应用不透明度。过滤或透射颜色是通过透明或半透明材质（如玻璃）透射的颜色。将过滤颜色与体积照明一起使用，以创建像彩色灯光穿过脏玻璃窗口这样的效果，透明对象投射的光线跟踪阴影将使用过滤颜色进行染色，如图 9-29 所示。

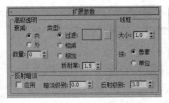

图 9-28 "扩展参数"卷展栏　　　　图 9-29 过滤色

□ 折射率：设置折射贴图和光线跟踪所使用的折射率（IOR）。IOR 用来控制材质对透射灯光的折射程度。

常见折射率，如图 9-30 所示。

材质	IOR 值
真空	1.0（精确）
空气	1.0003
水	1.333
玻璃	1.5（清晰的玻璃）到 1.7
钻石	2.418

图 9-30 折射率

9.3 材质类型

3ds Max 中的材质有很多种，在【材质 / 贴图浏览器】对话框中显示了多种材质类型，有 Ink 'n Paint 材质、光线跟踪材质、双面材质等。本节为读者介绍几种在 3ds Max 中较为常用的材质。

9.3.1 Ink 'n Paint 材质

Ink 'n Paint 材质可用于创建漫画风格的图像，而不需要使用笔或笔刷。

在【材质编辑器】对话框中单击"Standard"按钮，在弹出的【材质 / 贴图浏览器】对话框中选择"Ink 'n Paint"选项，单击"确定"按钮即可调用 Ink 'n Paint 材质，如图 9-31 所示。

下面介绍该材质的"绘制控制"卷展栏、"墨水控制"卷展栏中各选项的内容。

"绘制控制"卷展栏的内容如图 9-32 所示，包含三个基本参数设置，分别是"亮区""暗区""高光"，系统默认选择"亮区""暗区"。

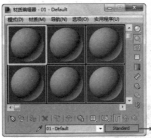

图 9-31 调用 Ink 'n Paint 材质

"亮区"的默认颜色为青色，单击后面的"无"按钮，可以为其添加贴图。在该状态下对图形进行渲染，将从对象表面移除所有绘制痕迹，但保留了描线轮廓，如图 9-33 所示。

图 9-32 "绘制控制"卷展栏　　　图 9-33 移除所有绘制痕迹

更改"绘制级别"中的参数为 3，此时材质球显示三个着色级别，在两个原始级别间插入了一个新级别，如图 9-34 所示。此时再渲染图形，发现物体已显示有阴影效果，如图 9-35 所示。

图 9-34 显示三个着色级别　　　　　　图 9-35 显示阴影

勾选"高光"选项，更改"光泽度"中的数值，与"Blinn"明暗器中的"光泽度"设置相似，减小该值会放大高光，增加该值会使高光变小。此时再渲染图形，发现图形已显示有高光效果，并且轮廓也更清晰，如图 9-36 所示。

图 9-36 显示高光

"墨水控制"卷展栏的内容如图 9-37 所示。系统默认勾选"墨水"选项，禁用该项，对图形执行渲染操作，结果是只有绘制的表面可见，如图 9-38 所示。因此墨水效果对于漫画外观非常重要，在多数情况下，该项处于启用状态。

图 9-37 "墨水控制"卷展栏

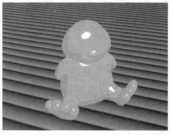

图 9-38 取消墨水的效果

选择"可变宽度"选项，设置"最大值"参数为 20，可以改变墨水轮廓线的宽度，使其更明显，如图 9-39 所示。

图 9-39 改变墨水轮廓线的宽度

"轮廓"选项用来设置对象的外轮廓参数，禁用该项，发现其外部轮廓被隐藏，内部墨水线仍在，如图 9-40 所示。

图 9-40 隐藏外部轮廓

启用"轮廓"选项，禁用"重叠"选项，发现内部墨水线消失。当部分对象几何体与其他部分重叠时，在附近的曲面上会生成重叠墨水，如图 9-41 所示。

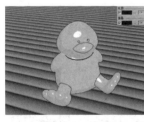
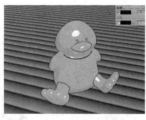

图 9-41 隐藏内部墨水线

启用"重叠"和"延伸重叠"选项，发现内部墨水线看起来已经变粗，如图 9-42 所示。

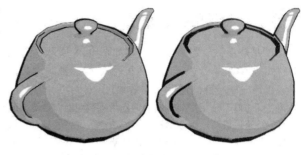

图 9-42 内部墨水线变粗

可以使用贴图来实现墨水厚度的非均匀变化，操作如下：

禁用"延伸重叠"选项，启用"重叠"选项，然后将"墨水宽度"选项中的"最大值"设置为 20。

单击"墨水宽度"右侧的贴图按钮（当前显示为"无"），然后在【材质/贴图浏览器】对话框中双击"噪波"选项。在"噪波参数"卷展栏上，设置"噪波类型"为"湍流"，将"大小"设置为 3。此时墨水内侧边缘具有非均匀的轮廓，但在阴影区域不再变粗，如图 9-43 所示。

如果启用"延伸重叠"选项，它与"重叠"之间的差异就会更加明显，如图 9-44 所示。

图 9-43 添加"噪波"贴图   图 9-44 在"延伸重叠"下的噪波效果

9.3.2 混合材质

在【材质/贴图浏览器】对话框中选择"混合"选项，可在【材质编辑器】对话框中显示"混合基本参数"卷展栏，如图 9-45 所示。

"混合"材质是指在模型的单个面上将两种材质通过一定的百分比进行混合，其卷展栏中各选项含义如下：

☐ 材质 1/ 材质 2：单击"无"按钮，可以在【材质/贴图浏览器】对话框中对这两种材质进行设置。

☐ 遮罩：可在【材质/贴图浏览器】对话框中选择一张贴图作为遮罩，并可利用贴图的灰度值来定义"材质 1""材质 2"的混合情况。

☐ 交互式：选择哪种材质，则该种材质在视图中以实体着色的方式显示在物体的表面。

☐ 混合曲线：对遮罩贴图中的黑白色过渡区进行调节。

☐ 上部/下部：用来调节"混合曲线"的上部或下部。

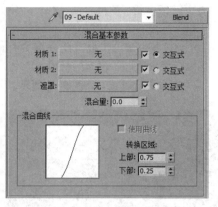

图 9-45 混合基 本参数" 卷展栏

实战：制作花纹抱枕

场景位置：DVD> 场景文件 > 第 09 章 > 模型文件 > 实战：制作花纹抱枕 .max
视频位置：DVD> 视频文件 > 第 09 章 > 实战：制作花纹抱枕 .mp4
难易指数：★★☆☆☆

本节介绍制作使用"混合"材质制作花纹抱枕的操作方法。

01 打开本书光盘"第 9 章 \ 实战：制作花纹抱枕 .max"文件，按下 M 键，打开【材质编辑器】对话框，选择一个空白的材质球，单击"材质名称"选项框后的 Standard 按钮，在【材质 / 贴图浏览器】对话框中为其加载"混合"材质，如图 9-46 所示。

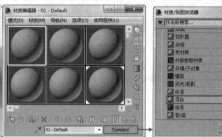

图 9-46 加载"混合"材质

02 此时系统会弹出【替换材质】对话框，如图 9-47 所示选择"将旧材质保存为子材质"选项，单击"确定"按钮关闭对话框。

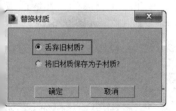

图 9-47 【替换材质】对话框

03 展开"混合基本参数"卷展栏，单击"材质 1"后的矩形按钮，在【材质 / 贴图浏览器】对话框中加载"VRryMtl"材质，并命名为"1 号材质"，如图 9-48 所示。

图 9-48 加载"VRryMtl"材质

04 进入材质 1 参数面板，设置"1 号材质"的"漫反射"颜色参数（红：26，绿：19，蓝 10），"反射"的颜色参数（红：60，绿：60，蓝 60），调节"高光光泽度"值为 0.76，"反射光泽度"值为 0.82，如图 9-49 所示。

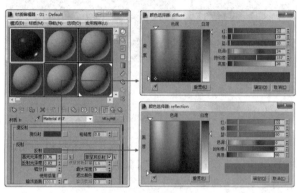

图 9-49 设置参数

05 返回"混合基本参数"卷展栏，在"材质 2"通道中加载一个 VRayMtl 材质，并设置材质名称为"2 号材质"。

06 设置"2 号材质"的"漫反射"颜色参数（红：77，绿：55，蓝 30），设置"反射"颜色参数（红：25，绿：25，蓝 25），如图 9-50 所示。

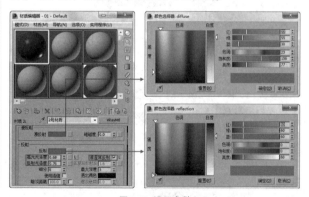

图 9-50 设置参数

07 返回"混合基本参数"卷展栏，单击"遮罩"后的"无"按钮，在弹出的【选择位图图形文件】对话框中加载一个"抱枕材质 .jpg"贴图，如图 9-51 所示。

图 9-51 加载"遮罩"贴图

08 材质制作完成后的效果如图 9-52 所示。

图 9-52 材质效果

9.3.3 多维 / 子对象材质

"多维 / 子对象基本参数"卷展栏如图 9-53 所示，在其中可以采用几何体的子对象级别分配不同的材质。卷展栏中各选项含义如下：

图 9-53 "多维 / 子对象基本参数"卷展栏

□ 数量：显示在"多维 / 子对象"材质中所包含的子材质数量。

□ 设置数量：单击该按钮，弹出如图 9-54 所示的【设置材质数量】对话框，在其中可定义材质数量，系统默认数量值为 10。

图 9-54 【设置材质数量】对话框

□ 添加：可添加子材质，在"数量"选框中的数值会增加。

□ 删除：可删除子材质。

下面通过为魔方赋予多维 / 子材质的操作，讲解该材质的原理及用法。

01 打开本书光盘"第 9 章 \ 实战：制作魔方材质 .max"文件，场景已经设置好了模型的材质 ID，下面对"多维 / 子对象"材质进行设置，如图 9-55 所示。

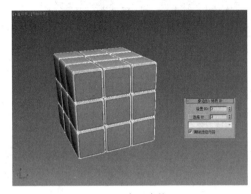

图 9-55 打开文件

02 按下 M 键，打开【材质编辑器】对话框，选择一个空白的材质球，单击 Standard 按钮，在【材质 / 贴图浏览器】对话框中为其加载"多维 / 子对象"材质，如图 9-56 所示。

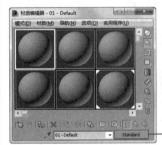

图 9-56 切换材质类型

03 在"多维 / 子对象"材质面板中，单击"材质数量"按钮，设置值为 7，如图 9-57 所示。

图 9-57 设置材质数量

04 根据设置好的材质 ID 号来设置材质的参数，首先设置材质 1 的参数，单击 ID1 材质的右侧的通道按钮，并切换材质类型为"标准"，如图 9-58 所示。

图 9-58 加载标准材质类型

05 进入标准材质面板中,设置"漫反射"颜色参数(红:0,绿:0,蓝0),如图9-59所示。

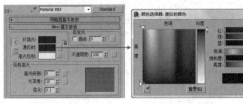

图 9-59 设置材质 1 参数

06 依照同样的方法,将材质 2 至材质 7 分别设置为不同的颜色,如图9-60所示。

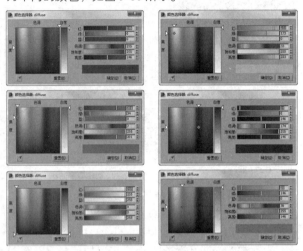

图 9-60 设置颜色值

07 这样就完成材质的制作,效果如图9-61所示。

图 9-61 魔方材质效果

9.3.4 光线跟踪材质

3ds Max 中的光线跟踪材质功能很强大,其特点是不仅包含了标准材质的所有特点,还能真实的反映光线的反射或折射效果。但缺点是光线追踪材质虽然效果很好,但是渲染的时间较长。

"光线跟踪基本参数"卷展栏如图9-62所示,各参数选项含义如下:

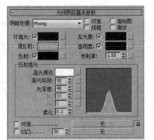

图 9-62 "光线跟踪基本参数"卷展栏

□ **明暗处理**:系统提供了 5 种明暗处理方式,分别为 Phong、Blinn、金属、Oren-Nayar-Blinn、各向异性。其中 Phong、Blinn 方式较为常用,金属物体选择"金属"明暗处理方式。

□ **环境光**:与标准材质中的"环境光"不同,该项"环境光"颜色决定光线追踪材质吸收环境光的多少。

□ **发光度**:与标准材质中的"自发光"相似,依据自身颜色来规定发光的颜色。

□ **透明度**:设置光线追中材质通过颜色过滤表现出的颜色。黑色为完全不透明,白色为完全透明。

□ **折射率**:该数值能真实地反映物体对光线折射的不同折射率。数值为 1 时,表示空气的折射率;数值为 1.5 时,表示玻璃的折射率;数值小于 1 时,则对象沿着它的边界进行折射。

实战:不锈钢材质的制作

场景位置:DVD>场景文件>第09章>模型文件>实战:不锈钢材质的制作.max
视频位置:DVD>视频文件>第09章>实战:不锈钢材质的制作.mp4
难易指数:★★☆☆☆

01 打开本书光盘"第9章\光线跟踪材质.max"文件,按 M 键打开"材质编辑器",选择一个空白材质球,单击 Standard "材质类型"按钮,在弹出的"材质/贴图浏览器"中选择"光线跟踪"材质类型,如图 9-63 所示。

图 9-63 切换材质类型

02 在"光线跟踪基本参数"卷展栏中,设置反射为纯白色,高光级别为 114,光泽度为 72,如图 9-64 所示。单击主工具栏上的"渲染产品"按钮,观察默认环境下的金属效果,如图 9-65 所示。

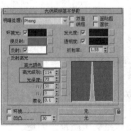

图 9-64 设置参数 图 9-65 渲染观察

03 单击"环境"右侧的长方形按钮,在弹出的"材质/贴图浏览器"对话框中,选择"位图"贴图,并添加一张"24.hdr"图片,如图 9-66 所示。

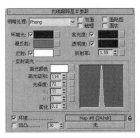

图 9-66 添加环境

04 单击主工具栏上的"渲染产品"按钮，观察在添加了环境后的金属效果，如图 9-67 所示。

图 9-67 不锈钢材质效果

9.3.5 建筑材质

建筑材质可以反映许多类型的建筑材料的真实效果，比如塑料、石材、木料等，建筑材质的基本参数卷展栏如图 9-68 所示，其中各参数选项含义如下：

模板选项组：提供了多种建筑材料，如图 9-69 所示，用户可以调用其中的一种进行设置以便赋予图形对象。

图 9-68 建筑材质的基本参数卷展栏　　图 9-69 材质类型列表

- ❑ 漫反射颜色：设置对象的固有色。
- ❑ 漫反射贴图：为对象添加各种类型的贴图。
- ❑ 反光度：参数越小，反光越强烈，参数值为 100 时，对象没有反光。
- ❑ 透明度：参数越小，对象透明度越大，参数值为 0 时，对象保持默认状态。
- ❑ 折射率：设置不同物体对光线的不同折射率值。
- ❑ 亮度：设置物体的自发光强度。

9.4　材质资源管理器

执行"渲染"→"材质资源管理器"命令，系统弹出如图 9-70 所示的【材质管理器】对话框，在其中可以浏览和管理场景中的所有材质。

图 9-70 【材质管理器】对话框

对话框的上部分为"场景"面板，用来显示场景对象的材质。对话框的下部分为"材质"面板，用来显示当前材质的属性和纹理。

"场景"面板由菜单栏、工具栏、显示按钮以及材质列表四部分组成，如图 9-71 所示。

图 9-71 "场景"面板

其中，菜单栏由"选择"菜单、"显示"菜单、"工具"菜单、"自定义"菜单组成。"选择"菜单中的各项命令可以对场景中的材质或贴图进行各项选择操作。"显示"菜单中的各项命令可以按需要显示各图形，比如缩略图、材质等。"工具"菜单中的各类工具可以对材质进行编辑。"自定义"菜单可以设置【材质管理器】对话框的界面显示方式。

工具栏中包含了一些可以对材质进行基本操作的工具。

显示按钮则用来控制材质和贴图的显示方式。

材质列表用来显示场景材质的名称、类型、在视口中的显示方式以及材质的 ID 号。

材质面板由菜单栏及属性和纹理列表组成，如图 9-72 所示。

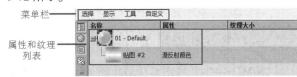

图 9-72 材质面板

9.5　贴图类型

贴图可以在不增加对象几何结构复杂程度的基础上增加对象的细节程度，其最大的用途就是提高材质的真实程度，另外贴图还可创建环境或灯光投影效果。

3ds Max 提供了多种类型的贴图方式，按照功能可以划分以下几类。

❑ 2D 贴图：在二维平面上进行贴图，经常用于环境背景和图案商标，最简单也最重要的二维贴图是"位图"，其他的二维贴图都属于程序贴图。

❑ 3D 贴图：属于程序类贴图，依靠程序参数产生图案效果，可对对象从里到外进行贴图，有自己特定的贴图坐标系统。

❑ 合成贴图：提供混合方式，将不同贴图和颜色进行混合处理。

❑ 颜色修改：改变材质中像素的颜色。

❑ 其他：用来创建反射和折射效果的贴图。

9.5.1 2D 贴图

2D 贴图是贴附于几何对象表面或指定给环境贴图制作场景背景的二维图像。2D 贴图类型包括"位图"贴图、"棋盘格"贴图、"Combustion"贴图、"渐变"贴图、"渐变坡度"贴图、"漩涡"贴图和"平铺"贴图。其中除了"位图"贴图外，其他类型的贴图均属于程序贴图。

1. "位图"贴图

使用一张位图图像作为贴图是最常用的贴图方式，在 3ds Max 中被引入的位图支持多种格式，包括 FLC、AVI、BMP、JPEG、Movie、PNG、TGA、TIFF 等，如图 9-73 所示。

图 9-73 位图贴图

2. "平铺"和"棋盘格"贴图

使用平铺程序贴图，可以创建砖、彩色瓷砖或材质贴图。制作时可以使用预置的建筑砖墙图案，也可以设计自定义的图案样式，如图 9-74 所示。

棋盘格贴图类似国际象棋的棋盘，可以产生两色方格交错的图案，也可以指定两个贴图进行交错。通过棋盘格贴图间的嵌套，可以产生多彩的方格图案效果，常用于制作一些格状纹理或者墙面、地板砖和瓷砖等有序的纹理。通过棋盘格贴图的噪波参数，可以在原有的棋盘图案上创建不规则的干扰效果，如图 9-75 所示。

图 9-74 平铺贴图

图 9-75 棋盘格贴图

提示

棋盘格贴图有一个非常有用的功能，即为要展平贴图的模型测试展平效果，主要查看纹理在对象表面分布是否均匀。

3. Combustion 贴图

Combustion 是 Autodesk 公司出品的后期合成软件，这里所介绍的 Combustion 贴图是将 Combustion 合成软件与 3ds Max 三维制作软件一体化使用的重要渠道。Combustion 贴图方式能够创建 Combustion 软件与 3ds Max 软件同时使用的互动贴图。在 Combustion 中对贴图进行修改处理后，3ds Max 材质编辑器和实体视图中的材质才能自动更新。只有安装了 Combustion 软件后，Combustion 贴图方式才能正常工作。

4. "渐变"贴图

"渐变"贴图可产生三色的渐变过渡效果，其可扩展性非常强，有线性渐变和放射渐变两种。三个色彩可随意调节，相互区域比例大小也可调，通过贴图可产生无限级别的渐变和图像嵌套效果。另外自身还有噪波参数可调节，用来控制相互区域之间融合时产生的杂乱效果。"渐变参数"卷展栏如图 9-76 所示。

5. "渐变坡度"贴图

"渐变坡度"贴图与"渐变色"贴图相类似，都可产生颜色间的渐变效果，但渐变色过渡贴图可以指定任意数量的颜色或贴图，制作出更为多样化的渐变效果。如图 9-77 所示为"渐变坡度参数"卷展栏的内容。

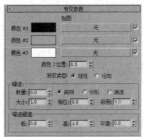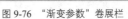

图 9-76 "渐变参数"卷展栏　　图 9-77 "渐变坡度参数"卷展栏

6. "漩涡"贴图

"漩涡"贴图可模拟一种类似于双色冰淇淋图案的漩涡贴图效果。与其他双色贴图一样，它的每一种颜色都可以相互替代。因此，漩涡贴图可产生出不同类型的贴图相互融合的效果。如图 9-78 所示为"漩涡参数"卷展栏的内容。

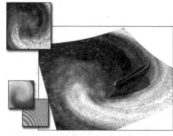

图 9-78 "漩涡参数"卷展栏

9.5.2 3D 贴图

3D 贴图是产生三维空间图案的程序贴图。3D 贴图的类型包括"细胞""凹痕""衰减""大理石""噪波""粒子年龄""粒子运动模糊""Perlin 大理石""烟雾""斑点""泼溅""灰泥""波浪"和"木材"14种贴图类型。

1. "细胞"贴图

"细胞"贴图是一种程序贴图，可产生马赛克、鹅卵石、细胞壁等随机序列贴图效果，还可模拟出海洋效果。在调节时需要注意示例窗中的效果没有很清晰，最好指定给物体后进行渲染调节，如图 9-79 所示。

图 9-79 细胞贴图

2. "凹痕"贴图

"凹痕"贴图可产生随机纹理，常用于凹凸贴图，可产生一种风化和腐蚀的效果，可制作岩石、锈迹斑斑的金属等。也可和其他纹理贴图，如大理石嵌套使用，以产生随机的纹理效果。

"凹痕参数"卷展栏中各选项含义如下：

□ 大小：用来设置凹痕纹理的大小。参数值越大，凹痕越大，数目越少；参数值越小，越可产生沙粒效果。

□ 强度：在其中设置凹痕的数目，参数值越大，凹痕越密，腐蚀得越严重。

□ 迭代次数：设置迭代计算的次数，参数值越大，凹痕越复杂。

□ 颜色 #1/颜色 #2：在选项中分别设置两个区域颜色和贴图。

□ 交换：单击按钮，可将两个区域的设置进行交换。

3. "衰减"贴图

"衰减"贴图可产生由明到暗的衰减影响，作用于"不透明贴图""自发光贴图""过滤色贴图"等，可产生一种透明衰减的效果。强的地方透明，弱的地方不透明，近似于标准材质的"透明衰减"影响，只是控制能力更强。

4. "大理石"贴图

"大理石"贴图针对彩色背景生成带有彩色纹理的大理石曲面，将自动生成第三种颜色。制作的大理石效果类似于岩石断层，也可用来制作木纹纹理。"大理石参数"卷展栏如图 9-80 所示。

5. "噪波"贴图

"噪波"贴图通过两种颜色的随机调和，产生一种噪波效果，是使用比较频繁的一种贴图，经常用于无序贴图效果的制作。"噪波参数"卷展栏内容如图 9-81 所示。

图 9-80 "大理石参数"卷展栏　　图 9-81 "噪波参数"卷展栏

6. "粒子年龄"贴图

"粒子年龄"贴图专用于粒子系统，根据粒子的生命时间，分别为开始、中间和结束处的粒子指定三种不同的颜色或贴图，

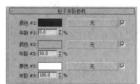

类似于"渐变"贴图。粒　图 9-82 "粒子年龄参数"卷展栏
子在一诞生时具有第一种颜色，然后慢慢边生长边变形成第二种颜色，最后在消亡前变形成第三种颜色，这样就形成了动态彩色粒子流效果。"粒子年龄参数"卷展栏如图 9-82 所示。

7. "粒子运动模糊"贴图

"粒子运动模糊"贴图根据粒子运动的速度进行模糊处理，常用作"不透明"贴图。"粒子运动模糊参数"卷展栏如图 9-83 所示。

图 9-83 "粒子运动模糊参数"卷展栏

8. "Perlin 大理石"贴图

"Perlin 大理石"贴图可模拟一种珍珠岩大理石的效果。

9. "烟雾"贴图

"烟雾"贴图可产生无序的丝状、雾状、絮状图案纹理，常用来作为背景，或作为体积光或体积雾的不透明贴图使用，产生动态的变化的烟雾、阴云、光中的尘埃等特殊效果。"烟雾参数"卷展栏如图 9-84 所示。

图 9-84 "烟雾参数"卷展栏

10. "斑点"贴图

"斑点"贴图可产生两色杂斑纹理，常用于"漫反射"及"凹凸"贴图，制作一种花岗石或其他效果的表面材质。"斑点参数"卷展栏如图 9-85 所示。

图 9-85 "斑点参数"卷展栏

11. "泼溅"贴图

"泼溅"贴图常用于"漫反射"贴图方式，产生类似于油彩飞溅的效果，可用作喷涂墙壁的材质。"泼溅参数"卷展栏如图 9-86 所示。

图 9-86 "泼溅参数"卷展栏

12. "灰泥"贴图

"灰泥"贴图常用作"凹凸"贴图方式，产生一种泥灰剥落的墙面效果，也可模拟腐蚀的金属表面。"灰泥参数"卷展栏如图 9-87 所示。

图 9-87 "灰泥参数"卷展栏

13. "波浪"贴图

"波浪"贴图可产生平面或三维空间中的水波纹效果，可控制波纹的数目、振幅、波动的速度等参数，一般将它作为"漫反射""凹凸"贴图配合使用；也可用作"不透明"贴图，产生透明的水波效果。"波浪参数"卷展栏如图 9-88 所示。

图 9-88 "波浪参数"卷展栏

14. "木材"贴图

"木材"贴图可产生木质纹理，常用于"漫反射"贴图，是一个 3D 贴图程序，所以能在物体内部创建贴图。当物体被切开后，内壁也会产生正确的木纹纹理，其优点是 3D 贴图系统无限制扩展图像，不用担心重复贴图产生的接缝。"木材参数"卷展栏如图 9-89 所示。

图 9-89 "木材参数"卷展栏

9.5.3 合成器贴图类型

合成器贴图是指将不同颜色或贴图合在一起的一类贴图。在执行图像处理时，合成器贴图能够将两种或更多的图像按照指定的方式结合在一起。合成器贴图包括"合成""遮罩""混合""RGB 倍增"。

1. "合成"贴图

"合成"贴图可将多个贴图组合在一起，通过贴图自身的 Alpha 通道或多种叠加方式来决定彼此之间的透明度。对于"合成"贴图，可使用含有 Alpha 透明通道的图像，也可使用遮罩图片或内置融合模式，类似于 Photoshop 等二维软件中层的处理方式，如图 9-90 所示。

图 9-90 合成贴图

2. "遮罩"贴图

"遮罩"贴图可以使用一张贴图作为遮罩，透过它来观看上面的贴图效果，蒙版图本身的明暗强度将决定透明的程度。在默认情况下，浅色（白色）的遮罩区域为不透明，显示贴图。深色（黑色）的遮罩区域为透明，显示基本材质。

3. "混合"贴图

"混合"贴图可将两种贴图混合在一起，通过"混合量"来调节混合的程度，以此作为动画，可以产生贴图变形的效果，与"融合"材质类型类似。还可通过一个贴图来控制混合效果，这和"遮罩"贴图的效果类似。

4. "RGB 倍增"贴图

"RGB 倍增"贴图主要用于"凹凸"贴图方式，允许将两个颜色或两个贴图图像的颜色进行相乘处理，大幅度增加图像对比度，也就增加了凹凸的程度。其运算方法是将一个图像中的红色与另一个图像中的红色相乘，作为结果色，其他颜色也是一样。假如两个图像都具有 Alpha 通道，还可决定是否将 Alpha 通道图像也进行相乘处理，如图 9-91 所示。

图 9-91 RGB 倍增贴图

9.5.4 颜色修改器贴图

颜色修改器贴图可改变材质中像素的颜色，包括的类型有"颜色修正""输出""RGB 染色""顶点颜色"，每种贴图都有其特有的颜色修改方式。

1. "颜色修正"贴图

"颜色修正"贴图可通过图像的各种渠道来更改纹理的颜色、亮度、饱和度和对比度，调整的方式包括 RGB 颜色、单色、反转或自定义，可调整的通道包括各个颜色通道或 Alpha 通道。

2. "输出"贴图

"输出"贴图可弥补某些无输出设置的贴图类型。比如"位图"类型，3ds Max 为其提供了"输出"设置，用来控制位图的亮度、饱和度、反转等基本输出调节，与 Photoshop 中的色彩调节类似。但对于其他大多数的程序式贴图，比如"大理石""烟雾"等没有"输出"设置，为其添加一个"输出"贴图，可控制输出调节。

3. "RGB 染色"贴图

"RGB 染色"贴图通过 RGB（红、绿、蓝）三个颜色通道来调节图像的色调，省略了在 Photoshop 中的调节过程。而且效果不仅局限于红、绿、蓝三种默认的颜色上，通过调节变化可产生各种颜色效果。

"RGB 染色参数"卷展栏如图 9-92 所示。

图 9-92 "RGB 染色参数"卷展栏

4. "顶点颜色"贴图

"顶点颜色"贴图能渲染出顶点颜色效果。通过"顶点绘制"修改器、"指定顶点颜色"工具或可编辑网格、可编辑面片、可编辑多边形中的顶点控制参数指定好的顶点颜色可显示在视口中，多用于游戏引擎或实时显示，但不能利用渲染器渲染出来。假如需要将指定了顶点颜色的物体效果像纹理贴图一样渲染出来，可通过加载该贴图来实现。"顶点颜色参数"卷展栏如图 9-93 所示。

图 9-93 "顶点颜色参数"卷展栏

9.5.5 反射和折射贴图

"反射/折射"贴图可产生表面反射和折射效果，将它指定给"反射贴图"时制造曲面反射效果，将它指定给"折射贴图"时制造折射效果。

"反射/折射"贴图的工作原理是由物体的轴心点处向 6 个方向拍摄 6 张周围景观的照片，然后将它们以球形贴图的方式贴在物体表面，这称为六面贴图，系统可自动完成这一切操作。其优点是比"光线跟踪"算法要快许多，但效果也差一些，尤其是对平面反射效果，不能正确计算，必须使用"平面镜"贴图来完成。对于折射效果，还需要用"光线跟踪"材质或"薄壁折射"贴图，如图 9-94 所示。

图 9-94 "反射/折射参数"卷展栏

9.6 贴图坐标

已制定 2D 贴图材质或包含 2D 贴图材质的对象必须具有贴图坐标，这些贴图坐标用来指定如何将贴图投射到材质以及是将其投射为图案，还是平铺或镜像，如图 9-95 所示。

图 9-95 贴图坐标

贴图坐标也称为 UV 或 UVW 坐标，这些字母是指对象自己空间中的坐标，相对于场景作为整体来描述的 XYZ 坐标，大多数可渲染的对象都拥有生成贴图坐标参数。一些图形对象，比如可编辑网格，没有自动的贴图坐标，此时可通过加载"UVW 贴图"修改器来指定其坐标。

9.6.1　贴图坐标的应用

贴图在空间中存在方向指示，在为对象指定一个二维贴图材质时，对象必须使用贴图坐标。坐标指明了贴图投射到材质上的方向，以及是否被重复平铺或镜像等。贴图坐标使用 UVW 坐标轴的方式来指明对象的方向。

大多数图形对象的参数面板中会包含一个"生成贴图坐标"选项，如图 9-96 所示，系统默认将其勾选，以便生成一个默认的贴图坐标。

图 9-96　"生成贴图坐标"选项

9.6.2　UVW 贴图坐标修改器

通常在创建一个对象后，系统会自动为它分配一个贴图坐标。但在创建复杂模型时，需要用户给它指定坐标，这时就用到"UVW 贴图坐标"修改器，如图 9-97 所示为正确的贴图方式。

图 9-97　贴图效果

UVW 贴图修改器一共包含 7 种贴图类型，使用于不同的对象，如图 9-98 所示为"平面"贴图类型，它会直接在对象上产生一个平面的投影贴图。

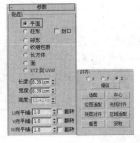

图 9-98　平面贴图类型

柱形贴图类型是从圆柱体来投影贴图的，使用它将包裹整个对象，如图 9-99 所示。

图 9-99　柱形贴图类型

球形贴图类型是通过从球体投影贴图来包围对象的。在球体的顶部和底部，以及与球体两极交汇处可以看到贴图的奇点，如图 9-100 所示。

图 9-100　球形贴图类型

长方体贴图类型是从长方体的 6 个面投影贴图的。它相当于 6 个不同方向的平面贴图，如图 9-101 所示为使用长方体类型的效果。

图 9-101　长方形贴图类型

面类型是针对物体对象上的每个面而言的，它会对物体对象的每个面投影贴图，如图 9-102 所示为应用了面贴图类型的效果。

XYZ 到 UVW 会将 3D 程序坐标贴图应用到 UVW 坐标，如图 9-103 所示。

图 9-102　面贴图类型　　　　图 9-103　XYZ 到 UVW 类型

9.7 贴图的应用

本节以书本材质、手提包材质的制作为例，介绍贴图在制作模型的过程中的具体运用。

9.7.1 利用位图贴图制作书本材质

实战：利用位图贴图制作书本材质

| 场景位置: DVD> 场景文件 > 第 09 章 > 模型文件 > 实战 利用位图贴图制作书本材质 .max |
| 视频位置: DVD> 视频文件 > 第 09 章 > 实战 利用位图贴图制作书本材质 .mp4 |
| 难易指数: ★★★☆☆ |

本节介绍利用位图贴图制作书本材质的操作方法。

01 打开本书光盘 "第 9 章 \ 实战：利用位图贴图制作书本材质 .max" 文件，场景中有一本打开的书，如图 9-104 所示。

图 9-104 打开文件

02 按下 M 键，打开【材质编辑器】对话框，选择一个空白标准材质球，在 "漫反射" 贴图通道中加载一张 "书本材质 2.jpg" 文件，如图 9-105 所示。

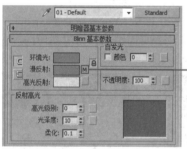

图 9-105 加载贴图

03 依照同样的方法，将场景中其他的材质加载位图贴图，如图 9-106 所示。

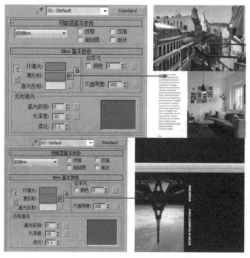

图 9-106 设置材质贴图

04 最终杂志的页面效果如图 9-107 所示。

图 9-107 杂志页面效果

9.7.2 利用棋盘格贴图制作手提包材质

实战：利用棋盘格贴图制作手提包材质

| 场景位置: DVD> 场景文件 > 第 09 章 > 模型文件 > 实战 利用棋盘格贴图制作手提包材质 .max |
| 视频位置: DVD> 视频文件 > 第 09 章 > 实战 利用棋盘格贴图制作手提包材质 .mp4 |
| 难易指数: ★★☆☆☆ |

本节介绍利用棋盘格贴图制作手提包材质的操作方法。

01 打开本书光盘 "第 9 章 \ 实战：利用棋盘格贴图制作手提包材质 .max" 文件，场景中有两款手提包模型，如图 9-108 所示。

图 9-108 打开文件

02 按下 M 键，打开【材质编辑器】对话框，选择一个空白标准材质球，在 "漫反射" 贴图通道中加载一张 "平铺贴图" 文件，设置 "高光级别" 值为 150，"光泽度" 值为 60，如图 9-109 所示。

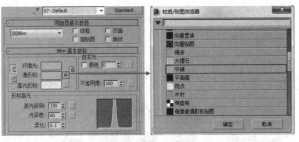

图 9-109 设置材质参数

03 切换至平铺贴图的面板中，调整其颜色值和瓷砖值，如图 9-110 所示。

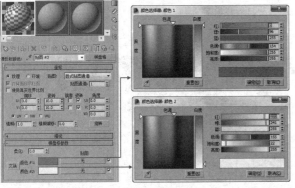

图 9-110 设置平铺贴图参数

04 将材质赋予给场景中的对象，最终效果如图 9-111 所示。

图 9-111 手提包效果

第 **10** 章

灯光系统和摄影机

本章学习要点：

- 标准灯光
- 光度学灯光
- 摄影机

精美的模型、真实的材质、完美的动画以及各种形式的灯光是三维场景中不可缺少的因素。因此灯光在三维表现中显得尤为重要，3ds Max 中的灯光类型分为标准灯光和光度学灯光，可以模拟真实世界中的各种灯光，比如室内的灯光、室外的太阳光以及化学反应的光等，如图 10-1 和图 10-2 所示。

图 10-1 室内的灯光

图 10-2 室外的太阳光

10.1 标准灯光

标准灯光一共有 8 种类型，分别为目标聚光灯、自由聚光灯、目标平行光、自由平行光等，如图 10-3、图 10-4 所示。本节介绍在制作三维场景中较为常用的 4 种灯光，即目标聚光灯、目标平行光、天光灯、泛光灯。

图 10-3 标准灯光列表

图 10-4 目标聚光灯

10.1.1 目标聚光灯

聚光灯包括"目标聚光灯"和"自由聚光灯"两种类型。单击"目标聚光灯"按钮，在视口中单击，创建一个目标聚光灯，观察到目标聚光灯外形呈锥形，投射类似闪光灯一样的聚焦光束，就像剧院中或栀灯下的聚光区。自由聚光灯和目标聚光灯属性相同，只是它没有可以移动和旋转的目标点使灯光指向某个特定的方向，如图 10-5 所示。

图 10-5 聚光灯类型

1. 常规参数卷展栏

"常规参数"卷展栏的内容如图 10-6 所示，其中各选项含义如下：

□ 启用：选择该项，可开启灯光。

□ 灯光类型：包含三种灯光类型，分别为"聚光灯""平行光""泛光"，如图 10-7 所示。

图 10-6 常规参数卷展栏

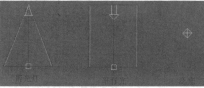

图 10-7 灯光类型

□ 目标：选择该项，则灯光将变成目标聚光灯；取消选择该项，灯光变成自由聚光灯。

□ 使用全局设置：选择该项，灯光投射的阴影将影响整个场景的阴影效果；关闭该项，则需选择渲染器使用哪种方式来生成特定的灯光投影。

□ 阴影类型：通过选择不同的阴影来得到不同的阴影效果。

□ 排除：单击按钮，可将选定的对象排除于灯光效果之外。

2. 强度 / 颜色 / 衰减卷展栏

"强度 / 颜色 / 衰减"卷展栏的内容如图 10-8 所示，其中各选项的含义如下：

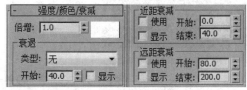

图 10-8 "强度 / 颜色 / 衰减"卷展栏

> **提示**
>
> 当"倍增"值为负数时，灯光不仅不会起到照明的作用，还会产生吸收光线的效果，使场景变暗，常用来调整曝光的区域。

□ 倍增：控制灯光的强弱程度，其默认值为 1，该数值越大，灯光光线就会越强，反之则越暗。

□ 颜色：用来设置灯光的颜色，灯光的颜色也会影响灯光的亮度，灯光颜色越亮，光线就会显得越强，因此当需要降低灯光的强度时，可以将灯光颜色设置为灰色或更暗的颜色，如图 10-9 所示。

图 10-9 灯光颜色

□ 衰减选项组：该卷展栏中包含两种衰减方式，近距衰减和远距衰减。它们主要是指定灯光的衰减方式。在真实世界中，光线在通过空气或其他介质的过程中会受到干扰而逐渐减弱直至消失，因此离光源近的物体会比离光源远的物体亮，这就是灯光的衰减效果，如图 10-10 所示。

图 10-10 灯光衰减

3. 聚光灯参数卷展栏

"聚光灯参数"卷展栏的内容如图 10-11 所示，其中各选项含义如下：

图 10-11 "聚光灯参数"卷展栏

□ 显示光锥：选择该项，可以在视图中开启聚光灯的圆锥显示效果，取消选择则不予显示光锥，如图 10-12 所示。

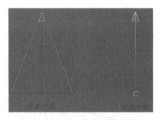

图 10-12 开启 / 关闭光锥的效果

□ 泛光化：选择该项，灯光在各个方向投射光线。

□ 聚光区 / 光束：调整灯光圆锥体的角度。

□ 衰减区 / 区域：设置灯光衰减区的角度。不同参数的"聚光区 / 光束"与"衰减区 / 区域"的光锥对比效果如图 10-13 所示。

□ 圆 / 矩形：设置聚光区和衰减区的形状，如图 10-14 所示。

图 10-13 光锥对比效果

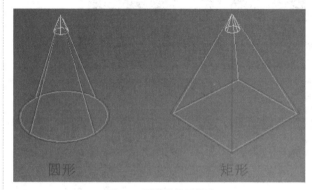

图 10-14 形状的设置结果

□ "纵横比"选项：选择"矩形"选项时，该项被激活。可定义矩形光束的纵横比。

□ "位图拟合"选项：该项与"纵横比"选项被同步激活，可设置纵横比以匹配特定的位图。

4. 高级效果卷展栏

"高级效果"卷展栏的内容如图 10-15 所示，其中各选项含义如下：

□ 对比度：设置漫反射区域和环境光区域的对比度。

□ 柔化漫反射边：增大参数值，可以柔化曲面的漫反射区域和环境光区域的边缘。

图 10-15 "高级效果"卷展栏

□ 漫反射：选择该项，则灯光将影响曲面的漫反射属性。

□ 高光反射：选择该项，灯光将影响曲面的高光属性。

□ 仅环境光：选择该项，灯光仅影响照明的环境光。

□ 贴图：选择该项，单击"无"按钮，可在如图 10-16 所示的【材质 / 贴图浏览器】对话框中为投影加载贴图。

图 10-16 【材质 / 贴图浏览器】对话框

实战：制作台灯灯光

场景位置：DVD> 场景文件 > 第 10 章 > 模型文件 > 实战：制作台灯灯光 .max
视频位置：DVD> 视频文件 > 第 10 章 > 实战：制作台灯灯光 .mp4
难易指数：★★☆☆☆

01 打开本书附带光盘 "第 10 章 \ 制作台灯灯光 .max" 文件，在场景中具有一个没有打开的台灯及赋予材质的模型，如图 10-17 所示。

02 在 "创建" → "灯光" 面板的下拉列表中选择 "标准" 选项，进入 "标准灯光" 的创建面板，如图 10-18 所示。

图 10-17 打开模型　　图 10-18 标准灯光创建面板

03 按 F 键切换视图至前视图，在 "对象类型" 卷展栏中单击 "目标聚光灯" 按钮，拖动鼠标在如图 10-19 所示的位置处创建一盏聚光灯。

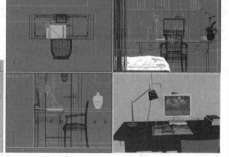

图 10-19 创建目标聚光灯

04 切换至 "修改" 命令面板，调整 "聚光灯" 的相关参数设置，如图 10-20 所示。

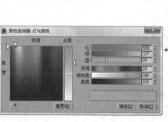
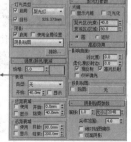

图 10-20 调整参数

05 按 F9 键，观察创建的目标灯光效果，如图 10-21 所示。

图 10-21 台灯灯光效果

10.1.2 目标平行光

目标平行光产生一个圆柱状的平行照射区域，是一种与目标聚光灯相似的 "平行光束"，主要用于模拟阳光、探照灯、激光光束等效果。

在制作室内外建筑效果图时，主要采用目标平行光来模拟阳光照射产生的光景效果。

目标平行光类似于矩形，与建筑门窗的形状相似，因此可以最大限度地通过门窗向室内传达光线，而目标聚光灯为圆锥形，与灯光相类似，因此多用来模拟室内灯光，如图 10-22 所示。

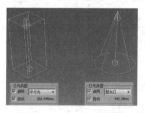
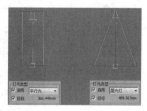

图 10-22 两类灯光的对比

实战：制作室内阳光

场景位置：DVD> 场景文件 > 第 10 章 > 模型文件 > 实战：制作室内阳光 .max
视频位置：DVD> 视频文件 > 第 10 章 > 实战：制作室内阳光 .mp4
难易指数：★★☆☆☆

01 打开本书附带光盘 "第 10 章 \ 制作室内阳光 .max" 文件，在场景中已经设置好了相关模型和材质，如图 10-23 所示。

图 10-23 打开文件

02 在"创建"→"灯光"面板的下拉列表中选择"标准"选项，进入"标准灯光"的创建面板，单击"目标平行光"在侧视图中创建出灯光，并通过调整灯光的位置，如图 10-24 所示。

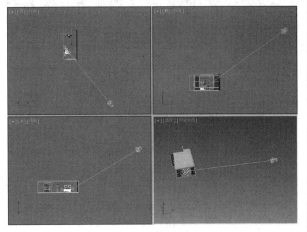

图 10-24 创建灯光

03 切换至"修改"命令面板，调整"平行光"的相关参数设置，如图 10-25 所示。

图 10-25 设置常规参数

04 展开"平行光参数"和"VRay 阴影参数"两个卷展栏，设置参数，如图 10-26 所示。

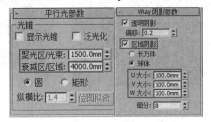

图 10-26 设置参数

05 按 F9 键，观察创建的目标灯光效果，如图 10-27 所示。

图 10-27 室内阳光效果

10.1.3 泛光

泛光是种可以向四面八方均匀照射的点光源，它的照射范围可以任意调整，场景中表现为一个正八面体的图标，如图 10-28 所示。

泛光灯不是聚光灯、投射灯、射灯。泛光灯制造出的是高度漫射的、无方向的光而非轮廓清晰的光束，因而产生的阴影柔和而透明，如图 10-29 所示。用于物体照明时，照明减弱的速度比用聚光灯照明时慢得多，甚至有些照明减弱非常慢的泛光灯，看上去像是一个不产生阴影的光源。

图 10-28 泛光原理　　　　图 10-29 泛光灯运用

10.1.4 天光

天光以穹顶的方式发光，一般用来模拟天空光，如图 10-30 所示，可用于所有需要基于物理数值的场景。天光可与其他灯光配合使用，实线高光和投射锐边阴影，也可单独作为场景的唯一灯光。

图 10-30 天光

"天光参数"卷展栏如图 10-31 所示，其中各选项含义如下：

- □ 启用：选择该项，可启用天光。
- □ 倍增：通过更改参数值来控制天光的强弱程度。
- □ 使用场景环境：可以在【环境和特效】对话框中设置"环境光"颜色来作为天光颜色。
- □ 天空颜色：更改天光的颜色。
- □ 贴图：通过指定贴图来影响天光的颜色。
- □ 投射阴影：勾选该项，天光可以投射阴影。

□　每采样光线数：计算落在场景中每个点的光子数目。

□　光线偏移：定义光线产生的偏移距离值。

图 10-31　"天光参数"卷展栏

10.2 光度学灯光

"光度学"灯光通过设置灯光的光度学值来模拟真实世界中的灯光效果。用户可以为灯光指定各种各样的分布方式和颜色特性，还可以导入灯光制造商提供的特定光度学文件，制作出特殊的关照效果。

进入"创建"主命令面板下的"灯光"面板后，默认显示的灯光类型为光度学灯光，该面板中包含了3种光度学灯光"目标灯光""自由灯光"和"mr Sky 门户"，如图 10-32 所示。

图 10-32　光度学灯光类型

提示

单击"目标灯光"按钮，初次创建光度学灯光时，会弹出一个对话框，其主要作用就是提示用户是否选择"对数曝光控制"类型。如果单击"确定"按钮后，在"环境和特效"对话框中可以看到"曝光控制"卷展栏中选择的是"对数曝光控制"类型，如图 10-33 所示。

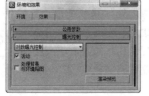

图 10-33　曝光控制

10.2.1 目标灯光

在场景中创建"目标灯光"，它像标准泛光灯一样从几何体发射光线。"自由灯光"同"目标灯光"属性基本相同，但没有目标点，如图 10-34 所示。

图 10-34　目标灯光和自由灯光

1. 模板

通过"模板"卷展栏，可以在各种预设的灯光类型中进行选择，如图 10-35 所示。

图 10-35　光度学灯光模板

2. 常规参数

在"常规参数"卷展栏中，可以启用和禁用灯光，并且排除或包含场景中的对象。通过该卷展栏还可以设置灯光分布的类型。"常规参数"卷展栏也用于对灯光启用或禁用投影阴影，并且选择灯光使用的阴影类型，如图 10-36 所示，其中各选项含义如下：

图 10-36　常规参数组

□　启用：控制是否开启灯光。

□　目标：勾选该复选框后，灯光才会有目标点；如果禁用该选项，目标灯光将会变成自由灯光。

□　阴影类型：用于设置场景使用的阴影的类型，其中包括"高级光线跟踪""阴影贴图"和"VRay 阴影"等7种类型。

3. 强度 / 颜色 / 衰减

通过"强度 / 颜色 / 衰减"卷展栏，可以设置灯光的颜色和强度。此外，还可以选择设置衰减极限，如图 10-37 所示，其中各选项含义如下：

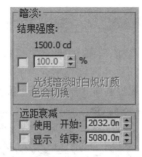

图 10-37 强度 / 颜色 / 衰减卷展栏

□ 过滤颜色：使用颜色过滤器来模拟置于灯光上的过滤色效果。

□ cd（坎德拉）：用于测量灯光的最大发光强度。100W 通用灯泡的发光强度约为 139cd。

□ 暗淡百分比：启用该选项后，该值会指定用于降低灯光强度的"倍增"。

□ 远距衰减：在该选项组中用来控制灯光的衰减范围和强度，如图 10-38 所示。

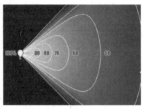

图 10-38 聚光灯衰减方式

4. 光域网

光域网针对"光度学"灯光提出的，一般常用于局部照明。使用光域网能够较好地表现出射灯在物体上产生的光线效果。

实战： 光域网的应用

场景位置：	无
视频位置：	无
难易指数：	★★☆☆☆

01 打开本书附带光盘"第 10 章 \ 光域网的应用 .max"文件，该场景模拟一组装饰射灯的效果，切换至灯光创建面板，在射灯所在的位置创建一个"目标灯光"，如图 10-39 所示。

图 10-39 创建目标灯光

02 切换至灯光修改面板，修改"常规参数"卷展栏中的"灯光分布（类型）"为"光度学 Wed"；单击"分

布（光度学 Wed）"参数卷展栏中的"选择光度学文件"，在弹出的对话框中选择光盘所提供的光域网文件，如图 10-40 所示。

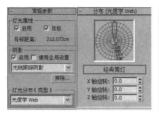

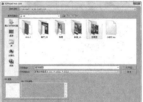

图 10-40 加载光域网

03 在"强度 / 颜色 / 衰减"卷展栏中设置灯光的过滤颜色，并调节一定的强度，如图 10-41 所示。

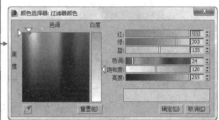

图 10-41 调节灯光参数

04 渲染图像将产生射灯效果，如图 10-42 所示。

图 10-42 射灯效果

10.2.2 mr 天光入口

mr 是 mental ray 的缩写，mr 天空入口灯光与 VRay 灯光有相同之处，需要配合天光来使用。如图 10-44 所示为 mr 天光入口灯光在场景中的创建结果，其参数设置面板如图 10-43 所示。

图 10-43 参数设置面板

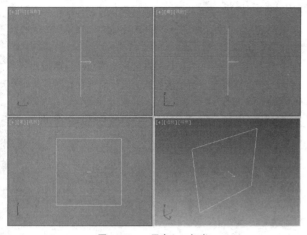

图 10-44　mr 天空入口灯光

10.3 摄影机

　　3ds Max 默认只有"标准"摄影机，"标准"摄影机有两个类型，分别是"目标"摄影机和"自由"摄影机，如图 10-45 所示。本节对这两个类型的摄影机进行讲解。

图 10-45　"标准"摄影机列表

10.3.1 目标摄影机

　　目标摄影机是最常用的摄影机，单击"目标"按钮，在场景中拖曳鼠标，可以创建目标摄影机，如图 10-46 所示。

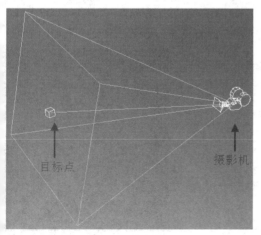

图 10-46　目标摄影机

　　目标摄影机由摄影机和目标点组成，移动目标点，可以调整摄影机的观察方向；移动摄影机，可以调整摄影机的观察范围。摄影机和摄影机目标可以分别设置动画，以便当摄影机不沿路径移动时，容易使用摄影机。

10.3.2 自由摄影机

　　单击"自由"按钮，在场景中单击即可创建自由摄影机，如图 10-47 所示。自由摄影机与目标摄影机的区别是，自由摄影机不具有目标，而目标摄影机具有目标子对象。

　　自由摄影机在摄影机指向的方向查看区域。创建自由摄影机时，看到一个图标，该图标表示摄影机和其视野。摄影机图标与目标摄影机图标看起来相同，但是不存在要设置动画的单独的目标图标。当摄影机的位置沿一个路径被设置动画时，更容易使用自由摄影机。

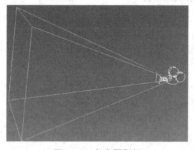

图 10-47　自由摄影机

　　目标摄影机和自由摄影机都包含"参数"卷展栏和"景深"卷展栏，接下来对这两个卷展栏的内容进行讲解。

10.3.3 "参数"卷展栏

　　"参数"卷展栏的内容如图 10-48 所示，其中各选项含义如下：

图 10-48　"参数"卷展栏

　　□　镜头：调整参数来改变摄影机的焦距，以 mm 为单位。
　　□　视野：定义摄影机查看区域的宽度视野，系统提供三种方式，分别为"水平" ↔、"垂直" ↕、"对角线" ↗。
　　□　正交投影：选择该项，可将摄影机视图切换为用户视图；禁选该项，摄影机视图为标准的透视图。
　　□　备用镜头：显示系统预置的摄影机焦距镜头。
　　□　类型：更改摄影机的类型，分为目标摄影机和自由摄影机两种。

□ 显示圆锥体：选择该项，就算摄影机不处于选中状态，也可显示摄影机视野定义的锥形光线，也就是一个四棱锥。

□ 显示地平线：选择该项，可以在摄影机视图中显示一条深灰色的线段。

□ 显示：选中该项，看显示摄影机锥形光线内的矩形。

□ 近距/远距范围：定义大气效果的近距/远距范围。

□ 手动剪切：选中该项，可以自定义剪切平面，如图10-49所示。

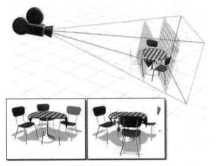

图 10-49 剪切平面

□ 近距/远距剪切：定义近距和远距平面范围。在摄影机里，比"近距剪切"平面近，比"远距剪切"平面远的对象不能被观察到。

□ 多过程效果：系统默认效果类型为"景深"，一共有三种，景深（mental ray）、景深和运动模糊。

□ 渲染每过程效果：选择该项，系统可将渲染效果应用于多重过滤效果的每个过程，比如景深或者运动模糊。

10.3.4 "景深参数"卷展栏

"景深参数"卷展栏内容如图 10-50 所示，其中各选项含义如下：

图 10-50 "景深参数"卷展栏

□ 使用目标距离：选择该项，系统可将摄影机的目标距离用作每个过程偏移摄影机的点。

□ 焦点深度：取消勾选"使用目标距离"选项，可以在该项中设置摄影机的偏移深度，参数设置范围为 1 ～ 100。

□ 显示过程：选择该项，可在"渲染帧窗口"中显示多个渲染通道。

□ 使用初始位置：选取该项，则第一个渲染过程位于摄影机的初始位置。

□ 过程总数：定义生成景深效果的过程数。参数值越大则效果的真实度越高，但是渲染时间也会相应的增长。

□ 采样半径：定义场景生成的模糊半径。参数值越大，模糊的效果也愈明显。

□ 采样偏移：定义模糊靠近或者远离"采样半径"的权重。增大参数值可以增加景深模糊的数量级，能得到更均匀的景深效果。

□ 规格化权重：选择该项，可将权重规格化，并获得平滑的效果；禁选该项，能得到更加清晰的结果，同时颗粒效果也更明显。

□ 抖动强度：其中的参数值用来表现渲染通道的抖动程度。参数值越大，抖动值越大。同步生成颗粒状效果，在对象的边缘上尤为明显。

□ 平铺大小：定义图案的大小。0 表示用最小的方式来平铺，100 表示用最大的方式来平铺。

实战：制作景深效果

场景位置：DVD>场景文件>第 10 章>模型文件>实战：制作景深效果 .max
视频位置：DVD>视频文件>第 10 章>实战：制作景深效果 .mp4
难易指数：★★★☆☆

01 打开本书附带光盘"第 10 章 \ 制作景深效果 .max"文件，如图 10-51 所示。然后对场景进行默认渲染如图 10-52 所示。

图 10-51 打开文件　　　　图 10-52 默认渲染

02 选择场景中的摄影机，在修改命令面板中设置摄影机的参数，如图 10-53 所示。

03 按 F10 键打开"渲染设置"对话框，然后单击 VRay 选项卡，展开"摄影机"卷展栏，开启景深选项，如图 10-54 所示。

图 10-53 摄影机参数　　　图 10-54 设置渲染参数

04 按 F9 键渲染当前场景，最终效果如图 10-55 所示。

图 10-55 最终效果

实战: 制作运动模糊效果

实战: 制作运动模糊效果

场景位置 DVD> 场景文件 > 第 10 章 > 模型文件 > 实战: 制作运动模糊效果 .max
视频位置 DVD> 视频文件 > 第 10 章 > 实战: 制作运动模糊效果 .mp4
难易指数 ★★★☆☆

01 打开本书附带光盘 "第 10 章 \ 制作运动模糊效果 .max" 文件, 如图 10-56 所示。然后对场景进行默认渲染如图 10-57 所示。

图 10-56 打开文件

图 10-57 默认渲染

提示

本场景已经设置好了螺旋桨旋转动画, 拖动时间滑块可以预览设置动画效果。

02 选择场景中的摄影机, 在修改命令面板中设置摄影机的参数, 如图 10-58 所示。

03 按 F10 键打开 "渲染设置" 对话框, 然后单击 VRay 选项卡, 展开 "摄影机" 卷展栏, 开启景深选项, 如图 10-59 所示。

图 10-58 摄影机参数

图 10-59 设置渲染参数

04 切换至摄影机视图, 分别将时间滑块拖曳到第 8、21、42 帧的位置处, 渲染观察其运动模糊的效果, 如图 10-60 所示。

图 10-60 最终效果

第11章

渲染技术

本章学习要点：

- 渲染基础知识
- 渲染设置
- mental ray 渲染器的应用
- 实例制作

渲染是在 3ds Max 中制作模型的最后一个步骤，通过对场景进行着色，以完成作品的制作。渲染运算完成后，可以将虚拟的三维场景投射到二维平面上，以形成视觉上的三维效果。如图 11-1、图 11-2 所示为在影视设计和装饰设计领域中的渲染作品。

图 11-1 电影场景

图 11-2 客厅效果

11.1 渲染基础知识

渲染根据物体的材质来计算物体表面的颜色，材质的类型不同，属性不同，纹理不同都会产生各种不同的效果。3ds Max 默认使用"默认扫描线性渲染器"来对模型执行渲染操作，本节介绍渲染工具和渲染帧窗口两类渲染基础知识。

11.1.1 渲染工具

渲染工具按钮位于主工具栏的右上角，如图 11-3 所示，单击按钮可以调用相应的渲染工具。其中各工具按钮介绍如下：

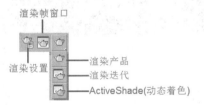

图 11-3 渲染工具

□ 渲染设置：单击按钮，打开如图 11-4 所示的【渲染设置】对话框，在此可以完成各项渲染参数的设置。

图 11-4 【渲染设置】对话框

□ 渲染帧窗口：单击按钮，系统弹出【渲染帧窗口】对话框，在其中显示图形的渲染结果。

□ 渲染产品：单击按钮，可使用当前的产品级渲染设置来对场景进行渲染操作。

11.1.2 渲染帧窗口

实战：渲染帧窗口

场景位置：DVD> 场景文件 > 第 11 章 > 模型文件 > 实战：渲染帧窗口 .max
视频位置：DVD> 视频文件 > 第 11 章 > 实战：渲染帧窗口 .mp4
难易指数：★★★☆☆

渲染帧窗口是用于显示渲染输出的窗口。下面通过实例操作使读者对"渲染帧窗口"有一个全面的了解和认识。

01 打开本书附带光盘"第 11 章\渲染帧窗口 .max"文件，按 F9 键打开渲染帧窗口，对场景进行快速渲染，如图 11-5 所示。

02 在渲染帧窗口中，按 Ctrl 键同时在渲染帧窗口中单击，可将图像放大显示；按 Ctrl 键同时在渲染帧窗口中单击鼠标右键，可将图像缩小显示，如图 11-6 所示。

图 11-5 渲染帧窗口 　　图 11-6 放大和缩小渲染图像

提示

也可以通过滚动鼠标滑轮，快速地放大与缩小图像。在放大图像后，还可以按 Shift 键，单击并拖动鼠标来平移图像

03 渲染帧窗口左上角提供了可用的"要渲染的区域"选项，默认情况下，将对当前视图进行渲染，如图 11-7 所示。

04 在"要渲染的区域"下拉列表中选择"选定"选项，然后在视图中选择场景中要进行渲染的对象，单击"渲染"按钮，对选定的对象进行渲染观察，如图 11-8 所示。

图 11-7 视图渲染方式　　　图 11-8 选定渲染方式

05 在"要渲染的区域"下拉列表中选择"区域"选项，这时渲染帧窗口和当前视图中将同时出现一个编辑区域的控制框，通过拖动控制柄可以调整控制框的大小，如图 11-9 所示为调整后的区域渲染效果。

图 11-9 区域渲染方式

> **提示**
> 当选择"区域"选项后，选项右侧的"编辑区域"按钮会自动被激活，表示当前区域可被编辑。如果禁用了编辑区域，则在渲染帧窗口中该区域依然可见，但不能再编辑。

06 在下拉列表中选择渲染方式为"裁剪"，这时将在当前视图中出现矩形渲染区域，拖动控制柄可调整区域的大小和位置，如图 11-10 所示为裁剪方式的渲染效果。

图 11-10 裁剪渲染方式

> **提示**
> 裁剪方式如同各类绘图软件一样，在选定区域之外的各对象将不在被渲染，渲染显示将在裁剪的区域内。

07 在渲染帧窗口中单击 🖫 "保存图像"按钮，可以打开"保存图像"对话框，在对话框中可以设置要保持图像文件的路径和格式，如图 11-11 所示。

图 11-11 保存图像

08 单击"复制图像" 🖻 按钮，可将渲染的图像复制到 Windows 剪贴板上，以准备贴到绘制程序或位图编辑软件中。

09 单击 🖧 "克隆渲染帧窗口"按钮，可以创建一个包含当前显示图像的渲染帧窗口，这样可以方便与渲染出的图像比较，如图 11-12 所示。

图 11-12 克隆窗口

10 切换为"视图"选项，在"视口"下拉列表中可选择各视图作为当前视图进行渲染，如选择"前"选项，"前"视图将成为当前激活视图，单击渲染按钮可对前视图进行渲染，如图 11-13 所示。

11 单击"显示 Alpha 通道" 🖸 按钮，可以查看当前渲染图像的 Alpha 通道，如图 11-14 所示。

图 11-13 渲染前视图　　　图 11-14 显示 Alpha 通道

12 工具栏中的 ▣▣▣ "启用红色 / 绿色 / 蓝色通道"按钮，分别控制渲染图像的 3 个颜色通道是否显示，如图 11-15 所示。

13 在渲染图像上单击鼠标右键，目标点像素的颜色会显示在工具栏右侧的颜色块内，同时弹出一个图像信息框，显示当前渲染图像和鼠标下方像素的信息，如图 11-16 所示。

图 11-15　红 / 绿 / 蓝颜色通道　　　　图 11-16　图像信息框

11.2　渲染设置

渲染设置对话框几乎包含了 3ds Max 中的所有渲染设置，下面将对 3ds Max 默认的渲染器中的选项卡进行介绍。

11.2.1　公用选项卡

实战：公用选项卡

场景位置	DVD> 场景文件 > 第 11 章 > 模型文件 > 实战：公用选项卡 .max
视频位置	无
难易指数	★★☆☆☆

在公用选项卡中主要包含单帧 / 多帧渲染、图像大小和图像输出等各种基本功能。

01 打开本书附带光盘"第 11 章 \ 公用选项卡 .max"文件，在工具栏中单击"渲染设置"按钮，打开"渲染设置"对话框，切换至"公用"选项卡，并在"时间输出"选项组中选择"单帧"选项，如图 11-17 所示。

图 11-17　打开渲染设置对话框

02 在"公用参数"卷展栏的"输出大小"选项组中可以设置渲染图像的尺寸。在"选项"选项组中可以设置渲染效果。默认情况下大气效果和特效都会渲染出来，如图 11-18 所示。

图 11-18　输出大小和选项

03 如果取消"大气"复选框的勾选然后再渲染，如图 11-19 所示渲染图像中的体积光和火焰等大气都会消失；取消"效果"复选框的勾选，然后再渲染，如图 11-20 所示壁灯的光晕等特效效果也会消失。

图 11-19　取消大气效果　　　　图 11-20　取消特效效果

04 在"高级照明"选项组中勾选"使用高级照明"复选框，这样 3ds Max 将会调用高级照明系统对场景进行渲染。禁用该复选框，在渲染时则会关闭高级照明，而不会改变已经调好的高级照明参数。

05 启用"需要时计算高级照明"复选框，系统会判断是否需要重复对场景进行高级照明的光线分布计算。这样做不仅保证了渲染的正确性，而且又提高了渲染速度。

06 如果场景要设置复杂的高分辨率贴图来暂时代替场景贴图，以提高渲染时的渲染速度，这时打开"全局设置和位图代理的默认"对话框，就可以在设置场景贴图的代理方法，如图 11-21 所示。

07 在渲染输出选项组中，可以设置图像渲染完成后保存的路径，也可以对动画渲染的文件进行保存，如图 11-22 所示。

图 11-21　位图代理　　　　图 11-22　文件保存

08 展开"指定渲染器"卷展栏，"产品级"选项显示当前用于渲染图形输出的渲染器；"材质编辑器"选项用于渲染"材质编辑器"中示例窗的渲染器；"ActiveShade"选项用于预览场景中照明和材质更改效果的 ActiveShade 渲染器。
单击下面的"保存为默认设
置"按钮，可以将指定的渲
染器保存为默认设置，这样
当下次重新启动 3ds Max 时，
也会按照当前的设置指定渲
染器，如图 11-23 所示。

图 11-23 指定渲染器卷展栏

09 单击右侧的 **…** 按钮，
可以打开"选择渲染器"对
话框，在对话框中可以选择
各种兼容并已安装的渲染器，
如图 11-24 所示。

图 11-24 选择渲染器对话框

11.2.2 渲染器选项卡

实战：渲染器选项卡

场景位置：DVD> 场景文件 > 第 11 章 > 模型文件 > 实战：渲染器选项卡 .max
视频位置：DVD> 视频文件 > 第 11 章 > 实战：渲染器选项卡 .mp4
难易指数：★★☆☆☆

在"渲染设置"面板的"渲染器"选项卡中可以
设置扫描线渲染器的一些选项，包括控制渲染的贴图
或阴影以及抗锯齿过滤器的选择等，如图 11-25 所示。

图 11-25 渲染器选项卡

默认情况下，"选项"选项组内的"贴图"复选
框为启用状态。禁用该复选框，渲染时将忽略场景中
所有的材质贴图信息以加快渲染速度，同时也影响反
射和环境贴图。禁用"阴影"复选框，渲染时将忽略
所有灯光的投影设置，也可加快速度，如图 11-26 所示。

图 11-26 贴图和阴影复选框

□ 自动反射 / 折射和镜像：该复选框可以用于是否忽
略场景中所有的自动反射材质、自动折射材质和镜面反射材
质的跟踪计算，如图 11-27 所示。

□ 强制线框：用于强制场景中所有对象以线框的方式
渲染，用户可以通过设置"线框厚度"值来控制线框的粗细，
如图 11-28 所示。

图 11-27 自动反射 / 折射和镜像复选框   图 11-28 强制线框复选框

□ 启用 SSE：勾选该复选框，渲染场景时将使用"SEE"
方式，该方式取决于系统的 CPU。

□ 抗锯齿：该选项默认为启用状态，能够平滑渲染斜
线或曲线上所出现的锯齿边缘，如图 11-29 所示。

图 11-29 抗锯齿复选框

□ 过滤器：该选项的下拉列表中包含了多种过滤器类
型，其中 Catmull-Rom 和区域为最常用的过滤器类型，如图
11-30 所示为 Catmull-
Rom 方式的渲染效果。

图 11-30 Catmull-Rom 方式的渲染效果

□　过滤器大小：该值可以增加或减小应用到图像中的模糊量。

□　过滤贴图：选择该项在渲染时会对贴图材质进行过滤处理，这样可以得到更真实和逼真的效果。

□　禁用所有采样器：默认情况下为禁用状态，这样将禁用所有的超级采样。

□　超级采样贴图：该选项应用于材质的贴图进行超级采样，超级采样器将以平均像素来表示贴图。

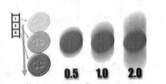

提示

当勾选"启用全局超级采样器"复选框后，"超级采样贴图"复选框才处于激活状态。

□　对象运动模糊：用来决定哪个对象应用对象运动模糊，如图 11-31 所示。

□　图像运动模糊：该选项组通过为对象设置"属性"对话框的"运动模糊"组中的"图像"，确定对哪个对象应用图像运动模糊。图像运动模糊通过创建拖影效果而不是多个图像来模糊对象，它考虑摄影机的移动，图像运动模糊是在扫描线渲染完成之后才应用的，如图 11-32 所示。

图 11-31　运动模糊

图 11-32　图像运动模糊

11.2.3　光线跟踪器选项卡

实战：光线跟踪器

场景位置：DVD > 场景文件 > 第 11 章 > 模型文件 > 实战　光跟踪器 .max
视频位置：DVD > 视频文件 > 第 11 章 > 实战　光跟踪器 .mp4
难易指数：★★☆☆☆

光线跟踪器选项卡内只包含"光线跟踪器全局参数"卷展栏，但它们影响场景中所有光线跟踪材质和光线跟踪贴图，它们也影响高级光线跟踪阴影和区域阴影的生成，如图 11-33 所示。

图 11-33　光线跟踪器选项卡

□　最大深度：该数值决定循环反射次数的最大值，值越大，渲染效果越真实，如图 11-34 所示。

□　中止阈值：该数值会成为自适应光线级别的一个中

止阈值，当光线对渲染像素颜色的影响低于中止阈值时，则终止该光线。

□　最大深度时使用的颜色：该选项在默认的时候，光线达到最大深度的光线颜色会被渲染为环境背景的颜色，也可以通过选项下的"指定"选项选择另一种颜色来替换最大深度时的光线颜色。

□　启用光线跟踪：用于决定用户是否进行光线跟踪计算。

□　光线跟踪大气：可以决定是否对场景中的大气效果进行光线跟踪计算。

□　启用自反射 / 折射：可以决定场景中的对象是否使用自身反射 / 折射。

□　反射 / 折射材质 ID：可以决定是否对场景中对象的反射或折射进行特技处理，也就是对 ID 号的设置也进行反射或折射。

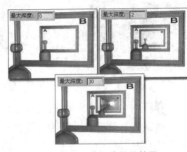

图 11-34　不同最大深度值的效果

11.2.4　高级照明选项卡

高级照明包括"光能传递"和"光跟踪器"两部分，在"渲染设置"面板中的"高级照明"选项卡中可以选择，高级照明不同于普通灯光照明，它可以模拟真实世界中光线传播，得到更为逼真的渲染效果。

1.　光跟踪器

"光跟踪器"为明亮场景提供柔和边缘的阴影和映色，它通常与天光结合使用，如图 11-35 所示。

图 11-35　使用光跟踪器的效果

01 打开本书附带光盘"第 11 章 \ 光跟踪器 .max"文件，执行"创建"→"灯光"，打开灯光面板，在下拉列表中选择"标准"，单击"天光"按钮在场景任意位置处创建一盏天光，并在参数面板勾选"投影阴影"复选框，如图 11-36 所示；按 F10 键打开"渲染设置"对话框，切换至"高级照明"选项卡，选择照明插件为"光跟踪器"，如图 11-37 所示。

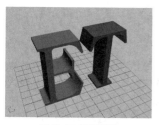

图 11-36 创建天光　　　　图 11-37 选择光跟踪器

02 在"渲染设置"对话框中展开"参数"卷展栏，其中"全局倍增"值可用来控制整体的照明级别，如图 11-38 所示为不同倍增值的效果。

图 11-38 不同倍增值的效果

03 "对象倍增"值可以单独控制场景中物体反射的光线级别，只有在"反弹"值大于等于 2 的情况下，设置"对象倍增"值才会有明显的效果，如图 11-39 所示。

图 11-39 不同对象倍增的效果

04 "颜色溢出"值，可以控制颜色溢出的强度，同样也只有"反弹"值大于或等于 2 时，该设置才起作用，如图 11-40 所示。

图 11-40 不同颜色溢出值的效果

05 "颜色过滤器"选项可以设置过滤投射在对象上的所有灯光，如图 11-41 所示。

06 "附加环境光"可以将黑色以外的颜色，将作为附加的环境颜色添加到对象上，如图 11-42 所示。

图 11-41 不同颜色过滤器的效果

图 11-42 不同附加环境光的效果

07 设置"反弹"值，可以决定追踪光线反弹的次数。增加该值能够增加颜色溢出的程度，产生更为明亮精确的图像，但渲染速度会减慢；设置"锥体角度"值，可以决定光线投射的分布角度，减小该值可以获得高对比度的图像，该值的设置范围为 33.0~99.0。

2. 光能传递

光能传递可以真实的模拟光线在环境中相互作用的全局照明效果，实现更为真实和精确的照明效果。在"选择高级照明"卷展栏内选择"光能传递"选项，可打开其所包含的参数栏，如图 11-43 所示。

单击展开"光能传递处理参数"卷展栏，单击"开始"按钮，可执行光能传递操作，如图 11-44 所示。

图 11-43 光能传递　　　　图 11-44 执行光能传递操作

□　全部重置：单击按钮，可清除上次记录在光能传递控制器的场景信息。

□　重置：单击按钮，仅将记录的灯光信息从光能传递控制器中清除，不清除几何体信息。

□　初始质量：其中的百分比参数决定了停职处置质量过程时的品质百分比，最高值为 100%。

□　优化迭代次数（所有对象）：该参数值决定了整个场景执行优化迭代的品质，可提高场景中所有对象的光能传递品质。

□ 优化迭代次数（选定对象）：该选项的功能与"优化迭代次数（所有对象）"选项类似，不同的是该选项进队选定的对象进行优化迭代计算。

□ 间接灯光过滤：可以向周围的元素均匀间接照明级别来降低表面元素间的噪波数量，但改制过高会造成场景细节的丢失。

□ 直接灯光过滤：可使周围的对象的照明更为均匀化，从而降低表面元素间的噪波数量。参数值过高，会造成场景细节的丢失。

□ 未选择曝光控制：单击该选项右侧的"设置"按钮，系统弹出如图 11-45 所示的【环境和效果】对话框。在其中更改曝光类型后，如图 11-46 所示；"设置"按钮前的显示当前曝光控制的名称也会相应的发生改变，如图 11-47 所示。

□ 在视口中显示光能传递：选择该项，可以在视图中显示光能传递的效果。

图 11-45 【环境和效果】对话框　　图 11-46 更改曝光类型　　图 11-47 名称改变

11.3　mental ray 渲染器的应用

mental ray 是一个功能强大的渲染器，不仅可以模拟高质量的光源反射、折射、焦散、全局照明、运动模糊等效果，而且速度比其他同类渲染器的渲染速度要快很多。从 3ds Max 6，开始 mental ray 渲染器已经整合进了 3ds Max 中，使得 3ds Max 在渲染性能方面有了很大的提高，如图 11-48 所示。

图 11-48　mental ray 渲染器

11.3.1　mental ray 渲染器的灯光

在 mental ray 渲染器中有专门为其使用的灯光，这些灯光配合使用 mental ray 渲染器能够表现更逼真的效果。mental ray 渲染器可以为灯光指定明暗器，当使用 mental ray 渲染器渲染时，灯光明暗器可以改变或调整灯光效果。

实战：mental ray 灯光应用

场景位置　DVD> 场景文件 > 第 11 章 > 模型文件 > 实战：Mental ray 灯光应用 .max
视频位置　DVD> 视频文件 > 第 11 章 > 实战：Mental ray 灯光应用 .mp4
难易指数　★★★☆☆

01 打开本书附带光盘"第 11 章 \mental ray 灯光应用 .max"文件，场景中已经创建好"mr Area Spot"，在创建此灯光时会自动启用"光线跟踪阴影"。

02 切换渲染器为"mental ray 渲染器"，然后切换为摄影机视图对场景进行渲染，可以看到 mr Area Spot 所产生的阴影效果比较真实，如图 11-49 所示。

图 11-49　指定渲染器

03 展开"区域灯光参数"卷展栏，设置"半径"参数为 0.6，然后渲染，观察其灯光半径变大后，阴影效果边缘处变得虚化了，如图 11-50 所示。

图 11-50　半径

提示

不同的灯光明暗器会使 mental ray 灯光产生不一样的效果。

04 展开"mental ray 灯光明暗器"卷展栏，勾选"启用"复选框，再单击"灯光明暗器"下的按钮，在弹出的"材质 / 贴图浏览器"中选择明暗器的类型为"Ambient/Refective Occlusion(3d max)"，再次渲染场景效果，如图 11-51 所示。

图 11-51 灯光明暗器

11.3.2 mental ray 渲染器的材质

实战: mental ray 材质

场景位置：DVD> 场景文件 > 第 11 章 > 模型文件 > 实战：Mental ray 材质 .max
视频位置：DVD> 视频文件 > 第 11 章 > 实战：Mental ray 材质 .mp4
难易指数：★★★☆☆

mental ray 渲染器有自带材质类型，选择 mental ray 渲染器后，在"材质 / 贴图浏览器"对话框中能看到 mental ray 渲染器提供的各种材质类型，如图 11-52 所示。

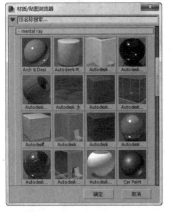

图 11-52 mental ray 材质

01 打开本书附带光盘"第 11 章 \mental ray 材质 .max"文件，在场景中已创建几个装饰品，下面将为它们赋予 mental ray 材质，如图 11-53 所示。

图 11-53 打开文件

02 选择一个空白材质球，单击 Standard 按钮，在弹出的"材质 / 贴图浏览器"中选择"Autodesk 陶瓷"材质，如图 11-54 所示。

图 11-54 切换材质

03 选择场景中的对象，赋予设置好的材质，如图 11-55 所示。

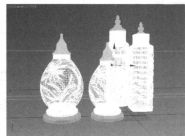

图 11-55 赋予材质

04 选择一个空白材质球，单击 Standard 按钮，在弹出的"材质 / 贴图浏览器"中选择"Autodesk 金属"材质，如图 11-56 所示。

图 11-56 切换材质

05 选择场景中的对象，赋予设置好的材质，如图 11-57 所示。

06 单击渲染按钮，观察场景中设置的材质效果，如图 11-58 所示。

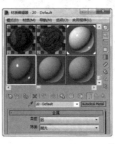

图 11-57 赋予材质

图 11-58 mental ray 材质效果

11.3.3 mental ray 的焦散和全局光照

焦散是指光线通过其他对象反射或折射后投射在对象上产生的一种物理效果，通常用于玻璃或者水材质，如图 11-59 所示。全局光照可以模拟光线在空间内来回反射的效果，这样通过使用少量的灯照亮整个场景，增加场景的真实感。

图 11-59 焦散

下面通过以各示例来讲解其使用方法------------

01 打开本书附带光盘"第 11 章 \mr 的焦散和全局光照 .max"文件，场景中只有一盏灯光，所以远离灯光的区域比较暗，只有灯光下方比较亮，切换至"渲染设置"面板的"间接照明"选项卡下，展开"焦散和全局照明"卷展栏，勾选"全局照明"选项组中的"启用"复选框，如图 11-60 所示。

图 11-60 渲染设置

02 打开全局光照后对场景进行渲染，整个场景整体的亮度都提高了；在"全局光照"卷展栏中，设置"倍增"参数为 0.4 再次渲染，如图 11-61 所示。

图 11-61 倍增

03 返回"焦散和全局照明"卷展栏，在"焦散"选项组中勾选"启用"复选框，开启焦散效果。选择池水模型，单击鼠标右键，在弹出快捷菜单选择"对象属性"命令，在参数面板中勾选"生成焦散"复选框，使对象产生焦散，然后渲染场景，如图 11-62 所示。

图 11-62 生成焦散

04 返回"焦散和全局照明"卷展栏，在"焦散"选项组中设置"倍增"为 20，再次渲染，此时墙上出现明显的焦散效果，如图 11-63 所示。

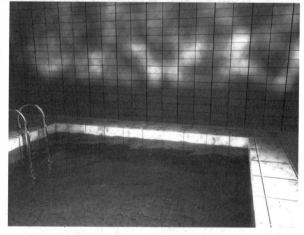

图 11-63 焦散效果

注意

"焦散"和"全局光照"效果在默认状态下不开启。当启用焦散效果后，需要在场景中指定产生焦散的对象。

11.3.4 mental ray 其他卷展栏

1. 全局调试参数卷展栏

利用"全局调试参数"参数可为软阴影、光泽反射和光泽折射提供对 mental ray 明暗器质量的高级控制。利用这些控件可调整总体渲染质量，而无需修改单个灯光和材质设置。通常减小全局调整参数值将缩短渲染时间，增大全局调整参数值将增加渲染时间，如图 11-64 所示。

图 11-64 全局调试参数

　　□ 软阴影精度：针对所有投射软阴影的灯光中"阴影采样"设置的全局倍增。它包括所有光度学灯光以及 mr Sun、mr 区域泛光灯和 mr 区域聚光灯。虽然在某些情况下，阴影贴图也可以起作用，但通常情况下，应将灯光设置为投射光线跟踪阴影，如图 11-65 所示。

图 11-65 软阴影精度

　　□ 光泽反射精度：全局控制反射质量。光泽反射精度可确定场景内建筑与设计材质以及相关材质的所有实例中的反射质量。该值可作为每种材质的"反射"组中的光泽采样数设置的倍增。

　　□ 光泽折射精度：全局控制折射质量。光泽折射精度可确定场景内建筑与设计材质以及相关材质的所有实例中的折射质量。该值可作为每种材质的"折射"组中的光泽采样数设置的倍增。

2. 重用卷展栏

　　"重用"卷展栏聚集包含所有用于生成和使用最终聚集贴图和光子贴图文件的控件，而且通过在最终聚集贴图文件之间插值，可减少或消除渲染动画的闪烁。

　　计算最终聚集和光子贴图解决方案常常需要大量的计算，因此在合适的时候，将解决方案缓存为单独的文件可节省大量渲染时间，特别是在重新渲染动画时尤为如此。使用缓存的解决方案也可节省通过网络进行渲染时的时间。

3. 最终聚集卷展栏

　　最终聚集是一项技术，用于模拟指定点的全局照明，其方式如下：对该点上半球方向进行采样实现或

通过对附近最终聚集点进行平均计算实现，因为计算各个照明点的最终聚集点成本非常昂贵。在前一种情况中，半球方向由三角形的曲面法线决定。对于漫反射场景，最终聚集通常可以提高全局照明解决方案的质量，如图 11-66 所示。

图 11-66 最终聚集

　　如果不使用最终聚集，漫反射曲面上的全局照明由该点附近的光子密度来估算。使用最终聚集，发送许多新的光线来对该点上的半球进行采样，以决定直接照明。一些光线撞击漫反射曲面，这些点上的全局照明由这些点上的材质明暗器利用其他材质属性提供的可用光子贴图的照明来决定。其他射线撞击镜曲面，并不会造成最终聚集颜色（因为该种类型的光传输为二次焦散）。跟踪多数光线非常耗时，因此，仅在必要时进行。在大多数情况下，附近最终聚集的内插值和外插值已足够。

11.4 实例制作

11.4.1 利用默认渲染器制作中国山水画

实战：利用默认渲染器制作中国山水画

　　场景位置　DVD> 场景文件 > 第 11 章 > 模型文件 - 实战 利用默认渲染器制作中国山水画 .max
　　视频位置　DVD> 视频文件 > 第 11 章 > 实战：利用默认渲染器制作中国山水画 .mp4
　　难易指数　★★★☆☆

　　01 打开本书附带光盘"第 11 章 \ 利用默认渲染器制作中国山水画 .max"文件，场景中准备好了一些模型，如图 11-67 所示。

　　02 按 M 键打开"材质编辑器"对话框，选择一个空白材质球，并命名为"水墨材质"，如图 11-68 所示。

图 11-67 打开文件

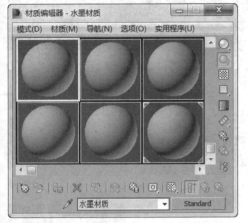

图 11-68 创建新材质

03 在"漫反射"贴图通道中加载一张"衰减"贴图，并在其参数面板中设置颜色值为（红：0，绿：0，蓝：0），展开"混合曲线"卷展栏调整曲线的形状，如图 11-69 所示。

04 将设置的"漫反射"贴图复制给"高光反射"贴图通道，调节"高光级别"的值为 50，"光泽度"值为 30。

05 在"不透明度"贴图通道中加载一张"衰减"贴图，并在其参数面板中设置颜色 1 值为（红：255，绿：255，蓝：255），颜色 2 的值为（红：0，绿：0，蓝：0），展开"混合曲线"卷展栏调整曲线的形状，如图 11-70 所示。

图 11-70 设置不透明度参数

06 单击渲染按钮，渲染当前场景，如图 11-71 所示。

图 11-71 渲染场景

07 进行后期合成。启动 Photoshop，打开光盘中的"背景 .JPEG"文件，将之前渲染好的图像导入 Photoshop 中，调好图像的位置如图 11-72 所示完成实例的制作。

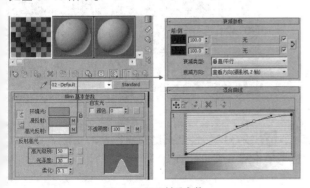

图 11-69 设置材质参数

图 11-72 制作中国山水画

11.4.2 使用 mental ray 渲染器制作庭院角落

实战： 使用 mental ray 渲染器制作庭院

场景位置：DVD>场景文件>第11章>模型文件>实战 使用 Mental ray 渲染器制作庭院角落 .max
视频位置：DVD> 视频文件 > 第 11 章 > 实战：使用 Mental ray 渲染器制作庭院 .mp4
难易指数：★★★☆☆

01 打开本书附带光盘"第 11 章\利用 mental ray 渲染器制作庭院角落 .max"文件，场景中已经设置好材质，如图 11-73 所示。

图 11-73 打开文件

02 展开标准灯光面板，单击"mr Area Spot"按钮，在场景布置太阳光，如图 11-74 所示。

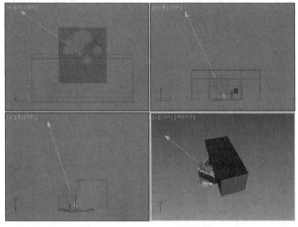

图 11-74 布置 mr Area Spot 灯光

03 选择创建的灯光，在修改面板中，设置其参数，如图 11-75 所示。

04 再次单击"mr Area Spot"按钮，在场景中创建一盏灯光，如图 11-76 所示。

05 选择创建的灯光，在修改面板中，设置其参数，如图 11-77 所示。

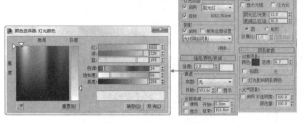

图 11-75 设置灯光参数

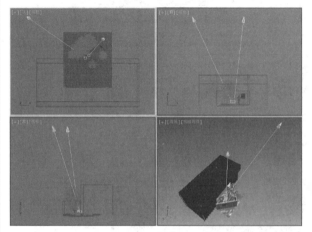

图 11-76 创建灯光

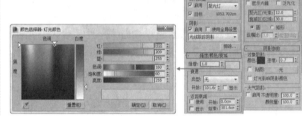

图 11-77 设置灯光参数

06 按 F10 键单开"渲染设置"对话框，对"渲染器"和"全局照明"选项卡中的参数进行设置，如图 11-78 所示。

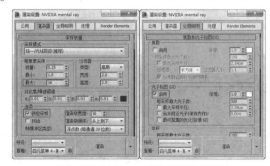

图 11-78 设置渲染参数

07 按 C 键切换至摄影机视图，单击渲染按钮，完成场景的渲染如图 11-79 所示。

图 11-79 最终效果

第 2 篇　提高篇

第 12 章

VRay 渲染器剖析

本章学习要点：

- VRay 渲染面板
- VRay 材质和贴图
- VRay 置换修改器
- VRay 灯光
- VRay 摄影机
- VRay 物体对象

VRay 渲染器以插件的形式应用在 3ds Max、Maya、SketchUp 等软件中，可以真实地模拟现实光照，且操作简单、可控性较强，被广泛应用于建筑表现、装饰设计、动画制作等领域中，如图 12-1、图 12-2 所示。

图 12-1　建筑表现

图 12-2　装饰设计

12.1　VRay 渲染面板

按下 F10 键，打开【渲染设置】对话框。在"公用"选项卡下展开"指定渲染器"卷展栏，在"产品级"选项后单击矩形按钮。在弹出的【选择渲染器】对话框中选择 VRay Adv 3.00.03，单击"确定"按钮。如图 12-3 所示即可完成指定渲染器的操作。本节讲解 VRay 渲染器中的"VRay"选项卡、"间接照明"选项卡、"设置"选项卡中的参数。

图 12-6　VRay 灯光与相机

图 12-7　VRay 物体与 VRay 置换修改命令

12.1.1　VRay 选项卡

在 VRay 参数面板中包含了对渲染的各种控制的参数，是参数比较重要的一个模块，如图 12-8 所示。

图 12-8　VRay 参数面板

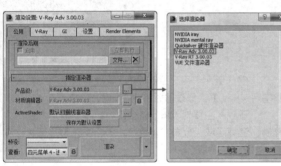

图 12-3　指定 VRay 渲染器

本书以 3ds Max 2015 平台下的 VRay Adv 3.00.03 版本为例进行讲解，该版本成功安装至 3ds Max 2015 后，其渲染参数选项卡、VRay 材质与贴图、VRay 灯光、VRay 相机、VRay 物体与 VRay 置换修改器等部件，便会如图 12-4~ 图 12-7 所示镶嵌在 3ds Max 2015 中对应的位置。

□　授权：该卷展栏主要显示的是 VRay 的注册信息。

□　关于 VRay：该卷展栏主要显示 VRay 的 LOGO 与版本号以及 VRay 的官方网站地址。

□　帧缓存器：用于控制 VRay 的缓存，设置渲染元素的输出、渲染的尺寸等，当开启 VRay 帧缓存后，3ds Max 自身的帧缓存会被自动的关闭，如图 12-9 所示。

□　全局开光：对 VRay 渲染器的各种效果进行开、关控制，包括几何体、灯光、材质、间接照明、光线跟踪、场景材质替代等，在渲染调试阶段较为常用，如图 12-10 所示。

图 12-4　VRay 渲染参数选项卡

图 12-5　VRay 材质与贴图

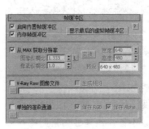

图 12-9　帧缓存器

图 12-10　全局开光

□ 图像采样器(抗锯齿):控制 VRay 渲染图像的品质,包括图像采样器和抗锯齿过滤器两部分,其中提供了 4 种图像采样器,分别是固定、自适应 DMC、自适应细分和渐进。当选择其中一种图形采样器时,则会出现这个采样器的具体参数设置卷展栏,包括固定图像采样卷展栏、自适应 DMC 图像采样卷展栏和自适应细分图像采样卷展栏,如图 12-11 所示。

图 12-11 图像采样器

□ 环境:该卷展栏用于控制开启 VRay 环境,以替代3ds Max 环境设置。环境卷展栏有三部分组成,分别是全局照明环境(天光)覆盖、反射/折射环境覆盖和折射环境覆盖,如图 12-12 所示。

□ 颜色贴图:该卷展栏中的参数就是曝光模式,它主要控制灯光方面的衰减以及色彩的不同模式,如图 12-13 所示。

图 12-12 VRay 环境

图 12-13 VRay 色彩映射

□ 摄影机:控制摄影机镜头类型、景深和运动模糊效果,如图 12-14 所示。

图 12-14 VRay 摄影机

12.1.2 GI(间接照明)选项卡

间接照明面板是 VRay 的一个很重要的部分,它可以打开和关闭全局光效果。全局光照引擎也是在这里选择,不同的场景材质对应不同的运算引擎,正确设置可以使全局光计算速度更加合理,使渲染效果更加出色,如图 12-15 所示。

图 12-15 间接照明选项卡

□ 全局照明:控制全局照明的开、光和反射的引擎,在选择不同的 GI 引擎时会出现相应的参数设置卷展栏,VRay 提供了 4 种 GI 引擎,如图 12-16 所示。

□ 发光图:当选择发光贴图为当前 GI 引擎时会出现此面板,用于控制发光贴图参数设置,也是最为常用的一种GI 引擎,效果和速度都是不错的,如图 12-17 所示。

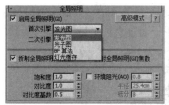

图 12-16 VRay 间接照明

图 12-17 VRay 发光贴图

□ 焦散:该卷展栏用于控制焦散效果,在 VRay 渲染器中产生焦散的条件包括必须有物体设置为产生和接收焦散,要有灯光,物体要被指定反射或折射材质,如图 12-18 所示。

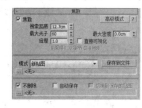

图 12-18 VRay 焦散

12.1.3 设置选项卡

主要用来控制 VRay 的系统设置、置换、DMC 采样,如图 12-19 所示。

图 12-19 设置面板

□ 默认置换:用于控制 VRay 置换的精度,在物体没有被指定 VRay 置换修改器时有效,如图 12-20 所示。

□ 系统:主要对 VRay 整个系统的一些设置,包括内存控制、渲染区域、分布式渲染、水印、物体与灯光属性等设置,如图 12-21 所示。

图 12-20 VRay 默认置换　　　　图 12-21 VRay 系统

12.2 VRay 材质和贴图

在电脑上安装了 VRay 渲染器后,按下 M 键,打开如图 12-22 所示的【材质编辑器】对话框;单击按钮 Standard ,系统弹出【材质/贴图浏览器】对话框,单击展开"材质"卷展栏,可以发现新增了一个名称为"VRay"的卷展栏,其下包含了多种类型的材质,如图 12-23 所示。

图 12-22 【材质编辑器】对话框　　图 12-23 【材质 / 贴图浏览器】对话框

12.2.1 VRayMtl 材质

VRayMtl 是 VRay 渲染器最为重要和常用的一种材质类型，能够模拟现实世界中的各种材质效果，内置有反射、折射、半透明等特性，并且有较快的渲染速度，材质面积与渲染效果。下面通过两个材质的制作方法来演示该材质类型的使用。

实战：不锈钢材质

场景位置：DVD> 场景文件 > 第 12 章 > 模型文件 > 实战　不锈钢材质 .max
视频位置：DVD> 视频文件 > 第 12 章 > 实战　不锈钢材质 .mp4
难易指数：★★☆☆☆

01 打开光盘提供的"第 12 章 \ 不锈钢材质 .max"文件，该场景中有一个艺术品，按 M 键打开"材质编辑器"，选择一个空白材质球，并命名为"不锈钢"如图 12-24 所示。

图 12-24 打开文件

02 单击 Standard 按钮，在弹出的"材质 / 贴图浏览器"对话框中双击 VRayMtl，将材质参数设置面板转换为 VRayMtl 的参数面板，如图 12-25 所示。

图 12-25 切换材质类型

03 在"基本参数"卷展栏中，对"漫反射"和"反射"右侧的颜色色块进行调整，并对"反射光泽度"和"细分"值进行调整，如图 12-26 所示。

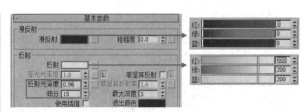

图 12-26 调节材质参数

04 选择场景中要赋予不锈钢的主体对象，单击"将材质指定给选定对象"按钮，赋予其不锈钢材质，如图 12-27 所示。

图 12-27 不锈钢材质

实战：玻璃材质

场景位置：DVD> 场景文件 > 第 12 章 > 模型文件 > 实战　玻璃材质 .max
视频位置：DVD> 视频文件 > 第 12 章 > 实战　玻璃材质 .mp4
难易指数：★★☆☆☆

01 开本书附带光盘"第 12 章 \ 玻璃材质 .max"文件，该场景中已经准备好模型和灯光，如图 12-28 所示。

02 按 M 键打开"材质编辑器"对话框，选择一个空白材质球，切换为"VRayMtl"材质类型，并命名为"玻璃"，如图 12-29 所示。

 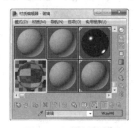

图 12-28 打开文件　　图 12-29 切换材质类型

03 在"VRayMtl"参数面板中，设置"漫反射"的颜色值为（红：255，绿：255，蓝：255），"反射"的颜色值为（红：30，绿：30，蓝：30），设置反射光泽度值为 0.98，细分值为 8，如图 12-30 所示。

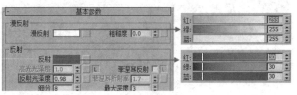

图 12-30 设置基本参数

04 在"折射"选项组中，设置折射的颜色 RGB 值为 233、233、233，细分值为 8，折射率值为 1.5，最大深度值为 5，如图 12-31 所示。

05 玻璃材质就设置完成，在场景中选择玻璃杯对象，单击"将材质指定给选定对象"  按钮，赋予材质，再单击渲染按钮观察玻璃材质的效果，如图 12-32 所示。

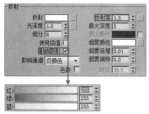

图 12-31 设置折射选项组参数

图 12-32 玻璃材质效果

实战：陶瓷材质

场景位置：DVD> 场景文件 > 第 12 章 > 模型文件 > 实战：陶瓷材质 .max
视频位置：DVD> 视频文件 > 第 12 章 > 实战：陶瓷材质 .mp4
难易指数：★★★☆☆

01 开本书附带光盘"第 12 章 \ 陶瓷材质 .max"文件，场景中有创建了装饰品，如图 12-33 所示。

02 按 M 键打开"材质编辑器"对话框，选择一个空白材质球，切换为"VRayMtl"材质类型，并命名为"陶瓷"，如图 12-34 所示。

图 12-33 打开文件

图 12-34 切换材质类型

03 在"VRayMtl"参数面板中，设置"漫反射"的颜色值为（红：235，绿：235，蓝：235），"反射"的颜色值为（红：35，绿：35，蓝：35），设置反射光泽度值为 0.98，细分值为 8，如图 12-35 所示。

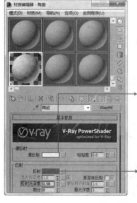

图 12-35 设置基本参数

04 陶瓷材质就设置完成，在场景中选择对象，单击"将材质指定给选定对象" 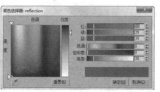 按钮，赋予材质，再单击渲染按钮观察陶瓷材质的效果，如图 12-36 所示。

图 12-36 陶瓷材质

12.2.2 VRay 灯光材质

VRay 灯光材质是一种自发光材质，将这个材质指定给物体，可以把物体当光源使用，产生真实的照明效果，通常用来制作灯带、电视屏幕、灯罩等物体的发光。

VRay 灯光材质的参数卷展栏如图 12-37 所示。

图 12-37 灯光材质参数

☐ 颜色："色彩通道"可以调整出各种颜色的发光效果，其后的数值可以进行发光强度的控制，而其贴图通道内可以加载位图来制作发光纹理效果。

☐ 不透明度：使用"透明度"贴图通道可以对模型表面制作发光效果的同时进行镂空效果的表现。

实战：制作时尚落地灯灯光

场景位置：DVD> 场景文件 > 第 12 章 > 模型文件 > 实战：制作时尚落地灯灯光 .max
视频位置：DVD> 视频文件 > 第 12 章 > 实战：制作时尚落地灯灯光 .mp4
难易指数：★★☆☆☆

01 开本书附带光盘"第 12 章 \ 制作时尚落地灯灯光 .max"文件，场景中有一时尚落地灯模型，如图 12-38 所示。

02 按 M 键打开"材质编辑器"对话框，选择一个空白材质球，切换为"VR 灯光材质"材质类型，并命名为"自发光"，如图 12-39 所示。

图 12-38 打开文件

图 12-39 切换材质类型

03 在"VR 灯光材质"参数面板中，设置"颜色"值为（红：75，绿：75，蓝：255），开启"直接照明"复选框，如图 12-40 所示。

图 12-40　设置材质参数

04 灯光材质就设置完成，在场景中选择对象，单击"将材质指定给选定对象"按钮，赋予材质，再单击渲染按钮观察灯光材质的效果，如图 12-41 所示。

图 12-41　灯光材质效果

12.2.3　VRay 包裹材质

VRay 包裹材质主要用来控制物体全局照明、焦散和不可见的一些特殊需要，如图 12-42 所示为其参数设置面板，其中各选项含义如下：

图 12-42　VRay 包裹材质参数设置面板

□ 基本材质：单击按钮，定义包裹材质中将使用的基本材质，但是必须选择 VRay 渲染器所支持的材质类型，如图 12-43 所示。

图 12-43　指定基础材质

□ 生成全局照明：该选项参数定义使用此材质的物体产生全局照明的强度，参数值越大，材质本身也就越亮，如图 12-44 所示。

□ 接收全局照明：在其中设置使用此材质的物体接收全局照明的强度，参数值越大，材质本身越亮，如图 12-45 所示。

□ 生成焦散：选择该项，使用此材质的物体可产生焦散。

□ 接收焦散：选择该项，使用此材质的物体可接收焦散。

□ 焦散倍增值：在其中设置产生和接收焦散的倍增值。

□ 无光曲面：选择该项，激活其余的各选项参数，可用来设置不可见表面的相关参数。

图 12-44　生成全局照明

图 12-45　接收全局照明

12.2.4　VRay 双面材质

VRay 双面材质不仅是物体的内外表面拥有不同的纹理贴图，也可同时渲染物体的内外表面，其参数设置面板如图 12-46 所示。其中各选项含义如下：

图 12-46　双面材质参数面板

□ 正／背面材质：设置对象的内外表面材质。

□ 半透明：该选项用来设置"正面材质"和"背面材质"的混合程度，可直接在选框中设置混合值，也可通过加载贴图来代替。当混合值为 0 时，"正面材质"在外表面，"背面材质"在内表面；混合值为 0~100 时，两面材质可以相互混合；混合值为 100 时，"背面材质"在外表面，"正面材质"在内表面。

□ 强制单面子材质：选择该项，正面、背面不受影响，不透明颜色越深，总体越亮；禁用该项，半透明越黑越不透明，相互渗透较小。

实战：制作杂志封面

01 打开本书附带光盘"第 12 章 \ 制作杂志封面 .max"文件，该场景准备了两本杂志模型，这样便于更直观地观察正面和背面材质显示的效果，如图 12-47 所示。

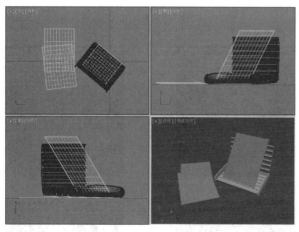

图 12-47 打开文件

02 按 M 键打开"材质编辑器",选择一个空白材质球,单击 Standard 按钮,在弹出的"材质/贴图浏览器"对话框中双击"VRay 双面材质",如图 12-48 所示。

图 12-48 切换材质类型

03 在"参数"卷展栏中,单击"正面材质"右侧的长方形按钮,在弹出的"材质/贴图浏览器"对话框中选择"VRayMtl"材质类型,如图 12-49 所示。

图 12-49 赋予子材质

04 切换至 VRayMtl 参数设置面板中,为漫反射添加一张"位图"贴图,如图 12-50 所示。

图 12-50 赋予位图贴图

05 依照同样的方法,为"背面材质"赋予一个 VR 材质,并为漫反射添加一张位图贴图,如图 12-51 所示。

图 12-51 设置背面材质

06 单击"半透明"右侧的颜色色块,在弹出的"颜色选择器"对话框中调整其颜色,如图 12-52 所示。

图 12-52 调整颜色

07 选择场景中的杂志对象,单击"将材质指定给选定对象",赋予其材质,切换至摄影机视图,单击主工具栏上的"渲染产品"按钮,观察双面材质的效果,如图 12-53 所示。

图 12-53 最终效果

12.2.5 VRayHDRI

HDRI 是 High Dynamic Range Image(高动态范围图像)的缩写。其除了具备普通图像的 RGB(红绿蓝)三个颜色通道外,还具备了一个亮度通道;因此它除了可以作为反射贴图来使用以外,还可作为一种特殊的光源来照亮场景。其参数设置面板如图 12-54 所示,其中参数选项含义如下:

图 12-54 "VRayHDIR"参数面板

□ **位图**：单击右侧的"浏览"按钮可加载贴图。

□ **贴图**：在选项列表中提供了 5 种贴图类型，包括角度、立方、球形、球状镜像和 3ds max 标准。

□ **水平旋转**：在其中设置环境贴图水平方向旋转的角度。

□ **水平翻转**：在水平方向反向设定环境贴图。

□ **垂直旋转**：在其中设定环境贴图垂直方向旋转的角度。

□ **垂直翻转**：在垂直方向反向设定环境贴图。

□ **全局 / 渲染倍增**：在其中控制 HDRI 图像的亮度。

图 12-57 加载 VRayHDRI 贴图

03 再次对场景进行渲染，如图 12-58 所示，对象表面反射出环境贴图，这样看起来效果比较真实。

图 12-58 加载贴图后效果

实战：VRayHDRI 贴图的应用

场景位置：DVD> 场景文件 > 第 12 章 > 模型文件 > 实战：VRayHDRI 贴图的应用 .max
视频位置：DVD> 视频文件 > 第 12 章 > 实战：VRayHDRI 贴图的应用 .mp4
难易指数：★★☆☆☆

01 打开本书附带光盘"第 12 章 \VRayHDRI 贴图的应用 .max"文件，如图 12-55 所示。保持默认环境效果对场景进行渲染，如图 12-56 所示渲染出的对象只反射出周围存在的对象，效果并不够理想。

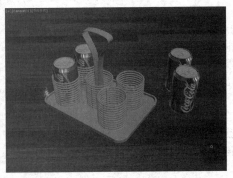

图 12-55 打开文件

图 12-56 默认渲染

02 按 F10 键进入渲染设置面板，在环境卷展栏中添加 VRayHDRI 贴图，如图 12-57 所示。

12.2.6 VRay 边纹理

VRay 边纹理的材质效果类似于 3ds Max 线框性质。但与线框性质不同的是，VRay 边纹理是一种贴图。加载一个 VRay 边纹理，其参数设置面板如图 12-59 所示，其中各选项含义如下：

图 12-59 VRay 边纹理参数面板

颜色：单击色块，在【颜色选择器】中设置边的颜色。

□ **隐藏边**：选择该项，将渲染物体的所有边，否则仅渲染可见边。

□ **世界单位**：选择该项，厚度单位为场景尺寸单位。

□ **像素**：选择该项，厚度单位为像素。

实战：场景线框模式的输出

场景位置：DVD> 场景文件 > 第 12 章 > 模型文件 > 实战：场景线框模式的输出 .max
视频位置：DVD> 视频文件 > 第 12 章 > 实战：场景线框模式的输出 .mp4
难易指数：★★☆☆☆

01 打开本书附带光盘"第 12 章 \ 输出场景线框模式 .max"文件，场景已经设置好模型的材质，如图 12-60 所示。

图 12-60 打开文件

02 按 M 键打开材质编辑器，选取沙发对象的材质，在"漫反射"和"不透明"贴图通道中加载"VR边纹理"贴图，如图 12-61 所示。

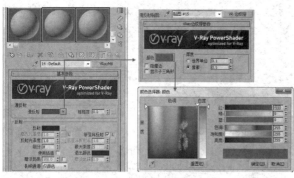

图 12-61 加载"VR 边纹理"贴图

03 设置好贴图的参数，单击渲染按钮观察场景的效果如图 12-62 所示。

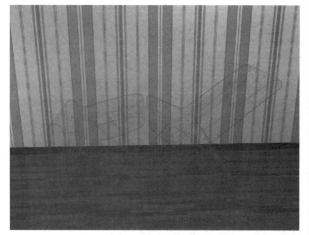

图 12-62 场景效果

12.3 VRay 置换修改器

　　VR 置换模式是一个可以在不需要修改模型的情况下，为场景中的物体增加模型细节的一个强大的修改器。它的效果很像凹凸贴图，但是凹凸贴图仅作用于物体表面的一个效果，它的效果比凹凸贴图带来的效果丰富更强烈，如图 12-63 所示。

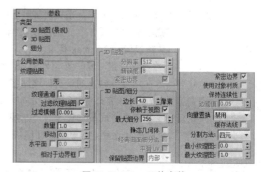

图 12-63 VRay 置换参数

　　□　2D 贴图：这个方式是根据置换贴图来产生凹凸效果，凹或凸的地方是根据置换贴图的明暗来产生的，暗的地方凹，亮的地方凸。实际上，VRay 在对置换贴图分析的时候，已经得出了凹凸结果，最后渲染的时候只是把结果映射到 3D 空间上。

　　□　3D 贴图：这种方式是根据置换贴图来细分物体的三角面。它的渲染效果比 2D 好，但是速度比 2D 慢。

　　□　细分：这种方式和三维贴图方式比较相似，它在三维置换的基础上对置换产生的三角面进行光滑，使置换产生的效果更加细腻，渲染速度比三维贴图的渲染速度慢。

　　□　纹理贴图：单击这里的按钮，可以选择一个贴图来当作置换所用的贴图。

　　□　纹理通道：这里的贴图通道和给置换物体添加的UVW 贴图里的贴图通道相对应。

　　□　过滤纹理贴图：勾选这个选项后，在置换过程中将使用"图像采样器（全屏抗锯齿）"中的纹理过滤功能。

　　□　数量：用来控制物体的置换程度。较高的取值可以产生剧烈的置换效果。当设置为负值时，会产生凹陷的置换效果。

　　□　移动：用来控制置换物体的收缩膨胀效果。正值是物体的膨胀效果，负值是收缩效果，如图 12-64 所示。

图 12-64 数量和移动

　　□　水平面：用来定义一个置换的水平界限，在这个界限以外的三角面将被保留，界限以内的三角面将被删除，如图 12-65 所示。

图 12-65 水平面

❏ 相对于边界框：勾选该选项后，置换的数量将以边界盒为挤出。这样置换出来的效果非常剧烈，通常不必勾选使用，如图 12-66 所示。

图 12-66 相对于边界框

❏ 分辨率：用来控制置换物体表面分辨率的程度，最大值为 16384，值越高表面被分辨得越清晰，当然也需要置换贴图的分辨率也比较高采可以。

❏ 精确度：控制物体表面置换效果的精度，值越高置换效果越好，如图 12-67 所示。

图 12-67 分辨率和精确度

❏ 紧密界限：勾选这个参数后，VRay 会对置换的图像进行预先采样，如果图像中的颜色数很少并且图像不是非常的复杂时，渲染速度会很快。如果图像中的颜色数很多而且图形也相对比较复杂时，置换评估会减慢计算。不勾选这个选项时，VRay 不对纹理进行预先采样，在某些情况下会加快计算。

❏ 边长：定义了三维置换产生的三角面的边线长度。值越小，产生的三角面越多，置换品质也越高。

❏ 视野：勾选该选项时，边长度以像素为单位来确定三角形边的最大长度。如果取消勾选，则以世界单位来定义边界的长度。

❏ 最大细分：用来确定原始网格的每个三角面能够细分得到的极细三角面最大数量。实际数量是所设置参数的平方值。通常不必为这个参数设置太高的数值。

❏ 紧密界限：勾选这个参数后，VRay 会对被置换的图像进行预先采样，如果图像中的颜色数很少并且图像不是非常的复杂时，渲染速度会很快。如果图像中颜色数很多而且图形也相对不较复杂时，置换评估会减慢计算；不勾选这个选项时，VRay 不对纹理进行预先采样，在某些情况下会加快计算。

❏ 使用对象材质：勾选该选项时，VRay 可以从当前物体材质的置换贴图中获取纹理贴图信息，而不会使用修改器中的置换贴图的设置。

❏ 保持连续性：在不勾选时，在具有不同光滑组群或材质 ID 号之间会产生破裂的置换效果，勾选后可以将这个裂口进行连接，如图 12-68 所示。

❏ 边阈值：该选项只有在勾选"保持连续"选项时才可以使用。它可以控制在不同光滑组或材质 ID 之间进行混合的缝合裂口的范围。

图 12-68 保持连续性

12.4 VRay 灯光

VRay 灯光一共有 4 种类型，分别为 VR 灯光、VRayIES、VR 环境灯光、VR 太阳，如图 12-69 所示。本节为读者介绍 VR 灯光、VR 太阳以及 VRayIES。

图 12-69 VRay 灯光类型列表

12.4.1 VR 灯光

VR 灯光是从一个面积或体积发射出光线，所以能够产生真实的照明效果其参数十分精简，能够大大提高调节效率。VRay 灯光包括 4 种灯光类型，分别是平面、球体、穹顶和网格型，如图 12-70 所示。

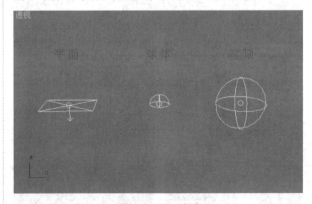

图 12-70 VRay 灯光

🌐 下面以平面类型做一个简单的介绍--------------

01 打开光盘提供的"第 12 章 \VRay 灯光 .max"文件，在场景中有一个室内的空间，在"创建"→"灯光"下拉列表中选择"VRay"，然后单击"VR 灯光"按钮，在场景中的位置出创建一个灯光，如图 12-71 所示。

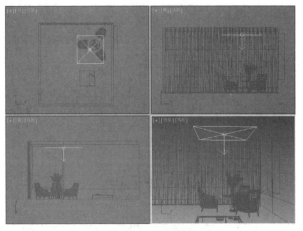

图 12-71 创建灯光

02 切换至修改命令面板，展开"参数"卷展栏，在"常规"选项组中的"开"复选框，可以控制 VR 灯光是否启用，如图 12-72 所示。

图 12-72 关闭和启用灯光

03 在参数卷展栏中的"常规"和"强度"两个选项组中的参数，与前面介绍的标准灯光一样，这里就不再详细介绍了，如图 12-73 所示。

图 12-73 颜色倍增

04 光源的大小可以在"大小"选项组中进行调整，"半长"可以设置平面的长度，"半宽"可以设置平面光源的宽度，如图 12-74 所示。

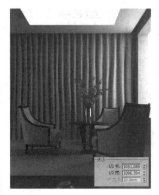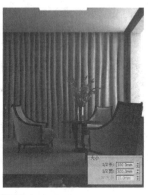

图 12-74 光源大小

05 "选项"选项组中的参数可以用来对光源进行特殊的设置，"投影"选项用于控制平面光源是否投射阴影；"双面"选项可以控制是否在平面光源的两面都产生灯光效果，这个选项对球形灯光无效，常用来满足特定场合的需要，如图 12-75 所示。

图 12-75 投影和双面

06 "不可见"开关，这个选项可以控制是否在最后的渲染图中显示光源的形状，若不勾选，场景中的光源将被渲染成当前灯光的颜色，如图 12-76 所示。

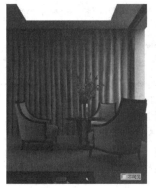

图 12-76 不可见选项

07 "不衰减"为无衰减，一般情况下灯光亮度会按照与光源距离平方的倒数方式进行衰减（即远离光源的表面比靠近光源的表面更黑）。勾选这个选项后，灯光的强度将不会随距离而衰减，如图 12-77 所示。

图 12-77 不衰减选项

08 "天光入口"为天光入口开光，勾选后颜色和倍增值参数会被忽略，而是以环境光的颜色和亮度为准，如图 12-78 所示。

图 12-78 天光

09 其中的"影响漫反射""影响高光反射""影响反射"三个复选框与前面所介绍的标准灯光的功能一样，这样就不在详细介绍了，如图 12-79 所示。

图 12-79 基本照射

10 采样选项组中的"细分"设置，可以决定光照效果的品质。这个值控制着 VRay 耗费多少样本来计算光照效果。参数值设置低，那么图面噪点多，渲染时间也短，反之；"阴影偏移"这个参数控制着物体的阴影渲染偏移程度，偏移值越低，阴影的范围越大，越模糊，反之，如图 12-80 所示。

图 12-80 细分和阴影偏移

12.4.2 VR 太阳

实战：VR 太阳

场景位置：DVD> 场景文件 > 第 12 章 > 模型文件 > 实战：VRay 太阳 .max
视频位置：DVD> 视频文件 > 第 12 章 > 实战：VRay 太阳 .mp4
难易指数：★★☆☆☆

VR 太阳是 VRay 渲染器自带的太阳光，提供了空气混浊度、臭氧层厚度等物理属性设置，与 VRaySky 配合使用，可模拟出真实的太阳光照效果。VR 太阳也可以单独创建，也可以通过创建 3ds Max 日光系统来控制，下面来学习它的使用方法。

01 打开光盘提供的"第 12 章 \VR 太阳 .max"文件，场景中已经创建好了一些模型和灯光，如图 12-81 所示。

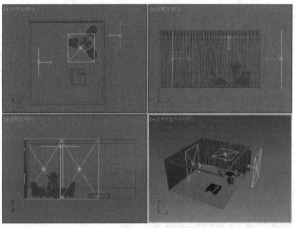

图 12-81 打开场景文件

02 在"创建"→"灯光"面板的下拉列表中选择"VRay"，切换至 VRay 灯光面板，然后单击"VR 太阳"按钮，在场景中的位置出创建一个灯光，如图 12-82 所示。

03 在创建该灯光时，场景中会自动的弹出一个对话框，询问是否在环境中创建 VR 天空贴图，单击"否"按钮，如图 12-83 所示。

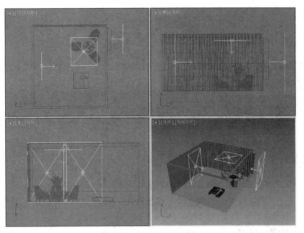

图 12-82 创建太阳光

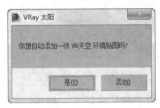

图 12-83 取消添加 VR 天光贴图

04 选择创建好的太阳光，切换至"修改"命令面板，对其"阳光参数"卷展栏中的参数进行设置，如图 12-84 所示。

05 按 C 键切换至摄影机视图，单击主工具栏上的"渲染产品"按钮，观察在添加了 VR 太阳后的效果，如图 12-85 所示。

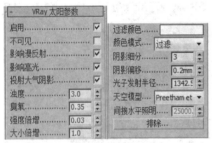

图 12-84 调节参数

图 12-85 VR 太阳效果

12.4.3 VRayIES

实战： VRayIES

场景位置　DVD>场景文件 > 第 12 章 > 模型文件 > 实战　VRayIES.max
视频位置　DVD>视频文件 > 第 12 章 > 实战：VRayIES 灯光 .mp4
难易指数　★★☆☆☆

VRayIES 是 VRay 渲染器自带的 IES 类型的灯光，它提供了光网域、功率等属性的设置，主要用来模拟室内灯光中的射灯的效果。

01 打开光盘提供的"第 12 章\VRayIES.max"文件，场景中已经创建好了一些模型和灯光，如图 12-86 所示。

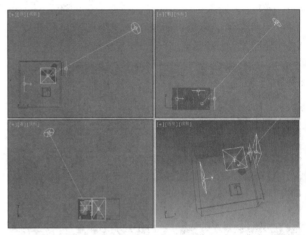

图 12-86 打开文件

02 切换视图至前视图，在"创建"→"灯光"面板的下拉列表选择"VRay"，切换至 VRay 灯光面板，然后单击"VRayIES"按钮，在场景中的位置出创建一个灯光，并使用移动工具调整其位置，如图 12-87 所示。

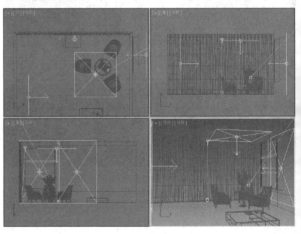

图 12-87 创建灯光

03 选择创建好的 VRayIES，切换至"修改"命令面板，对其"IES 参数"卷展栏中的参数进行设置，如图 12-88 所示。

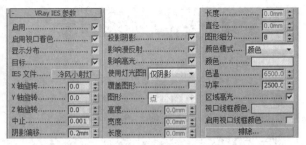

图 12-88 调整参数

04 单击参数卷展栏中的长方形按钮，在弹出的对话框中，选择光盘中提供的光域网文件，如图 12-89 所示。

图 12-89 添加光域网文件

05 切换视图至顶视图，选择创建出来的 VRayIES，按住 Shift 键拖动复制出两个 VRayIES，并调整其位置，如图 12-90 所示。

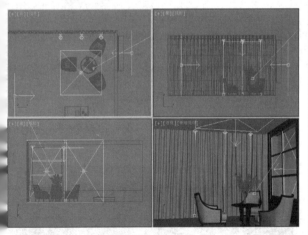

图 12-90 复制灯光

06 按 C 键切换至摄影机视图，单击主工具栏上的"渲染产品"按钮，观察在添加了 VRayIES 后的效果，如图 12-91 所示。

图 12-91 VRayIES 效果

12.5 VRay 摄影机

VRay 摄影机具有光圈、快门、曝光及 ISO 等调节功能，与真实的摄影机相似。VRay 摄影机分为两种，即"VR 穹顶摄影机""VR 物理摄影机"，如图 12-92 所示。单击"VR 物理摄影机"按钮，在场景中拖曳鼠标，可创建一个 VR 物理摄影机，如图 12-93 所示。与目标摄影机相同，VR 物理摄影机也由目标点及摄影机组成。

图 12-92 VRay 摄影机类型列表　　图 12-93 VR 物理摄影机

VRay 穹顶摄影机模拟的是一种穹顶相机效果，类似于 3ds Max 中自带的自由相机类型，已经固定好了相机的焦距、光圈等所有参数，唯一可控制的只是它的位置；VRay 物理摄影机使用功能和现实中的相机功能相似，都有光圈、快门、曝光、ISO 等调节功能，用户可以通过 VRay 的物理相机制作出更为真实的作品，下面以 VRay 物理摄影机为例对参数面板做一个简单的介绍。

12.5.1 基本参数

□　类型：VRay 物理摄影机内置了 3 种类型的相机，分别为：照相机、摄影机（电影）、摄影机（DV）。一般作为室内的静态表现，只使用默认的照相机类型即可，如图 12-94 所示。

图 12-94 基本参数

- ☐ 目标：勾选该选项，相机的目标点将放在焦平面上。
- ☐ 胶片规格：控制照相机所看到的景色范围。
- ☐ 焦距：控制相机的焦长。
- ☐ 缩放因子：控制摄影机的设图的缩放。值越大，相机视图拉得越近。
- ☐ 光圈数：用于设置相机的光圈大小，控制渲染图的最终亮度。值越小图越亮，值越大图越暗，同时和景深也有关系，大光圈景深小，小光圈景深大。
- ☐ 垂直移动：控制相机在垂直方向上的变形，主要用于纠正三点透视到两点透视。
- ☐ 指定焦点：勾选选项后进行手动调焦。
- ☐ 曝光：用于控制曝光的效果
- ☐ 光晕：用于模拟真实相机所产生的镜头渐晕效果。
- ☐ 白平衡：和真实相机的功能一样，控制图的色偏。
- ☐ 快门速度：控制光的进光时间。值越小，进光时间越长，图就越亮；反之值越大，进光时间就小，图就越暗。
- ☐ 底片感光度：模拟胶片感光速度的参数。

12.5.2 散景特效和采样

这两组参数都是用来控制相机的散景特效和景深、运动模糊效果，如图 12-95 所示。

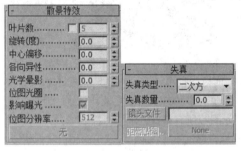

图 12-95 背景特效和采样

- ☐ 叶片数：用于控制背景产生的小圆圈的边。
- ☐ 旋转：控制背景小圆圈的旋转角度。
- ☐ 中心偏移：用于控制背景偏移原物体的距离。
- ☐ 各向异性：用于控制背景的各项异性。
- ☐ 景深：控制是否产生景深。
- ☐ 运动模糊：控制是否产生动态模糊的效果。
- ☐ 细分：控制景深和动态模糊的采样细分。值越大，杂点越多，图像的品质越高。

12.6 VRay 物体对象

VRay 渲染系统不仅有自身的灯光、材质和贴图，还有自身的物体类型。VRay 物体在创建命令面板的创建几何体中，并且提供了 4 种对象类型：VR 代理、VR 毛皮、VR 平面和 VR 球体，如图 12-96 所示。

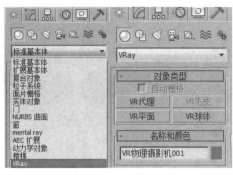

图 12-96 VRay 物体对象

12.6.1 VR 代理

实战： VR 代理

场景位置：DVD> 场景文件 > 第 12 章 > 模型文件 > 实战：VRayProxy 代理 .max
视频位置：DVD> 视频文件 > 第 12 章 > 实战：VRayProxy 代理 .mp4
难易指数：★★★☆☆

利用 VR（VRayProxy）代理对象，可以在渲染的时候导入存在 3ds Max 外部的网格对象，这个外部的几何体不会出现在 3ds Max 场景中，也不占用资源，这种方式可以渲染上百万个三角面场景。下面通过一个简单的实例来演示其使用方法。

01 打开光盘提供的"第 12 章 \VR 代理 .max"文件，该场景中已经创建好了一个物体对象，并设置相应的参数和灯光，如图 12-97 所示。

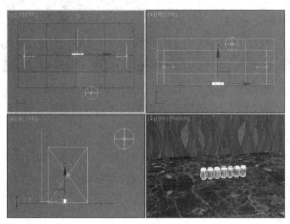

图 12-97 打开文件

02 选择场景中的对象，单击鼠标右键，在弹出的快捷菜单中，选择 "VRay 网格导出" 命令，这时弹出一个 "VRay 网格导出" 对话框，如图 12-98 所示。

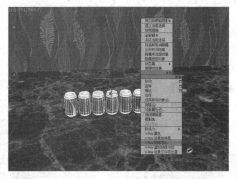

图 12-98 VRay 网格导出

03 单击 "文件夹" 栏右侧的 "浏览" 按钮，设置储存导出文件的路径，选择 "导出在单一文件的所有选定对象" 选项，然后单击 "确定" 按钮，如图 12-99 所示。

图 12-99 VRay 网格导出对话框

04 单击 "创建" → "几何体" → "VRay" 面板中的 "VRayProxy" 按钮，在其 "网格代理参数" 卷展栏中，单击 "浏览" 按钮，在弹出的对话框中导入所导出的代理文件，如图 12-100 所示。

图 12-100 选择文件

05 在场景中单击，鼠标左键进行添加，如图 12-101 所示。

图 12-101 代理物体

06 使用复制工具，复制出代理对象，如图 12-102 所示。

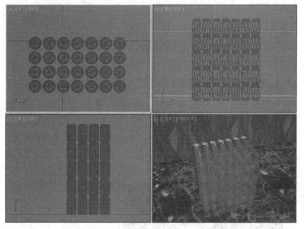

图 12-102 赋予材质

07 按 M 键打开材质编辑器，将易拉罐的材质赋予代理对象，如图 12-103 所示。

08 单击渲染按钮，观察代理对象的效果如图 12-104 所示。

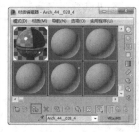

图 12-103 赋予材质

提示

在使用 VR 代理创建对象的时候，必须使用 VR 渲染器才可以渲染出代理的对象。

其中的 "导出在单一文件的每个选定对象" 也是存储对象的方式，它可以选择存储多个对象；"自动创建代理"，可以自动的导出网格创建 VRay 代理对象，具有与原始对象相同的位置信息和材质特性，原始对象将会被删除。

图 12-104 代理对象效果

12.6.2 VR 球体和 VR 平面

1. VR 球体

VR 球体物体主要用来制作球体。在创建 VR 球体物体时，只需要在视图中单击即可创建完成，球体物体在视图中只是显示线框方式，在渲染的过程中必须将 VRay 指定为当前渲染器，否则渲染会看不见。它的参数很简单，只有两个，分别是"半径"和"翻转法线"。如图 12-105 所示，它一般用于模拟场景环境和天空等。

图 12-105 VR 球体

2. VR 平面

VR 平面物体主要用来制作一个无限广阔的平面。在创建平面物体时，只需要在视图中单击即可创建完成，平面物体在视图中只是显示平面物体图标。在渲染的过程必须将 VRay 指定为当前渲染器，否则渲染会看不见。在渲染时可以更改平面物体的颜色，并且还可以赋予平面材质贴图，只是很少用到赋予贴图的功能。如图 12-106 所示，它一般用于模拟无限延伸的地面和水面等。

图 12-106 VR 平面

12.6.3 VR 毛皮

使用 VR 毛皮工具可以制作地毯、草地等毛制品，是 VRay 自带的一种毛皮制作工具。如图 12-107 所示为毛制品的制作结果。

图 12-107 毛制品的制作结果

实战： VR 毛皮制作地毯

场景位置：DVD> 场景文件 > 第 12 章 > 模型文件 > 实战、VR 毛皮制作地毯 .max
视频位置：DVD> 视频文件 > 第 12 章 > 实战：VRay 毛皮制作地毯 .mp4
难易指数：★★☆☆☆

01 打开光盘提供的"第 12 章 \ 利用 VR 毛皮制作地毯 .max"文件，该场景中已经创建好了地毯物体对象，并设置相应的参数和灯光，如图 12-108 所示。

02 选择地毯模型，单击"创建"→"几何体"→"VRay"面板中的"VR 毛皮"按钮，添加毛皮对象，如图 12-109 所示。

图 12-108 打开文件　　　　图 12-109 添加毛皮

03 切换至修改命令面板，调节 VR 毛皮相关参数如图 12-110 所示。

图 12-110 设置参数

04 单击渲染按钮，观察场景中地毯的毛皮效果，如图 12-111 所示。

图 12-111 毛皮效果

第 13 章

本章学习要点：

- 环境
- 大气
- 效果

在完成了模型的创建、材质的设置、灯光及摄影机的布局后，为使场景更具有真实感和空间感，需要使用"环境和效果"功能，为场景添加光、雾、火等效果，以使场景更贴近现实生活。在影视制作中，为场景添加一些模拟现实的环境效果，可以呈现出更生动形象、更真实的视觉效果，如图 13-1 所示。

图 13-1 添加环境效果

13.1 环境

在 3ds Max 中，系统默认视图渲染后背景环境的颜色是黑色，场景的光源为白色。此时执行"渲染"→"环境"命令，弹出如图 13-2 所示的【环境和效果】对话框，在"环境"选项卡下可以设置场景中的环境效果。

图 13-2 【环境和效果】对话框

13.1.1 环境颜色和全局照明

"公用参数"卷展栏包括"背景"和"全局照明"两个选项组，本节介绍选项组中的各项参数含义。

1. "背景"选项组

□ 颜色：单击色块按钮，在系统弹出如图 13-3 所示的【颜色选择器：背景色】对话框中更改"红""绿""蓝"选项的参数值，可以对场景中的背景颜色进行更改。

图 13-3 【颜色选择器：背景色】对话框

□ 环境贴图：单击 无 按钮，系统弹出如图 13-4 所示的【材质/贴图浏览器】对话框，双击"位图"选项，在弹出【选择位图图像文件】对话框中选择待加载的环境贴图，单击"打开"按钮可以完成加载贴图的操作，结果如图 13-5 所示。

图 13-4 【材质/贴图浏览器】 图 13-5 加载贴图
对话框

□ 使用贴图：选择该项才可将所加载的贴图应用到场景中。

2. "全局照明"选项组

□ 染色：可对场景中的所有灯光进行染色处理，环境光除外。默认值为纯白色，即不进行染色处理。

□ 级别：设置场景中全部照明的强度。参数值为 1.0时不对场景中的灯光强度产生影响，参数值大于 1 时整个场景的灯光强度都可增强，参数值小于 1 时整个场景的灯光都减弱。

□ 环境光：用来设置环境光的颜色，其与任何灯光都无关，属不定向光源，与空气中的漫反射相类似。系统默认颜色为纯黑色，即没有环境光照明，这样材质可完全受到可视光的照明。此时在【材质编辑器】中材质的"环境光"属性的也没起任何作用。在设置了环境光后，材质里的"环境光"属性会根据所设定的环境光来产生影响。即材质的暗部不是黑色，而是显示在这里所设置的环境光色。

实战：为场景添加室外环境贴图

场景位置：DVD> 场景文件 > 第 13 章 > 模型文件 > 实战：为场景添加室外环境贴图 .max
视频位置：DVD> 视频文件 > 第 13 章 > 实战：为场景添加室外环境贴图 .mp4
难易指数：★★☆☆☆

01 打开光盘提供的"第 13 章 \ 为场景添加室外环境贴图 .max"文件，场景中已经布置好模型对象和灯光，如图 13-6 所示。

图 13-6 打开文件

02 按数字键 8 打开"环境和效果"对话框，单击"环境贴图"选项组中的贴图通道 ＿＿ 按钮，在弹出的"材质 / 贴图浏览器"对话框中单击"位图"选项，如图 13-7 所示。

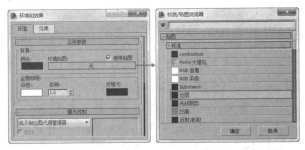

图 13-7 加载"位图"贴图

03 选择光盘提供的背景贴图，并在参数面板中设置其坐标参数，如图 13-8 所示。

图 13-8 设置贴图参数

04 按 C 键切换至摄影机视图，然后按 F9 键渲染当前场景如图 13-9，最终效果如图 13-10 所示。

图 13-9 默认渲染 　　　　图 13-10 最终效果

> **提示**
>
> 在默认情况下，背景颜色是黑色，渲染出来的背景颜色也是黑色。在为场景添加了环境贴图后，背景图像也可以被直接渲染出来，当然使用后期软件也可以完成图像的添加。

13.1.2 曝光控制

曝光控制用来调整渲染的输出级别和颜色范围，与电影的曝光处理相类似，适用于"光能传递"。在"曝光控制"卷展栏中提供了 6 种曝光类型，如图 13-11 所示，其中各类型含义如下：

图 13-11 "曝光类型"列表

□ mr 摄影曝光控制：选择该类型，可以提供类似于摄影机一样的控制，如快门速度、光圈和胶片速度以及对高光、中间色调和阴影的图像控制。

□ VRay 曝光控制：选择该类型，可通过调节曝光值、快门速度和光圈等数值来控制 VRay 的曝光效果。

□ 对数曝光控制：该类型适用于"动态阈值"非常高的场景，对于亮度、对比度以及在有天光照明的室外场景中使用较为频繁。

□ 伪彩色曝光控制：选择该项，可直观地观察和计算场景中的照明级别。

□ 线性曝光控制：该类型适用于动态范围很低的场景中。可以从渲染中采样，还可使用场景的平均亮度来将物理值映射为 RGB 值。

□ 自动曝光控制：选择该项，可从渲染图像中采样，生成一个直方图，方便在渲染的整个动态范围中提供良好的颜色分离。

1. 自动曝光控制

将当前的曝光控制类型设置为"自动曝光控制"，可以弹出相应的参数卷展栏，如图 13-12 所示。各选项含义如下：

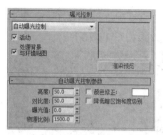

图 13-12 "自动曝光控制"参数

❏ 活动：选择该项，可以在渲染中开启曝光控制。

❏ 处理背景与环境贴图：选择该项，场景的背景贴图与场景的环境贴图同时受到曝光控制的影响。

❏ 渲染预览：单击按钮，可预览将渲染的缩略图。

❏ 亮度：设置转换颜色的亮度，参数值范围在 0~100 之间，如图 13-13 所示。

图 13-13 不同亮度值的效果

❏ 对比度：设置转换颜色的对比度，参数设置范围在 0~100 之间。

❏ 曝光值：设置渲染的总体亮度，参数设置范围在 -5~5 之间。负值可使图像变暗，正值可使图像变亮。

❏ 物理比例：设置曝光控制的物理比例，一般用在非物理灯光中。

❏ 颜色修正：选择该项，可改变所有颜色，使色样中的颜色显示为白色，如图 13-14 所示。

图 13-14 颜色修正

❏ 降低暗区饱和度级别：选择该项渲染出来的颜色会变暗。

2. 线性曝光控制

将曝光控制类型设置"线性曝光控制"，其弹出的参数设置面板如图 13-15 所示。

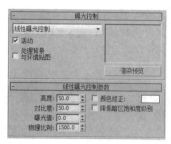

图 13-15 "线性曝光控制"参数

3. 伪彩色曝光控制

"伪彩色曝光控制"参数卷展栏如图 13-16 所示，其中各选项含义如下：

图 13-16 "伪彩色曝光控制"参数

❏ 数量：在该选项中设置所测量的值，分为"照度"和"亮度"两项。

❏ 样式：在该选项中可设置显示值的方式，分为"彩色"和"灰度"两类。

❏ 比例：在该选项中可设置用于映射值的方法，分为"对数"和"线性"两类。

❏ 最小 / 最大值：在该项中设置在渲染中要测量及表示的最小 / 最大值。

❏ 物理比例：该选项用于非物理光，设置曝光控制的物理比例。

❏ 光谱条：在其中显示光谱与强度的映射关系。

4. 对数曝光控制

"对数曝光控制参数"卷展栏如图 13-17 所示，其中大部分选项的含义可参照"自动曝光控制"卷展栏的介绍。

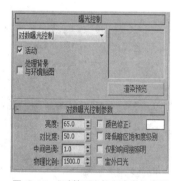

图 13-17 "对数曝光控制参数"参数

□ "仅影响间接照明"选项：选择该项，曝光控制仅应用于间接照明的区域，如图 13-18 所示。

□ "室外日光"选项：选择该项，可转换适合室外场景的颜色，如图 13-19 所示。

图 13-18 仅影响间接照明　　　图 13-19 室外日光

13.2 大气

　　3ds Max 中的大气效果有火、云、雾、光等，通过在场景中添加这些大气效果元素，可以使场景与现实环境更接近；营造自然界各种气候，比如晴天、雨雾等，对烘托场景气氛起到很重要的作用。如图 13-20、图 13-21、图 13-22 所示分别为火效果、云雾效果、体积光效果的呈现。

图 13-20 火效果

图 13-21 云雾效果

图 13-22 体积光效果

　　在【环境和效果】对话框中单击展开"大气"卷展栏，如图 13-23 所示，"大气"卷展栏各选项含义如下：

图 13-23 大气卷展栏

□ 效果：在其中显示已添加的效果的名称。

□ 添加：单击按钮，系统弹出【添加大气效果】对话框，选择待添加的效果类型，单击"确定"按钮即可将其添加至"大气"卷展栏下。

□ 删除：单击按钮，可删除在"效果"列表中所选中的大气效果。

□ 活动：选择该项，可启用所添加的大气效果。

□ 上移/下移：单击这两个按钮，可更改已添加的大气效果的顺序。

□ 合并：单击按钮，可合并其他 3ds Max 场景中效果。

13.2.1 火效果

　　通过添加"火效果"功能，可以制作出火焰、爆炸等效果，如图 13-24 和图 13-25 所示。

图 13-24 火焰效果　　　　图 13-25 爆炸效果

　　添加"火效果"后，可以显示其参数设置面板，如图 13-26 所示，其中各选项含义如下：

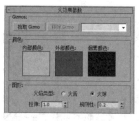
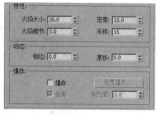

图 13-26 火效果参数面板

❑ 拾取 Gizmo：单击按钮，可在场景中拾取要产生火效果的 Gizmo 对象。

❑ 移除 Gizmo：单击按钮，可移除列表中所选的 Gizmo。Gizmo 被移除后仍然留在场景中，却不再产生火效果。

❑ 内部颜色：单击色块，可在【颜色选择器：内部颜色】对话框中设置火焰中最密集部分的颜色。

❑ 外部颜色：单击色块，可在【颜色选择器：内部颜色】对话框中设置火焰中最稀薄部分的颜色。

❑ 烟雾颜色：选择"爆炸"选项，该项被激活。可以在【颜色选择器：烟雾颜色】对话框中设置爆炸的烟雾颜色。

❑ 火焰类型：系统提供了两种火焰类型，分别为"火舌""火球"。

❑ 拉伸：该选项适合创建"火舌"火焰，其中的参数决定火焰沿着装置的 z 轴进行缩放的大小。

❑ 规则性：在选项中修改火焰填充装置的方式，参数值的取值范围为 1~0。

❑ 火焰大小：该选项用来设置装置中各个火焰的大小。装置越大，所需要的火焰就越大，取值范围在 15~30 内可获得最佳的火焰效果。

❑ 火焰细节：该选项中的参数可控制每个火焰中显示的颜色更改量和边缘的尖锐度，取值范围为 0~10。

❑ 密度：在该选项中设置火焰效果的不透明度和亮度。

❑ 采样：在选项中设置火焰效果的采样率。参数值越高，生成的火焰效果越细腻，但需要更多的渲染时间。

❑ 相位：该项用来控制火焰效果的速率。

❑ 漂移：在选项中设置火焰沿着火焰装置的 z 轴的渲染方式。

❑ 爆炸：选择该项，火焰产生爆炸效果。

❑ 设置爆炸：单击按钮，可以打开【设置爆炸相位曲线】对话框，在其中可以设置爆炸的开始时间和结束时间。

❑ 烟雾：选择该项，爆炸可产生烟雾。

❑ 剧烈度：设置"相位"参数的涡流效果。

实战：制作蜡烛的火效果

场景位置：DVD> 场景文件 > 第 13 章 > 模型文件 > 实战：制作蜡烛的火效果 .max
视频位置：DVD> 视频文件 > 第 13 章 > 实战：制作蜡烛的火效果 .mp4
难易指数：★★☆☆☆

01 打开光盘提供的"第 13 章 \ 制作蜡烛的火效果 .max"文件，场景中已经布置好模型对象和灯光，如图 13-27 所示。

02 单击"创建"→"大气装置"→"辅助对象"面板中的"球体 Gizmo"按钮，如图 13-28 所示。

图 13-27 打开文件　　图 13-28 单击"球体 Gizmo"按钮

03 按 T 键切换至顶视图，在蜡烛位置处创建球体 Gizmo，并在修改面板中对半径值进行设置，如图 13-29 所示。

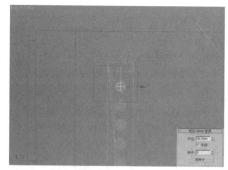

图 13-29 创建球体 Gizmo

04 按 F 键切换至前视图，使用缩放工具调节大气装置的形状，如图 13-30 所示。

图 13-30 调节球体 Gizmo 形状

05 按数字键 8 打开"环境和效果"对话框，然后展开"大气"卷展栏，单击"添加"按钮，在弹出的"添加大气效果"对话框中选择火效果，如图 13-31 所示。

06 在效果列表中选择"火效果"，展开"火效果参数"卷展栏，单击"拾取 Gizmo"按钮，拾取场景创建的大气装置对象。接着对面板中的参数进行设置，如图 13-32 所示。

07 选择球体 Gizmo，然后使用实例复制的方法复制到相应的蜡烛位置处，如图 13-33 所示。

图 13-31 添加火效果

图 13-32 设置火效果参数

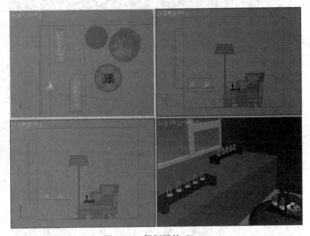

图 13-33 复制球体 Gizmo

08 按 F9 键渲染当前场景，最终效果如图 13-34 所示。

图 13-34 蜡烛火效果

13.2.2 雾和体积雾

通过添加"雾"功能，可创建出各种类型的雾，如图 13-35 所示。本节介绍"雾"效果参数和"体积雾"效果参数。

图 13-35 雾效果

1. 雾

使用"雾"功能，可以创建雾、云雾、烟雾等大气效果，使其作用于全部场景。添加"雾"效果后，可以显示其参数设置面板，如图 13-36 所示，其中各选项含义如下：

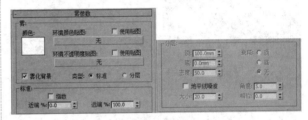

图 13-36 "雾"参数设置面板

☐ 颜色：单击色块，可在弹出的【颜色选择器：雾颜色】对话框中更改雾的颜色，如图 13-37 所示。

图 13-37 不同雾颜色效果

☐ 雾化背景：选择该项，可将雾应用于场景的背景。

☐ 标准：选择该项，可创建标准雾。标准雾依靠摄影机的衰减范围来设置，根据物体离目光的远近产生淡入淡出的效果。常用于增大场景的空气不透明度，产生雾茫茫的大气效果，使得气氛显得荒凉，如图 13-38 所示。

☐ 分层：选择该项，可创建层雾。层雾根据地平面的高度来设置，产生一层云雾效果。层雾可表现仙境、舞台等效果，如图 13-39 所示。

图 13-38 标准类型雾　　　　图 13-39 分层类型雾

❑ 指数：可以随距离按指数增大密度，如图 13-40 所示。

❑ 近端 %/ 远端 %：在该选项中设置雾在近距 / 远距范围的密度，如图 13-41 所示。

图 13-40 指数　　　　图 13-41 近距 / 远距范围的密度

❑ 顶 / 底：分别设置雾层的上限和下限（使用世界单位）。

❑ 密度：在选项中设置雾的总体密度。

❑ 地平线噪波：选择该项，可激活"地平线噪波"系统。该系统仅影响雾层的地平线，用来增强雾的真实感。

❑ 大小：其中的参数用来控制噪波的缩放系数。

❑ 角度：设置受影响的雾与地平线之间的角度。

❑ 相位：该选项用来设置噪波动画。

2. 体积雾

使用"体积雾"功能，可以产生三维空间的云团，这是真实的云雾效果，在三维空间中以真实的体积来存在，体积雾不仅可以飘动，还可以穿过它们。添加"体积雾"效果后，可以显示其参数设置面板，如图 13-42 所示，其中各选项含义如下：

图 13-42　"体积雾"参数设置面板

❑ 拾取 Gizmo：系统默认没有 Gizmo 线框物体被选，体积雾直接作用于整个场景中。单击该按钮，可以在视图中

单击已建立大气装置 Gizmo 物体，其名称可显示在右侧的下拉列表中，且所有选入的大气装置 Gizmo 物体都将使用当前的参数设置。

❑ 移除 Gizmo：单击按钮，可将右侧当前的 Gizmo 物体从当前体积雾设置中去除。

❑ 柔化 Gizmo 边缘：在该选项中可以对体积雾的边界进行羽化处理，参数值的设置范围在 0~1.0 之间。

❑ 颜色：单击色块，可以更改雾的颜色，可通过动画设置产生颜色变换的雾效，如图 13-43 所示。

图 13-43 不同颜色的体积雾效果

❑ 指数：当需要再体积雾中渲染透明物体时，要勾选该项。该项以指数计算浓度随距离的增加，禁用该项则以线性来计算。

❑ 密度：在该项中设置雾的浓度。参数值越大，雾的透明度就越低，在参数值大于 20 时，可将部分物体完全淹没，如图 13-44 所示。

图 13-44 不同密度的效果

❑ 步长大小：在该项中设置雾效采样的粒度。参数值越低，颗粒越细，雾效越优；参数值越高，颗粒越粗，雾效越差。

❑ 最大步数：在该项中限制采样数量，可使计算不会无限制的进行下去。在雾的"密度"值较低时，该项很有用。

❑ 雾化背景：选择该项雾效将会作用于背景图像。

❑ 类型：分为三种类型，有"规则""分形""湍流"。

❑ 反转：可选择该项，可将噪波效果反向，厚的地方变薄，薄的地方变厚。

❑ 噪波阈值：通过设置"高"选项、"低"选项中的参数值来限制噪波的影响，参数取值范围在 0~1 之间。在"噪波"值高于"低"参数值，低于"高"参数值时，动态范围值被拉伸填充在 0~1 之间，可产生较小的雾块，起到轻微抗锯齿的效果。

　　□　级别：在选项中设置分形计算的迭代次数。参数值越大，雾越精细，渲染的速度也越慢。

　　□　大小：在选项中确定雾块的大小，如图 13-45 所示。

　　□　相位：在该项中设置风的速度。假如在"风力强度"中设置了参数，则雾将按指定风向进行运动；假如没有风力设置，则雾在原地翻滚。对"相位"值进行动画设置，可产生风中云雾飘动的效果。假如为"相位"指定特殊的动画控制器，可产生阵风等特殊效果。

图 13-45　不同大小的效果

　　□　风力强度：在该项中控制雾沿风向移动的速度，与"相位"值相对。"相位"值变化很快，"风力强度"值变化较慢，雾将快速翻滚而缓慢漂移；"相位"值变化很慢，"风力强度"值变化很快，雾将快速漂移并缓慢翻滚；为"相位"指定特殊的动画控制器，可产生阵风等特殊效果。

13.2.3　体积光

　　使用"体积光"功能，可以制作带体积的光线，并指定给任何类型的灯光，环境光除外。这种体积光可以被物体阻挡，形成光芒透过缝隙的结果，如图 13-46 所示。带有体积光属性的灯光仍可以进行照、投影以及投影图形。

图 13-46　体积光

　　添加"体积光"效果后，可以显示体积光参数设置面板，如图 13-47 所示。

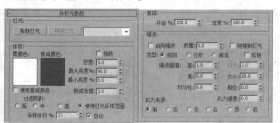

图 13-47　体积光参数

　　01　打开光盘提供的"第 13 章 \ 制作太阳光光束 .max"文件，场景对模型材质灯光已经制作好了，如图 13-48 所示。

　　02　按数字键 8 打开"环境和效果"对话框，展开"大气"卷展栏，单击"添加"按钮，在弹出的"添加大气效果"对话框中加载"体积光"效果，如图 13-49 所示。

图 13-48　打开文件　　　　　　图 13-49　添加体积光效果

　　03　在"效果"列表中选择"体积光"选项，展开"体积光参数"卷展栏，单击"拾取灯光"按钮，拾取场景中的平行灯光，并调节下面的参数，如图 13-50 所示。

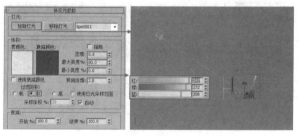

图 13-50　设置参数

　　04　按 F9 键渲染当前场景，效果如图 13-51 所示。

图 13-51　太阳光光束效果

13.3 效果

按数字键 8 键，调出如图 13-52 所示的【环境和效果】对话框，在其中选择"效果"选项卡，单击"效果"列表右侧的"添加"按钮 添加... ，在弹出的【添加效果】对话框中显示了系统所包含的一系列效果类型，如图 13-53 所示，包括"毛发和毛皮""镜头效果""模糊"等，选择其中的一种效果类型，单击"确定"按钮可将其添加到"效果"列表中。

图 13-52 【环境和效果】对话框

图 13-53 【添加效果】对话框

13.3.1 镜头效果

"镜头效果"可以模拟照相机拍照时，镜头所产生的光晕效果，这些效果包括光晕、光环、射线、条纹等，如图 13-54 所示。

图 13-54 "镜头效果参数"卷展栏

实战：镜头特效的制作

场景位置：DVD>场景文件>第13章>模型文件>实战：镜头特效的制作.max
视频位置：DVD>视频文件>第13章>实战：镜头特效的制作.mp4
难易指数：★★☆☆☆

01 打开光盘提供的"第13章\镜头特效的制作.max"文件，场景对模型材质灯光已经制作好了，如图 13-55 所示。

图 13-55 打开文件

02 按数字键8打开"环境和效果"对话框，单击"效果"选项卡中的"添加"按钮，在弹出的对话框中选择"镜头效果"选项，如图 13-56 所示。

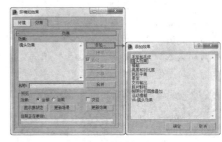

图 13-56 添加镜头效果

03 展开"镜头效果参数"卷展栏，选择"Glow"选项，单击 > 按钮将其加载到右侧的列表中，如图 13-57 所示。

图 13-57 打开文件

04 展开"镜头效果全局"卷展栏，然后单击"拾取灯光"按钮，拾取场景中的落地灯灯光，并调节相关参数，如图 13-58 所示。

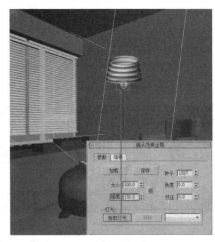

图 13-58 添加镜头效果

05 展开"光晕元素"卷展栏，对其中的参数进行设置，如图 13-59 所示。

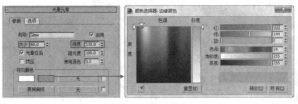

图 13-59 光晕参数

06 返回"镜头效果参数"卷展栏，分别将条纹、射线和手动二级光斑，加载到右侧的列表中，并设置其中的参数，如图 13-60 所示。

图 13-60 设置相关效果参数

07 按 F9 键渲染当前场景，观察叠加的镜头效果，如图 13-61 所示。

图 13-61 镜头效果

13.3.2 亮度和对比度

添加"亮度和对比度"效果，可弹出如图 13-62 所示的"亮度和对比度参数"卷展栏，其中各选项含义如下：

图 13-62 "亮度和对比度参数"卷展栏

❑ 亮度：更改参数值可提高或降低图像的明度。

❑ 对比度：可通过增加或减小图像灰度级别来控制图像明暗变化。增大参数值，可减少图像的细节级别，黑白过渡明显，可产生强光照射的效果。

❑ 忽略背景：选择该项当前的参数设置不影响背景图像。

01 打开光盘提供的"第 13 章 \ 调整场景的亮度和对比度 .max"文件，场景对模型材质灯光已经制作好了，单击渲染按钮渲染当前场景，如图 13-63 所示。

图 13-63 默认渲染场景

02 按数字键 8 打开"环境和效果"对话框，然后在"效果"卷展栏下加载"亮度和对比度"效果，如图 13-64 所示。

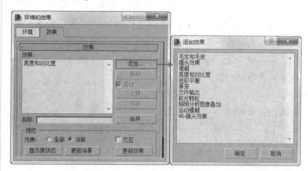

图 13-64 添加亮度和对比度效果

03 展开"亮度和对比度参数"卷展栏，然后设置"亮度"为 0.6、"对比度"为 0.8，如图 13-65 所示。

04 按 F9 键渲染场景，效果如图 13-66 所示。

图 13-65 调整亮度和对比度参数　　　图 13-66 渲染效果

13.3.3 色彩平衡

添加"色彩平衡"效果，可显示如图 13-67 所示的"色彩平衡参数"卷展栏，其中各选项含义如下：

图 13-67 "色彩平衡参数"卷展栏

□ 青 / 红：通过调整滑块位置及选项框中的参数来调整红色通道的色值，如图 13-68 所示。

图 13-68 不同颜色值的效果

□ 洋红 / 绿：通过调整滑块位置及选项框中的参数来调整绿色通道的色值。

□ 黄 / 蓝：通过调整滑块位置及选项框中的参数来调整蓝色通道的色值。

□ 保持发光度：选择该项，可在改变通道色值时不影响颜色的亮度值。

□ 忽略背景：选择该项，则当前的参数设置不会影响背景图像。

13.3.4 模糊

使用模糊效果可以通过三种不同的方法使图像变模糊：均匀型、方向型和放射型。模糊效果根据"像素选择"面板中所作的选择应用于各个像素。可以使整个图像变模糊，使非背景场景元素变模糊，按亮度值使图像变模糊，或使用贴图遮罩使图像变模糊。模糊效果通过渲染对象或摄影机移动的幻影，提高动画的真实感，如图 13-69 所示。

图 13-69 模糊

实战：制作飞船模糊特效

场景位置：DVD> 场景文件 > 第 13 章 > 模型文件 > 实战：制作飞船模糊特效 .max
视频位置：DVD> 视频文件 > 第 13 章 > 实战：制作飞船模糊特效 .mp4
难易指数：★★☆☆☆

01 打开光盘提供的"第 13 章 \ 制作飞船模糊特效 .max"文件，场景中有一飞船对象，如图 13-70 所示。

02 按数字键 8 打开"环境和效果"对话框，在效果卷展栏中加载"模糊"效果，如图 13-71 所示。

图 13-70 打开文件

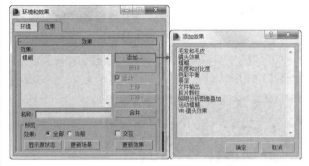

图 13-71 添加模糊效果

03 展开"模糊参数"卷展栏，在"模糊类型"选项卡中，选择"方向型"选项，并设置"V 向像素半径"值为 0，如图 13-72 所示。

04 切换至"像素选择"选项卡，对其中的各参数进行设置，如图 13-73 所示。

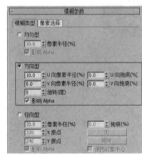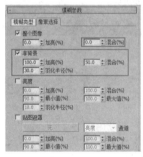

图 13-72 设置模糊类型参数　　图 13-73 设置像素选项参数

05 完成各参数的设置后，按 C 键切换至摄影机视图，单击渲染按钮，观察飞船的模糊效果如图 13-74 所示。

图 13-74 飞船模糊效果

13.3.5 "胶片颗粒"

添加"胶片颗粒"效果，弹出如图 13-75 所示的"胶片颗粒参数"卷展栏，其中各选项含义如下：

图 13-75 胶片颗粒参数

颗粒: 在选项中设置添加到图像的颗粒数量。

□ 忽略背景: 选择该项,当前的参数设置不影响背景图像。

实战: 制作怀旧画面

场景位置: DVD> 场景文件 > 第 13 章 > 模型文件 > 实战: 制作怀旧画面 .max
视频位置: DVD> 视频文件 > 第 13 章 > 实战: 制作怀旧画面 .mp4
难易指数: ★★☆☆☆

01 打开光盘提供的"第 13 章 \ 制作怀旧画面 .max" 文件, 场景中有一飞船对象, 如图 13-76 所示。

图 13-76 打开文件

02 按数字键 8 打开"环境和效果"对话框, 在效果卷展栏中加载"胶片颗粒"效果, 如图 13-77 所示。

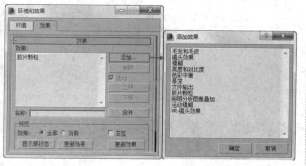

图 13-77 添加胶片颗粒

03 展开"胶片颗粒参数"卷展栏, 设置颗粒值为 0.6, 如图 13-78 所示。

图 13-78 设置参数

04 完成参数的调节后, 按 C 键切换至摄影机视图, 单击渲染按钮, 观察怀旧画面效果如图 13-79 所示。

图 13-79 怀旧画面效果

13.3.6 运动模糊

"运动模糊"可以将图像运动模糊应用于渲染场景, 使移动的对象或整个场景变模糊。运动模糊可以通过模拟实际摄影机的工作方式, 增强渲染动画的真实感。摄影机有快门速度, 如果场景中的物体或摄影机本身在快门打开时发生了明显移动, 胶片上的图像将变模糊, 如图 13-80 所示。

图 13-80 运动模糊

添加"运动模糊"效果, 弹出如图 13-81 所示的"运动模糊参数"卷展栏, 其中选项含义如下:

图 13-81 "运动模糊参数"卷展栏

□ 处理透明: 选择该项, 物体被透明物体遮挡时仍可进行运动模糊处理; 禁用该项, 被透明物体遮挡的物体不应用模糊处理, 且可提高渲染速度。

□ 持续时间: 用来控制快门速度延长的时间。参数值为 1 时, 快门在一帧和下一帧之间的时间内完全打开。参数值越大, 运动模糊程度也就越大。

13.3.7 毛发和毛皮

在完成毛发的创建和调整之后, 为了在渲染输出时得到更好的效果, 可以通过"Hair 和 Fur"效果对毛发的渲染输出参数进行设置, 该面板提供了毛发的渲染选项、运动模糊、阴影等参数设置, 如图 13-82 所示, 为最终的渲染结果提供更多的修饰效果。

图 13-82 毛发和毛皮参数

第 **14** 章

粒子系统和空间扭曲

本章学习要点：
- 粒子系统
- 空间扭曲
- MassFX 动力学
- 约束

3ds Max 中的离子系统可以生成粒子对象，能真实的模拟雪、雨、灰尘等效果，如图 14-1 所示。空间扭曲功能可以辅助三维形体产生特殊的变形效果，创建出涟漪、波浪和风吹等效果，如图 14-2 所示。而将粒子系统与空间扭曲结合使用可创建出丰富的动画效果。

图 14-1 雪

图 14-2 涟漪

14.1 粒子系统

粒子系统可用于各种动画任务，但主要还是在使用程序方法为大量的小型对象设置动画时使用，如创建暴风雪、水流或爆炸。3ds Max 提供了两种不同类型的粒子系统：事件驱动和非事件驱动。事件驱动粒子系统，又称为粒子流，它测试粒子属性，并根据测试结果将其发送给不同的事件。粒子位于事件中时，每个事件都指定粒子的不同属性和行为。在非事件驱动粒子系统中，粒子通常在动画过程中显示一致的属性。

通常情况下，对于简单动画，如下雪或喷泉，使用非事件驱动粒子系统进行设置要更为快捷和简便。对于较复杂的动画，如随时间生成不同类型粒子的爆炸（例如：碎片、火焰和烟雾），使用"粒子流"可以获得最大的灵活性和可控性，如图14-3 所示为粒子系统列表。

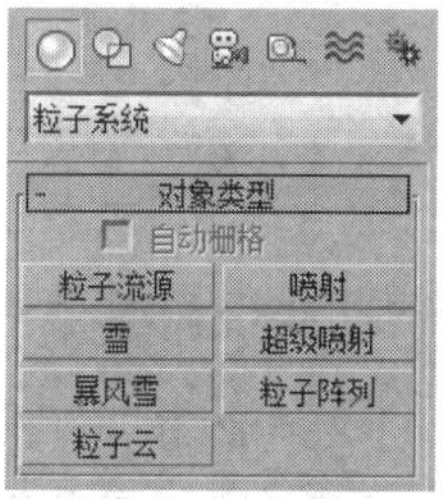

图 14-3 粒子系统列表

14.1.1 粒子流源

粒子流源是最常用的粒子发射器，可模拟多种粒子效果，默认显示为带有中心徽标的矩形，如图 14-4 所示为在顶视图及透视图中粒子流的创建结果。选择创建完成的粒子流，进入"修改"面板，其中参数设置面板如图 14-5 所示，包含"设置""发射""选择"等卷展栏。

图 14-4 粒子流源

图 14-5 参数设置面板

实战：制作烟花效果

场景位置：DVD> 场景文件 > 第 14 章 > 模型文件 > 实战：制作烟花效果 .max
视频位置：DVD> 视频文件 > 第 14 章 > 实战：制作烟花效果 .mp4
难易指数：★★★☆☆

01 打开光盘提供的"第 14 章 \ 制作烟花 .max"文件，场景中布置好环境贴图及相关动力学装置，如图 14-6 所示。

图 14-6 打开文件

提示
为了便于视图观察，可执行"视图"→"视口背景"→"渐变颜色"将背景进行隐藏。

02 单击"创建"→"几何体"→"粒子系统"中的"粒子流源"按钮，在视图中创建一个粒子流源，在修改面板中设置"徽标大小"为 50，"长度"值为 100，"宽度"值为 100，如图 14-7 所示。

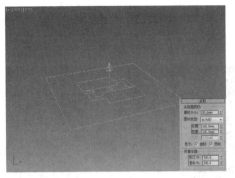

图 14-7 创建粒子流源

03 使用旋转工具将粒子流源发射的方向朝上，在"标准基本体"中单击"球体"按钮，在粒子流源位置处创建一个球体，设置半径值为4，如图 14-8 所示。

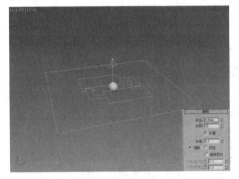

图 14-8 创建球体

04 选择粒子流源对象，在修改面板中单击"粒子视图"按钮，弹出"粒子视图"对话框，选择"出生001"在右侧的参数列表中设置"发射停止"为0、"数量"为 2000，如图 14-9 所示。

图 14-9 设置出生参数

05 分别在其中选择"形状 001"和"显示 001"两个选项进行参数调节，如图 14-10 所示。

图 14-10 设置参数

06 按住鼠标左键将列表下侧中的"位置对象001"和"碰撞 001"添加至事件中，并对其中的参数进行设置，如图 14-11 所示

图 14-11 加载对象

提示

分别为添加的选项加载场景中的对象，"位置对象"加载创建的球体的对象，"碰撞"加载场景中的导向板，如图 14-12 所示。

图 14-12 添加对象

07 拖曳时间滑块可以发现粒子已经发生了相应的效果，使用同样的方法制作另一个粒子流源完成本例的制作，最终效果如图 14-13 所示。

图 14-13 烟花效果

14.1.2 喷射

"喷射"粒子的参数设置面板如图 14-14 所示，该粒子系统一般被用来模拟雨和喷泉效果，在视图中的创建结果如图 14-15 所示。

图 14-14 "喷射"粒子参数设置面板　　　图 14-15 "喷射"粒子

实战：制作雨夜效果

场景位置：DVD> 场景文件 > 第 14 章 > 模型文件 > 实战：制作雪景效果 .max
视频位置：DVD> 视频文件 > 第 14 章 > 实战：制作雪景效果 .mp4
难易指数：★★☆☆☆

01 按Ctrl+N新建一个场景,再按数字键8打开"环境和效果"对话框，在"环境贴图"通道中加载一张背景贴图，如图 14-16 所示。

图 14-16　添加环境贴图

02 单击"创建"→"几何体"→"粒子系统"中的"喷射"按钮，在视图中创建一个喷射粒子发射器，如图 14-17 所示。

03 选择喷射粒子发射器，在修改面板中，对个参数进行设置，如图 14-18 所示。

图 14-17　创建喷射粒子发射器　　图 14-18　设置参数

04 选择动画效果最明显的时间帧，进行渲染，效果如图 14-19 所示。

图 14-19　雨夜效果

14.1.3　雪

"雪"参数设置面板如图 14-20 所示，该粒子系统一般用来模拟雪花飘落或纸屑的洒落等动画效果，在视图中的创建结果如图 14-21 所示，参数面板中各选项含义如下：

图 14-20　"雪"参数设置面板　　图 14-21　"雪"粒子

- ❑ 雪花大小：在该选项中设置雪花粒子的大小。
- ❑ 翻滚：其中的参数值代表雪花粒子的随机旋转量。
- ❑ 翻滚速率：在其中设置雪花的旋转速度。
- ❑ 雪花/圆点/十字叉：选择雪花在视图中的显示方式。
- ❑ 六角形：选择该项，可以将雪花渲染成六角形。
- ❑ 三角形：选择该项，可以将雪花渲染成三角形。
- ❑ 面：选择该项，可将雪花渲染成正方形面。

实战：制作雪景效果

场景位置：DVD> 场景文件 > 第 14 章 > 模型文件 > 实战：制作雪景效果 .max
视频位置：DVD> 视频文件 > 第 14 章 > 实战：制作雪景效果 .mp4
难易指数：★★☆☆☆

01 按 Ctrl+N 新建一个场景，再按数字键 8 打开"环境和效果"对话框，在"环境贴图"通道中加载一张背景贴图，如图 14-22 所示。

图 14-22　添加环境贴图

02 单击"创建"→"几何体"→"粒子系统"中的"喷射"按钮，在视图中创建一个喷射粒子发射器，如图 14-23 所示。

03 选择喷射粒子发射器，在修改面板中，对个参数进行设置，如图 14-24 所示。

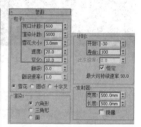

图 14-23　创建喷射粒子发射器　　图 14-24　设置参数

04 选择动画效果最明显的时间帧，进行渲染，效果如图 14-25 所示。

图 14-25　雪景效果

14.1.4 超级喷射

"超级喷射"粒子系统的参数设置面板如图14-26所示，该系统可以制作暴雨及喷泉等效果，参数设置面板中各选项和在视图中的创建结果如图14-27所示。

图14-26 "超级喷射"参数设置面板

图14-27 "超级喷射"粒子

实战：制作喷泉效果

| 场景位置：DVD> 场景文件 > 第14章 > 模型文件 > 实战：制作喷泉效果 .max |
| 视频位置：DVD> 视频文件 > 第14章 > 实战：制作喷泉效果 .mp4 |
| 难易指数：★★☆☆☆ |

01 打开光盘提供的"第14章\制作喷泉效果 .max"文件，场景中布置好环境贴图及相关动力学装置，如图14-28所示。

图14-28 打开文件

02 单击"创建"→"几何体"→"粒子系统"中的"超级喷射"按钮，在视图中创建一个超级喷射粒子系统，如图14-29所示。

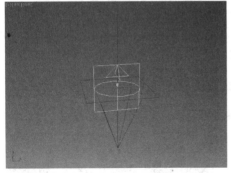
图14-29 创建超级喷射

03 选择超级喷射发射器，展开修改面板，对各参数进行设置，如图14-30所示。

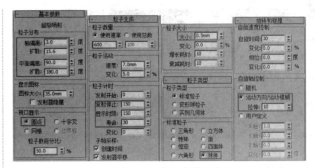
图14-30 设置参数

04 返回视图中，使用"绑定到空间扭曲"工具将重力绑定到超级喷射粒子上，并将导向板绑定到超级喷射粒子上，如图14-31所示。

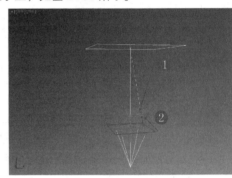
图14-31 绑定到空间扭曲

05 完成操作后，切换至摄影机视图，复制两个整体对象到不同的位置上，选择动画效果较好的一帧进行渲染，如图14-32所示。

图14-32 喷泉效果

14.1.5 暴风雪

"暴风雪"粒子系统的参数设置面板如图14-33所示，为"暴风雪"系统在视图中的创建结果。它主要用于设置类似于雨、雪的粒子效果，该粒子系统可以理解为高级的"雪"粒子系统。其发射器图标的位置和尺寸决定了粒子发射的方向，且不能自定义发射器，也不能使用"粒子碎片"粒子类型，其他部分参数于"粒子阵列"粒子系统相同，如图14-34所示为暴风雪效果。

图 14-33 "暴风雪"参数设置面板

图 14-34 暴风雪效果

14.1.6 粒子阵列

"粒子阵列"系统的参数设置面板如图 14-35 所示，该系统可以创建复制对象的爆炸效果，如图 14-36 所示为"粒子阵列"系统在顶视图和透视图中的创建结果。

图 14-35 "粒子阵列"参数设置面板

图 14-36 "粒子阵列"创建结果

实战：制作水龙头流水效果

场景位置：DVD>场景文件>第 14 章>模型文件>实战：制作水龙头流水效果 .max
视频位置：DVD>视频文件>第 14 章>实战：制作水龙头流水效果 .mp4
难易指数：★★☆☆☆

01 打开光盘提供的"第 14 章 \ 制作水龙头流水效果 .max"文件，场景中布置好环境贴图及相关动力学装置，如图 14-37 所示。

02 单击"创建"→"几何体"→"粒子系统"中的"粒子阵列"按钮，在视图中创建一个粒子阵列发射器，如图 14-38 所示。

图 14-37 打开文件

图 14-38 创建粒子阵列

03 选择创建出来的粒子阵列对象，切换至修改面板，单击"拾取对象"按钮，选择水龙头出水部分，如图 14-39 所示。

04 对各面板中的参数进行设置，如图 14-40 所示。

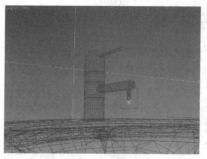

图 14-39 拾取对象

图 14-40 设置各卷展栏参数

05 返回视图中，分别使用"绑定到空间扭曲"工具 将场景中所有的"重力"和"导向板"对象绑定到粒子阵列发射器上，如图 14-41 所示。

图 14-41 绑定对象

06 完成操作后，切换至摄影机视图，选择动画效果较好的一帧进行渲染，最终效果如图 14-42 所示。

图 14-42 最终效果

14.1.7 粒子云

"粒子云"系统的参数设置面板如图 14-43 所示，该系统可用来创建类似体积雾的粒子群。如图 14-44 所示为"粒子云"系统在顶视图和透视图中的创建结果，从中可以看出使用"粒子云"能将粒子限定在一个长方体（也可以是球体、圆柱体）内，或者限定在场景中拾取的对象的外形范围之内，但是二维对象不能使用"粒子云"系统。

+	基本参数
+	粒子生成
+	粒子类型
+	旋转和碰撞
+	对象运动继承
+	气泡运动
+	粒子繁殖
+	加载/保存预设

图 14-43 "粒子云"参数设置面板

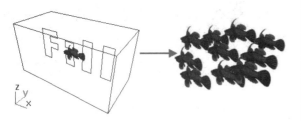

图 14-44 "粒子云"创建结果

14.2 空间扭曲

使用空间扭曲可以模拟现实世界中存在的"力"的效果，比如重力、风力机推力等，但是需要与粒子系统一起配合使用才能制作出动画效果。在命令面板上单击"空间扭曲"按钮 ≋，单击"空间扭曲"选项列表，可以看到其中提供了 5 种类型的空间扭曲，如图 14-45 所示。本节将介绍"力"及"导向器"的使用方法。

图 14-45 "空间扭曲"选项列表

14.2.1 力

在列表中选择"力"选项，可以显示"力"的类型表，如图 14-46 所示，系统中所提供的 9 种类型的力，可为粒子系统提供外力影响。

图 14-46 "力"类型表

单击力的创建工具按钮，在场景中拖曳鼠标即可创建相应的力对象，各类力的创建工具的含义如下：

☐ 推力：单击按钮，可以为粒子系统提供正向或负向的均匀单向力。如图 14-47 所示为在视图中"推力"的创建结果。

☐ 马达：单击按钮，可以对受影响的粒子或对象应用传统的马达驱动力，这个驱动力不是定向力。如图 14-48 所示为在视图中"马达"的创建结果。

图 14-47 "推力"的创建结果　　图 14-48 "马达"的创建结果

☐ 漩涡：单击按钮，可以将力应用于粒子，使得粒子在急转的漩涡中进行旋转，让它们向下移动形成一个长而窄的漩涡井或喷流，一般用来创建黑洞、涡流及龙卷风。如图 14-49 所示为在视图中"漩涡"的创建结果。

☐ 阻力：单击按钮，可以创建一种在指定范围内按照指定量来降低粒子速率的粒子运动阻尼器。如图 14-50 所示为在视图中"阻力"的创建结果。

图 14-49 "漩涡"的创建结果　　图 14-50 "阻力"的创建结果

☐ 粒子爆炸：单击按钮，可以创建一种使粒子系统发生爆炸的冲击波。如图 14-51 所示为在视图中"粒子爆炸"的创建结果。

☐ 路径跟随：单击按钮，可以强制粒子沿着指定路径进行运动。如图 14-52 所示为在视图中"路径跟随"的创建结果。

图 14-51 "粒子爆炸"的创建结果　　图 14-52 "路径跟随"的创建结果

□ 重力：该工具用来模拟粒子受到的自然重力。如图
14-53 所示为在视图中"重力"的创建结果。重力具有方向性，
沿着重力箭头方向的粒子为加速运动，沿重力箭头逆向的粒
子为减速运动。

□ 风：使用该工具可以模拟风吹动粒子所产生的飘动
效果。如图 14-54 所示为在视图中"风"的创建结果。

图 14-53 "重力"的创建结果

图 14-54 "风"的创建结果

□ 置换：单击按钮，
可以力场的形式推动和重塑
对象的几何外形，且对几何
体和粒子系统都会产生影
响。图 14-55 所示为在视图
中"置换"的创建结果。

图 14-55 "置换"的创建结果

实战：制作鱼缸泡泡效果

场景位置：DVD> 场景文件 > 第 14 章 > 模型文件 > 实战：制作鱼缸泡泡效果 .max
视频位置：DVD> 视频文件 > 第 14 章 > 实战：制作鱼缸泡泡效果 .mp4
难易指数：★★☆☆☆

01 打开光盘提供的"第 14 章 \ 制作鱼缸泡泡效
果 .max"文件，场景中已经设置好相关粒子系统，如
图 14-56 所示。

图 14-56 打开文件

02 单击"创建"→"几何体"→"标准基本体"
中的"平面"按钮，在左视图中创建一个平面对象，
如图 14-57 所示。

03 按 M 键打开"材质编辑器"，选择一个空白
材质球加载一张位图贴图，如图 14-58 所示。

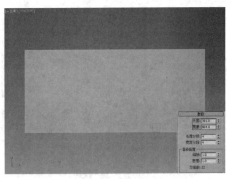
图 14-57 创建平面对象

图 14-58 添加位图贴图

04 单击"创建"→"空间扭曲"→"力"中的"推力"
按钮，在左视图中创建一个推力对象，如图 14-59 所示。

05 在修改命令面板中对推力对象的参数进行设
置，如图 14-60 所示。

图 14-59 设置推力参数 　　　　图 14-60 设置推力参数

06 复制一个推力，然后调整其位置及角度，并使
用"绑定到空间扭曲"工具 分别将两个推力对象绑
定到超级发射器上，如图 14-61 所示。

图 14-61 绑定对象

07 这样完成推力的设置后，选择所有对象，复制
一个到视图另一边，如图 14-62 所示。

图 14-62 复制对象

08 选择动画效果较明显的一帧，然后单击渲染按钮，观察最终效果，如图 14-63 所示。

图 14-63 渲染气泡效果

实战： 利用路径跟随制作发光动画

场景位置：DVD> 场景文件 > 第 14 章 > 模型文件 > 实战：利用路径跟随制作发光动画 .max
视频位置：DVD> 视频文件 > 第 14 章 > 实战：利用路径跟随制作发光动画 .mp4
难易指数：★★☆☆☆

01 打开光盘提供的"第 14 章 \ 利用路径跟随制作发光动画 .max"文件，场景中已经设置好相关粒子系统，如图 14-64 所示。

图 14-65 创建路径跟随

图 14-66 设置路径跟随参数

图 14-67 绑定粒子系统

05 依照图形和超级喷射器的数量复制出 4 个"路径跟随"，并分别吸取对应的图形和绑定超级喷射，如图 14-68 所示。

图 14-64 打开文件

02 单击"创建"→"空间扭曲"→"力"中的"路径跟随"按钮，在视图中创建路径跟随，如图 14-65 所示。

03 选择路径跟随，在"基本参数"卷展栏中单击"拾取图像对象"按钮，拾取场景中的 L 图形，并对其中的参数进行设置，如图 14-66 所示。

04 使用"绑定到空间扭曲"工具 将 L 图形上的超级喷射器绑定到路径跟随上，如图 14-67 所示。

图 14-68 复制对象

06 选择一些动画效果较好的时间帧，进行渲染，如图 14-69 所示。

图 14-69 动画效果

实战：制作爆炸动画

| 场景位置：DVD> 场景文件 > 第 14 章 > 模型文件 > 实战：制作爆炸动画 .max |
| 视频位置：DVD> 视频文件 > 第 14 章 > 实战：制作爆炸动画 .mp4 |
| 难易指数：★★☆☆☆ |

01 打开光盘提供的"第 14 章\制作爆炸动画 .max"文件，场景中已经设置好相关粒子系统，如图 14-70 所示。

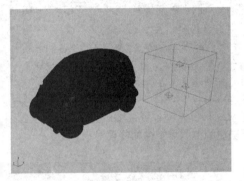

图 14-70 打开文件

02 单击"创建"→"空间扭曲"→"力"中的"粒子爆炸"按钮，在视图中创建粒子爆炸，并调整好其空间位置，如图 14-71 所示。

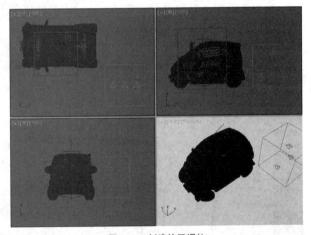

图 14-71 创建粒子爆炸

03 选择粒子爆炸，切换至修改面板，对参数进行设置，如图 14-72 所示。

04 使用"绑定到空间扭曲"工具 ▓将场景中的超级喷射器绑定到粒子爆炸上，如图 14-73 所示。

05 完成了整个动画效果，拖动时间滑块观察爆炸效果，如图 14-74 所示。

图 14-72 设置粒子爆炸参数　　　　图 14-73 绑定粒子爆炸

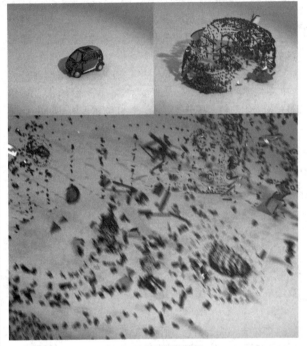

图 14-74 粒子爆炸效果

> **提示**
>
> 　　默认情况下，渲染场景后会发现，模型粒子系统爆炸为碎片，但是原始的模型对象在场景中仍然可见。若要使爆炸看起来更加真实，原始的模型对象需要随着爆炸开始而消失，将时间滑块拖动到第 2 帧，启用动画控制工具栏中"自动关键帧"，然后在视图中选择模型单击右键并从四元菜单中选择"对象属性"，在"对象属性"对话框的"渲染控制"组中，单击"可见性"微调器箭头，将该值设置为 0，此时红色轮廓出现在微调器箭头周围，表明已经设置动画关键点，单击"确定"按钮关闭"对象属性"对话框，然后禁用"自动关键点"，完成模型的隐藏。

14.2.2　导向器

　　在"空间扭曲"选项列表中选择"导向器"选项，可以显示"导向器"类型列表，如图 14-75 所示。在列表中包含 6 种类型的导向器，这些导向器可以为粒子系统提供导向功能。

图 14-75 导向器列表

在列表中单击选择各导向器创建工具，在场景中拖曳鼠标可以创建相应的导向器，各类导向器创建工具的含义如下：

□ 泛方向导向板：单击按钮，可以创建一种平面泛方向的导向器。该类型的导向器可以提供比原始导向器空间扭曲更强大的功能，其中就包括折射和繁殖能力。如图 14-76 所示为在顶视图和透视图中"泛方向导向板"的创建结果。

□ 泛方向导向球：单击按钮，可以创建一种球形泛方向导向器，其提供的选项比原始的导向球要多。如图 14-77 所示为在顶视图和透视图中"泛方向导向球"的创建结果。

图 14-76 泛方向导向板　　图 14-77 泛方向导向球

□ 全泛方向导向：使用该工具创建的导向器是一种可以使用任意几何对象作为粒子的导向器，该导向器比原始的"全导向器"更强大。如图 14-78 所示为在顶视图和透视图中"全泛方向导向"的创建结果。

□ 全导向器：使用该工具创建的导向器是一种可以使用任意对象作为粒子导向器的全导向器。如图 14-79 所示为在视图中"全导向器"的创建结果。

图 14-78 全泛方向导向　　图 14-79 全导向器

□ 导向球：单击按钮，所创建的空间扭曲起着球形粒子导向器的作用。如图 14-80 所示为在视图中"导向球"的创建结果。

□ 导向板：使用该工具所创建的是一种平面装的导向器，作为一种特殊类型的空间扭曲，可让粒子影响动力学状态下的对象。如图 14-81 所示为在视图中"导向板"的创建结果。

图 14-80 导向球　　　　　　　图 14-81 导向板

14.3 MassFX 动力学

3ds Max2015 中的 Mass FX 对前面的版本进行了改进，可使用户更轻松地控制柄模拟物理场景。一旦在 3ds Max 中创建了对象，即可使用 MassFX 对其制定物理属性。MassFX 与 reactor 动力学不同之处是，MassFX 可指定特定的刚体类型，并将不同的刚体类型作用于不同的模拟效果中。

设置好 MassFX 场景后，可直接在视图中进行模拟，可更加方便快捷的控制场景中的物理对象。

14.3.1 MassFX 的位置

MassFX 分布于 4 个位置，分别在 MassFX 工具栏、动画菜单、MassFX 四元菜单、"辅助对象"命令面板。

1. MassFX 工具栏

在主工具栏的空白处单击右键，在弹出的快捷菜单中选择"MassFX 工具栏"选项，如图 14-82 所示，可调出【MassFX 工具栏】对话框，如图 14-83 所示。

【MassFX 工具栏】对话框集成了所有常用的 MassFX 工具，在其中可设置对象的 MassFX 属性，并可创建约束与播放预览模拟效果。

 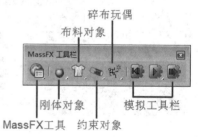

图 14-82 选择"MassFX 　图 14-83 【MassFX 工具栏】对话框
工具栏"选项

2. 动画菜单

执行"动画"→"MassFX"命令，可访问各 MassFX 工具，如图 14-84 所示。

图 14-84 MassFX 命令

3. MassFX 四元菜单

在场景空白处按住 Shift+Alt 键，可以打开 MassFX 四元菜单，如图 14-85 所示。

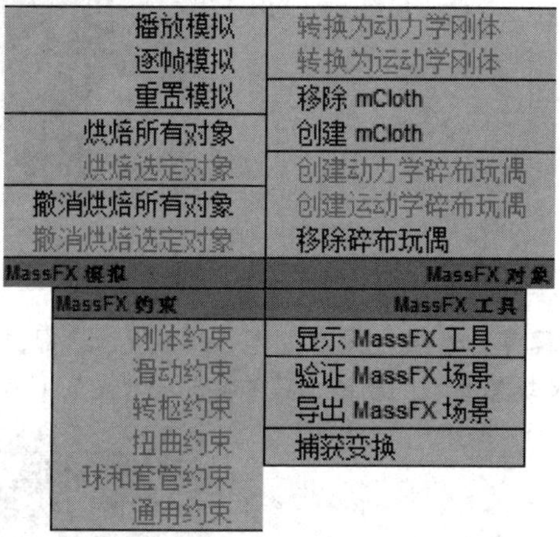

播放模拟	转换为动力学刚体
逐帧模拟	转换为运动学刚体
重置模拟	移除 mCloth
烘焙所有对象	创建 mCloth
烘焙选定对象	创建动力学碎布玩偶
撤消烘焙所有对象	创建运动学碎布玩偶
撤消烘焙选定对象	移除碎布玩偶
MassFX 模拟	**MassFX 对象**
MassFX 约束	**MassFX 工具**
刚体约束	显示 MassFX 工具
滑动约束	验证 MassFX 场景
转枢约束	导出 MassFX 场景
扭曲约束	捕获变换
球和套管约束	
通用约束	

图 14-85 MassFX 四元菜单

4. "辅助对象"命令面板

在命令面板中单击"辅助对象"按钮 ，在类型列表中选择 MassFX 选项，其中包含 UCconstraint 约束辅助对象，如图 14-86 所示。创建并选择 UCconstraint 对象，可加载"MassFX RBody"修改器对其进行修改，如图 14-87 所示。

图 14-86 "辅助对象"命令面板

图 14-87 "MassFX RBody"修改器

14.3.2 MassFX 工具

单击【MassFX 工具栏】对话框中的"世界参数"

选项按钮 ，弹出如图 14-88 所示的【MassFX 工具】对话框。

图 14-88 【MassFX 工具】对话框

1. "世界参数"选项卡

"世界参数"选项卡包含"场景设置"卷展栏、"高级设置"卷展栏、"引擎"卷展栏，提供了在 3ds Max 中创建物理模拟的全局设置和控件，这些设置可影响模拟中的所有对象。

 "场景设置"卷展栏----------

"场景设置"卷展栏内容如图 14-89 所示，其中各选项含义如下：

图 14-89 "世界参数"选项卡

❏ 使用地面碰撞：选择该项，MassFX 将使用地面作为模拟对象。

❏ 重力方向：设置 MassFX 的内置重力方向。

❏ 无加速：在选项中以单位每平方秒为单位指定重力。使用 Z 轴时，正值使重力将对象向上拉，负值将对象向下拉。

> **提示**
>
> 本节将向读者介绍重要参数，其余没有介绍的参数可根据字面意思进行理解。

 "高级设置"卷展栏-----------------

"高级设置"卷展栏内容如图 14-90 所示，在其中主要控制刚体模拟的状态，其中各选项含义如下：

图 14-90 "高级设置"卷展栏

❏ "睡眠设置"选项组：在其中控制刚体睡眠模式下的状态。

"高速碰撞" 选项组：在其中设置 MassFX 计算此类碰撞的方法。

 "反弹设置"选项组：在其中设置刚体相互反弹的方法。

 "接触壳"选项组：在其中确定周围的面积，其中 MassFX 在模拟的实体之间检测到碰撞。

"引擎" 卷展栏 ------------------------------------

"引擎" 卷展栏内容如图 14-91 所示，提供了通过硬件加速模拟的选项，其中各选项含义如下：

图 14-91 "引擎" 卷展栏

 使用多线程：选择该项，假如 CPU 有多个内核，CPU 可执行多线程，以加快模拟的计算速度。

 硬件加速：选择该项，假如计算机系统配备了 Nvidia GPU，可使用硬件加速来执行某些计算。

2. "模拟工具" 选项卡

"模拟工具" 选项卡包含 "模拟" 卷展栏、"模拟设置" 卷展栏、"实用程序" 卷展栏，其中包含了控制模拟和访问工具的按钮，通过这些按钮可以预览与生产动画效果。

"模拟" 卷展栏 ------------------------------------

"模拟" 卷展栏内容如图 14-92 所示，主要用来运行模拟、烘焙关键帧的动力学变换，以及制定动力学实体的起始变换，其中各选项含义如下：

图 14-92 "模拟" 卷展栏

 重置模拟 ：单击按钮，停止模拟，将时间滑块移动到第一帧，并将任意动力学刚体设置为其初始变换。

 开始模拟 ：单击按钮，可从当前帧运行模拟，模拟过程中时间滑块为每个模拟步长前进一帧。

 开始没有动画的模拟 ：该作用与 "开始模拟" 相似，只是模拟运行时，时间滑块不会前进。

 逐帧模拟 ：单击按钮，运行一个帧的模拟并使时间滑块前进相同量。

 烘焙所有：单击按钮，将所有动力学对象（包括 mCloth）的变换存储为动画关键帧时，重置模拟并运行。操作完成时，对象将转换为运动学状态，也可以为动力学对象设置内部 "烘焙" 标志，以取消烘焙。

 捕获变换：单击按钮，可将每个选定动力学对象（包括 mCloth 对象）的初始变换设置为其当前变换，之后使用重置模拟将动力学对象返回到这些变换。

"模拟设置" 卷展栏------------------------------

"模拟设置" 卷展栏内容如图 14-93 所示，其中的选项主要用来设置动力学模拟的播放状态。

图 14-93 "模拟设置" 卷展栏

"实用程序" 卷展栏------------------------------

"实用程序" 卷展栏内容如图 14-94 所示，提供了对 MassFX 场景管理的功能，其中各选项含义如下：

图 14-94 "实用程序" 卷展栏

 浏览场景图：单击按钮，可弹出【场景资源管理器】对话框，在其中可对场景中的模拟对象进行管理。

 验证场景图：单击按钮，可弹出【验证 PhysX 场景】对话框，可用来导出前验证场景。

 导出场景图：单击按钮，可弹出【Select File to Export（选择输出文件）】对话框，在其中可设置导出场景的保存路径，导出的场景文件可用于其他程序。

3. "多对象编辑器" 选项卡

"多对象编辑器" 卷展栏内容如图 14-95 所示，其中提供的各选项可对多个刚体对象与约束对象进行属性设置。

图 14-95 "多对象编辑器" 选项卡

4. "显示选项"卡

"显示选项"卡内容如图 14-96 所示，其中包含用于切换物理网格视图显示的控件及用于调试模拟的 MassFX 可视化工具。

图 14-96 "显示选项"卡

14.3.3　刚体对象

MassFX 中有不同类型的刚体，分别为动力学刚体、运动学刚体、静态刚体。在需要设置对象为刚体时，要先选中该对象，然后在【MassFX 工具栏】对话框中使用鼠标左键长按"将选项设置为动力学刚体"按钮，在弹出的列表中可以选择刚体的类型，如图 14-97 所示。

图 14-97 刚体类型

□　动力学刚体：动力学刚体类似于真实世界中的对象，受到重力及其他力的作用，撞击到其他对象，可被这些对象推动。

□　运动学刚体：运动学刚体是由一系列动画移动移动的木偶，不受重力或其他力的作用，可以推动所遇到的任何动力学对象，但不能被这些对象推动。

□　静态刚体：静态刚体类似于运动学刚体，不同之处在于其不能设置动画，动力学对象可撞击静态刚体并从其反弹，而静态刚体不会发生反应。

实战：制作多米诺骨牌动画

场景位置：DVD> 场景文件 > 第 14 章 > 模型文件 > 实战：制作多米诺骨牌动画 .max
视频位置：DVD> 视频文件 > 第 14 章 > 实战：制作多米诺骨牌动画 .mp4
难易指数：★★☆☆☆

01 打开光盘提供的"第 14 章 \ 制作多米诺骨牌动画 .max"文件，场景中布置好相关模型，如图 14-98 所示。

02 在主工具栏上单击鼠标右键，在弹出的列表中选择"MassFX 工具栏"选项，打开"MassFX 工具栏"对话框，如图 14-99 所示。

图 14-98 打开文件　　　图 14-99 打开 MassFX 工具栏

03 选择场景中任意一个骨牌对象，在"MassFX 工具栏"中单击"将选定项设置为动力学刚体"按钮，如图 14-100 所示。

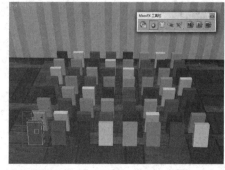

图 14-100 添加刚体

04 为各对象添加好刚体后，再单击"开始模拟"按钮，观察其效果如图 14-101 所示。

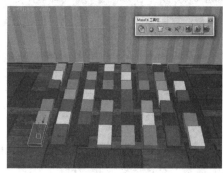

图 14-101 模拟计算动画过程

05 单击"开始模拟"按钮结束模拟，然后在修改面板中选择"MassFX Rigid Body"，在"刚体属性"卷展栏中单击按钮，生成关键帧动画，最终效果如图 14-102 所示。

图 14-102 多米诺骨牌动画效果

实战: 制作球体撞墙动画

场景位置: DVD>场景文件>第 14 章>模型文件>实战：制作球体撞墙动画 .max
视频位置: DVD>视频文件>第 14 章>实战：制作球体撞墙动画 .mp4
难易指数: ★★☆☆☆

01 打开光盘提供的"第 14 章\制作球体撞墙动画 .max"文件,场景中布置好相关模型,如图 14-103 所示。

02 在主工具栏上单击鼠标右键,在弹出的列表中选择"MassFX 工具栏"选项,打开"MassFX 工具栏"对话框,如图 14-104 所示。

图 14-103 打开文件   图 14-104 打开 MassFX 工具栏

03 选择场景中任意一个墙体对象,在"MassFX 工具栏"中单击"将选定项设置为动力学刚体"按钮 ,如图 14-105 所示。

04 选择有坡度的对象,在"MassFX 工具栏"中单击"将选定项设置为静态刚体"按钮 ,如图 14-106 所示。

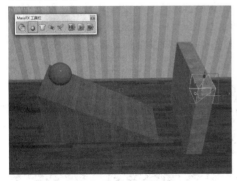

图 14-105 添加动力学刚体

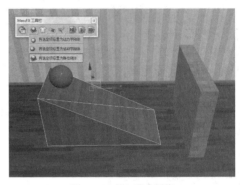

图 14-106 添加静态刚体

05 选择球体对象,在"MassFX 工具栏"中单击"将选定项设置为动力学刚体"按钮 ,并在修改面板中对参数进行设置,如图 14-107 所示。

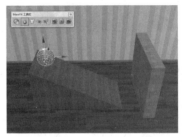

图 14-107 加载动力学刚体

06 为各对象添加好刚体后,单击"开始模拟"按钮 ,观察其效果如图 14-108 所示。

图 14-108 预览效果

07 单击"开始模拟"按钮 结束模拟,然后在修改面板中选择"MassFX Rigid Body",在"刚体属性"卷展栏中单击按钮,生成关键帧动画,最终效果如图 14-109 所示。

图 14-109 球体撞墙动画

14.3.4 mCloth 对象

mCloth 对象用于 MassFX 模拟，可完全参与物理模拟，既影响模拟中其他对象的行为，也受到这些对象行为的影响，是一种特殊的布料修改器。

选中对象，在【MassFX 工具栏】对话框中使用鼠标左键长按"设置 mCloth 对象"按钮，在弹出的列表中选择第一项，即可将选中的对象设置为 mCloth 对象。选择第二项，可从选定对象中移除 mCloth，如图 14-110 所示。mCloth 对象参数设置面板如图 14-111 所示。

图 14-110 "设置 mCloth 对象"列表

图 14-111 mCloth 对象参数设置面板

实战: 制作盖床单效果

场景位置：DVD> 场景文件 > 第 14 章 > 模型文件 > 实战：制作盖床单效果 .max
视频位置：DVD> 视频文件 > 第 14 章 > 实战：制作盖床单效果 .mp4
难易指数：★★☆☆☆

01 打开光盘提供的"第 14 章 \ 制作盖床单动画 .max"文件，场景中布置好相关模型，如图 14-112 所示。

图 14-112 打开文件

02 在主工具栏上单击鼠标右键，在弹出的列表中选择"MassFX 工具栏"选项，打开"MassFX 工具栏"对话框，如图 14-113 所示。

图 14-113 打开 MassFX 工具栏

03 选择床垫对象，在"MassFX 工具栏"中单击"将选定项设置为静态刚体"按钮，如图 14-114 所示。

图 14-114 设置静态刚体

04 选择床单对象，在"MassFX 工具栏"中单击"将选定对象设置为 mCloth 对象"按钮，如图 14-115 所示。

图 14-115 设置 mCloth 对象

> **提示**
>
> 如果场景的床单出现穿插的现象，可将整个床设置为刚体对象；为了更好地获得床单效果，在设置平面时，需将它的分段数设置得更高。

05 设置好刚体和 mCloth 对象后，单击"开始模拟"按钮，观察其效果如图 14-116 所示。

06 单击"开始模拟"按钮结束模拟，然后在修改面板中选择"mCloth"，在"mCloth 模拟"卷展栏中单击按钮，生成关键帧动画，最终效果如图 14-117 所示。

图 14-116 预览效果

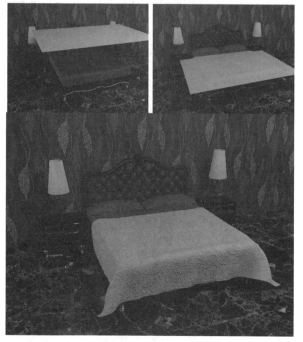

图 14-117 球体撞墙动画

14.4 约束

MassFX 约束主要是用来限制刚体在模拟中的移动，现实世界中的一些约束示例包括转枢、钉子、索道和轴。

14.4.1 创建约束

MassFX 约束有多种类型，分为刚体约束、滑块约束、转枢约束等；所有的约束预设创建具有相同设置的同一类型的辅助兑现，约束辅助对象可将两个刚体连接在一块，或将单个刚体锚定到全局空间中的某个指定固定位置。

在【MassFX 工具栏】对话框中使用鼠标左键长按"创建刚体约束"按钮 ，在弹出的列表中显示了可设置的约束类型，如图 14-118 所示。

执行"动画"→"MassFX"→"刚体"命令，可在弹出的子菜单中显示可设置的约束类型，如图 14-119 所示。

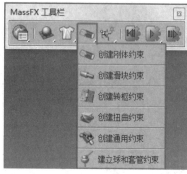

图 14-118 【MassFX 工具栏】对话框

图 14-119 约束类型

14.4.2 约束种类

1. 刚体约束

选择"创建刚体约束"命令，可将新"MassFX 约束"辅助对象添加到带有适合于刚体约束的设置的项目中。刚体约束使得平移、摆动、扭曲全部被锁定，并尝试在开始模拟时保持两个刚体在相同的相对变换中。

2. 滑块约束

选择"创建滑块约束"命令，可将新"MassFX 约束"辅助对象添加到带有适合于滑动约束的设置的项目中，该类型约束与"刚体约束"相类似，但启用受限的 Y 变换。

3. 转枢约束

选择"创建转枢约束"命令，可将新"MassFX 约束"辅助对象添加到带有适合于转枢约束的设置的项目中，该类型约束与"刚体约束"相类似，但是"摆动 1"限制为 100 度。

4. 扭曲约束

选择"创建扭曲约束"命令，可将新"MassFX 约束"辅助对象添加到带有适合于扭曲约束的设置的项目中，该类型约束与"刚体约束"相类似，但"扭曲"设置为自由。

5. 通用约束

选择"创建通用约束"命令，可将新"MassFX 约束"

辅助对象添加至带有合适于通用约束的设置的项目中，该类型约束与"刚体约束"相类似，但"摆动 1"与"摆动 2"被限制为 45 度。

6. 球和套管约束

选择"建立球和套管约束"命令，可将新"MassFX 约束"辅助对象添加至带有适合于球和套管约束的设置的项目中，该类型约束与"刚体约束"相类似，但"摆动 1""摆动 2"被限制为 80 度，并且"扭曲"设置为自由。

14.4.3 约束参数设置面板

为指定的刚体设置约束后，其参数设置面板分别由"常规"卷展栏、"平移限制"卷展栏、"摆动和扭曲限制"卷展栏、"弹力"卷展栏、"高级"卷展栏组成，各卷展栏介绍如下：

1. "常规"卷展栏

"常规"卷展栏内容如图 14-120 所示，主要用来控制连接父对象与子对象及其行为效果。其中各选项含义如下：

❑ 连接：通过使用其下的按钮可将刚体指定给约束，也可将父对象和子对象都指定给约束，还可仅指定子对象。其中父对象可是任何刚体类型，子对象必须是动力学类型。

❑ 行为：设置使用受约束实体的加速度的行为是由加速度或者由力来控制。

图 14-120　"常规"卷展栏

2. "平移限制"卷展栏

"平移限制"卷展栏内容如图 14-121 所示，在其中可设置指定受约束子对象的线性运动的允许范围，各选项含义如下：

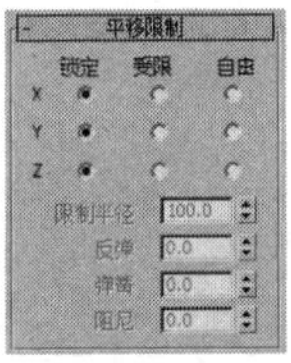

图 14-121　"平移限制"卷展栏

❑ 锁定 / 受限 / 自由：在其中为每个轴选择沿轴约束运动的方式。

❑ 限制半径：设置父对象和子对象可从其初始偏移移离的沿受限轴的距离。

❑ 反弹：其中的参数代表对于任何受限轴，碰撞时对象偏离限制而反弹的数量。参数值 0 时没有反弹，参数为 1 时表示完全反弹。

❑ 弹簧：其中的参数代表对于任何受限轴，指在超限情况下将对象拉回限制点的"弹簧"强度值。

❑ 阻尼：其中的参数代表对于任何受限轴，在平移超

出限制时它们所受的移动阻力数量。

3. "摆动和扭曲限制"卷展栏

"摆动和扭曲限制"卷展栏内容如图 14-122 所示，用来指定受约束子对象的角运动的允许范围，其中各选项含义如下：

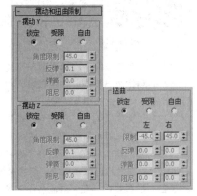

图 14-122　"摆动和扭曲限制"卷展栏

❑ 摆动 Y/ 摆动 Z："摆动 Y""摆动 Z"分别表示围绕约束的局部 Y 轴和 Z 轴的旋转。

❑ 角度限制：在"摆动"设置为"受限"时，该选项的参数表示离开中心允许旋转的度数。

4. "弹力"卷展栏

"弹力"卷展栏内容如图 14-123 所示，用来设置约束的弹力效果，可对弹力的位置、摆动及扭曲效果进行设置，当中各选项含义如下：

图 14-123　"弹力"卷展栏

❑ 弹到基准位置：在该选项组中设置将父对象和子对象的平移拉回到其初始偏移的位置。

❑ 弹到基准摆动：在其中设置将对象拉回到其围绕局部 Y 轴和 Z 轴的初始旋转偏移。

❑ 弹到基准扭曲：在其中设置将对象拉回到其围绕局部 X 轴的初始旋转偏移。

5. "高级"卷展栏

"高级"卷展栏内容如图 14-124 所示，用来设置父对象与子对象的碰撞、约束等效果，其中各选项含义如下：

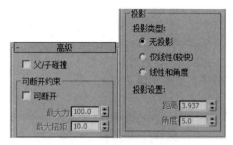

图 14-124 "高级"卷展栏

❑ 父/子碰撞：旋转该项，可使两个刚体彼此呼应，并对其他刚体做出反应。禁用该项，由某个约束所连接的父刚体和子刚体将无法相互碰撞。

❑ 最大力：勾选"可断开"选项，假如线性力的大小超过该参数值，则断开约束。

❑ 最大扭矩：在"可断开"选项处于激活状态时，假如扭曲力的数量超过该参数值，则约束被断开。

❑ 投影类型：在父对象各子对象违反约束的限制时，在该选项组下可强制此时无投影或对投影进行控制。

第15章

动画

本章学习要点：

- 动画介绍
- 曲线编辑器
- 动画约束
- 骨骼系统
- IK 解算器
- 蒙皮
- 综合实例：制作人物练拳动画

3ds Max 是非常强大的动画制作软件，默认状态下该软件设定动画每秒播放 30 个画面，这样可产生体积较大的动画文件。此外，3ds Max 包括基本动画系统和骨骼动画系统，动画设计师可以运用这两种制作系统制作出优美逼真的动画作品。如图 15-1 所示为近年一些非常优秀的动画作品。

图 15-1 动画作品

15.1 动画介绍

本节介绍动画的概念、动画的时间和控制、设置关键帧动画的知识，掌握好了这些基础知识，才能为以后的动画制作打下基础。

15.1.1 动画的概念

动画是将静止的画面变为动态的艺术，和电影的原理基本一样，动画是基于人的视觉原理来创建运动图像的。人的眼睛会产生视觉暂留，对上一个画面的感知还未消失，下一个画面又出现，就会有动的感觉。人们在短时间内观看一系列相关联的静止画面时，就会将其视为连续的动作。如图 15-2 所示为动画原理示意图。

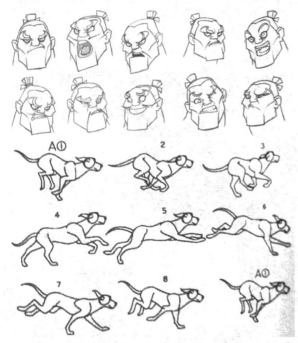

图 15-2 动画原理示意图

早期创建动画的主要难点在于动画师必须绘制大量单个图像，一分钟的动画大概需要 720 到 1800 个单独图像，这还要取决于动画的质量。用手来绘制图像是一项艰巨的任务，因此出现了一种称之为"关键帧"的技术，关键帧是让艺术家只绘制重要的帧，称为关键帧。然后再计算出关键帧之间需要的帧，填充在关键帧中的帧称为中间帧。画出了所有关键帧和中间帧之后，需要链接或渲染图像以产生最终图像。即使在今天，传统动画的制作过程通常都需要数百名艺术家生成上千个图像，如图 15-3 所示。

3ds Max 中建立动画首先要创建记录每个动画序列起点和终点的关键帧，这些关键帧的值称为关键点。3ds Max 将计算各个关键点之间的插补值，从而生成完整动画。

3ds Max 几乎可以为场景中的任意参数创建动画。可以设置修改器参数的动画（如"弯曲"角度或"锥化"量）、材质参数的动画（如对象的颜色或透明度）等。指定动画参数之后，渲染器承担着色和渲染每个关键帧的工作，结果是生成高质量的动画，如图 15-4 所示。

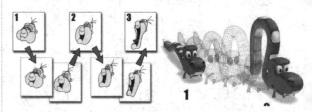

图 15-3 关键帧和中间帧　　　　图 15-4 建立动画

15.1.2 动画的时间和控制

不同的动画格式具有不同的帧速率，单位时间中的帧数越多动画画面就越细腻、流畅；反之，动画画面则会产生抖动和闪烁的现象，动画画面每秒至少要播放 15 帧才可以形成流畅的动画效果，传统的电影通常为每秒播放 24 帧，如图 15-5 所示。

图 15-5 时间帧

图 15-8 NTSC 标准帧速率

01 打开本书附带光盘"第 15 章 \ 动画时间控制 .max"文件，该场景已经设置好了一个完成的动画场景，默认打开为第 0 帧的状态。单击"播放动画"按钮场景就会开始变化，同时视口下方的时间滑块也随之向右移动，播放时单击"暂停"按钮，场景将静止在单击该按钮时所处的帧位置上，如图 15-6 所示。

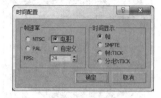

图 15-9 时间配置

05 切换至摄影机视图，然后在主工具栏上单击"渲染产品"按钮，对场景进行同帧渲染，如图 15-10 所示。

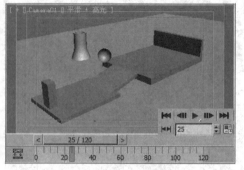

图 15-6 播放和暂停

图 15-10 电影标准帧速率

02 单击"转至结尾"按钮，场景会直接跳至最后一帧的位置；在时间控制项的文本输入框内输入 100 后按回车键，场景将跳到 100 帧的位置，如图 15-7 所示。

15.1.3 设置关键帧动画

设置动画关键帧的工具位于软件界面的右下角，如图 15-11 所示，本节介绍各关键帧工具的使用。

图 15-11 动画关键帧的设置工具

❑ 设置关键点 ⊙┳：单击按钮，可在指定的帧上设置关键点，快捷键为 K 键。

❑ 自动关键点 **自动关键点**：单击按钮，可自动记录关键帧。启用"自动关键点"功能后，时间尺会变成红色，如图 15-12 所示，拖曳时间块可以控制动画的播放范围及关键帧。该工具的快捷键为 N 键。

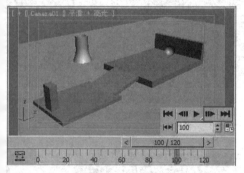

图 15-7 播放控制按钮

03 观察时间栏会知道当前动画共有 120 帧，而系统默认情况下所使用的是 NTSC 标准帧速率，此类型的帧速率为每秒播放 30 帧动画，整个动画时长为 4 秒钟，单击"播放动画"按钮对动画进行预览，如图 15-8 所示。

04 更改动画的播放帧速率，在动画控制区中单击"时间配置"按钮，打开"时间配置"对话框，选择"电影"选项，单击"确定"按钮返回主界面预览动画，如图 15-9 所示。

图 15-12 启用"自动关键点"功能

设置关键点 **设置关键点**：进入"设置关键点"动画模式后，可以使用"设置关键点"工具及"关键点过滤器"的组合为选定对象的各个轨迹创建关键点。利用"设置关键点"模式可以控制设置关键点的对象及时间，可以设置角色的姿势，并使用该姿势来创建关键点。假如将该姿势移动到另一时间点而没有设置关键点，则该姿势被放弃。

选定对象 [选定对象 ▼]：在进入"设置关键点"动画模式时，在列表中可快速访问命名选择集和轨迹集。

关键点过滤器 [关键点过滤器...]：单击按钮，系统弹出如图 15-13 所示的【设置关键点过滤器】对话框，在其中可选择待设置的关键点的轨迹。

图 15-13【设置关键点过滤器】对话框

实战：使用自动关键点制作风扇旋转动画

场景位置：DVD>场景文件>第 15 章>模型文件>实战：使用自动关键点制作风扇旋转动画 .max
视频位置：DVD>视频文件>第 15 章>实战：使用自动关键点制作风扇旋转动画 .mp4
难易指数：★★★☆☆

01 打开本书附带光盘"第 15 章 \ 使用自动关键点制作风扇旋转动画 .max"文件，场景已经布置好相关模型，如图 15-14 所示。

图 15-14 打开文件

02 选择风叶对象，单击"自动关键点"按钮，将时间滑块拖到第 100 帧，在主工具栏上右键单击"选择并旋转"按钮 ⊙，在弹出的"旋转变换输入"对话框中，设置 Y 轴值为 7200，如图 15-15 所示。

03 这样一个简单的自动关键点动画就设置好了，单击"播放动画"按钮可以预览设置的动画，选择一些效果较好的时间静帧，进行渲染效果如图 15-16 所示。

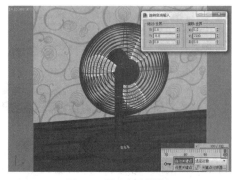

图 15-15 设置自动关键点

图 15-16 风扇旋转动画

15.2 曲线编辑器

单击主工具栏上的"曲线编辑器（打开）"按钮 ⋈，系统弹出如图 15-17 所示的【轨迹视图 - 曲线编辑器】对话框。在其中可以通过调节曲线来控制物体的运动形态。

图 15-17 【轨迹视图 - 曲线编辑器】对话框

场景中的物体被设置了动画属性后，可以在【轨迹视图 - 曲线编辑器】对话框中显示相应的曲线，如图 15-18 所示，通过调整曲线来更改物体的运动轨迹。

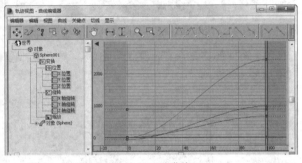

图 15-18 显示曲线

15.2.1 关键点控制：轨迹视图工具栏

曲线编辑器的"关键点控制"工具栏包含一些工具，用于移动和缩放关键点、绘制曲线和插入关键点。

图 15-19 "关键点控制"工具栏

❑ 移动关键点：在"关键点"窗口中水平和垂直移动关键点。

❑ 绘制曲线：绘制新运动曲线，或直接在功能曲线图上绘制草图来修改已有曲线。

❑ 添加关键点：在现有曲线上创建关键点。

❑ 区域关键点工具：在矩形区域内移动和缩放关键点。

❑ 重定时工具：基于每个轨迹的扭曲时间。

❑ 对全部对象重定时工具：全局修改动画计时。

15.2.2 导航：轨迹视图工具栏

导航工具栏中的工具主要用来定义视图的显示范围、编辑曲线等操作，如图 15-20 所示，其中各工具的含义如下：

图 15-20 导航工具栏

❑ 平移：使用"平移"时，可以单击并拖动关键点窗口，以将其向左移、向右移、向上移或向下移。

❑ 框显水平范围：它是一个弹出按钮，其中包含"框显水平范围"按钮和"框显水平范围关键点"按钮。

❑ 框显值范围：单击按钮，可最大化的显示关键点的值。

❑ 缩放：单击按钮，可在水平和垂直方向上缩放时间的视图。

❑ 缩放区域：用于拖动"关键点"窗口中的一个区域以缩放该区域使其充满窗口。

❑ 隔离曲线：单击按钮，可隔离当前选中的动画曲线，以使其单独显示，方便调节单个曲线。

15.2.3 关键点切线：轨迹视图工具栏

切线控制着关键点附近的运动的平滑度和速度，关键点切线工具栏中的工具可以用来为关键点指定切线，如图 15-21 所示，其中各选项含义如下：

图 15-21 关键点切线工具栏

❑ 将切线设置为自动：按关键点附近的功能曲线的形状进行计算，将高亮显示的关键点设置为自动切线。

❑ 将切线设置为样条线：将高亮显示的关键点设置为样条线切线，它具有关键点控制柄，可以通过在"曲线"窗口中拖动进行编辑。

❑ 将切线设置为快速：可将关键点切线设置为快。

❑ 将切线设置为慢速：可将关键点切线设置为慢。

❑ 将切线设置为阶梯式：将关键点切线设置为步长。使用阶跃来冻结从一个关键点到另一个关键点的移动。

❑ 将切线设置为线性：可将关键点切线设置为线性。

❑ 将切线设置为平滑：可将关键点切线设置为平滑。

15.2.4 切线动作：轨迹视图工具栏

切线动作工具栏如图 15-22 所示，其中的工具可以对动画关键点切线执行统一或断开操作：

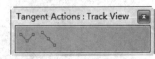

图 15-22 切线动作工具栏

❑ 断开切线：允许将两条切线（控制柄）连接到一个关键点，使其能够独立移动，以便不同的运动能够进出关键点。

□ 统一切线：如果切线是统一的，按任意方向移动控制柄，从而控制柄之间保持最小角度。

15.2.5 关键点输入：轨迹视图工具栏

在关键点输入工具栏中可以自定义单个关键点的数值，如图 15-23 所示，其中各选项含义如下：

图 15-23 关键点输入工具栏

□ 帧：在选项中显示选定关键点的帧编号，即在时间中的位置。可在选项中输入新的帧数或一个表达式，可将关键点移至其它帧。

□ 值：在选项中显示选定关键点的值，即在空间中的位置，在选项中输入新的值或表达式来更改关键点的值。

实战：制作蝴蝶飞舞动画

场景位置：DVD> 场景文件 > 第 15 章 > 模型文件 > 实战：制作蝴蝶飞舞动画 .max
视频位置：DVD> 视频文件 > 第 15 章 > 实战：制作蝴蝶飞舞动画 .mp4
难易指数：★★★☆☆

01 打开本书附带光盘 "第 15 章 \ 制作蝴蝶飞舞动画 .max" 文件，场景中已经设置好了蝴蝶的模型，如图 15-24 所示。

图 15-24 打开文件

02 选择整体模拟，保持时间帧在 0 帧，按 K 键添加关键点。然后单击 "自动关键点" 按钮，接着使用移动和旋转工具调整蝴蝶模型的整体位置和翅膀的角度，如图 15-25 所示。

图 15-25 设置关键点

03 在主工具栏中单击 "曲线编辑器" 按钮，打开 "轨迹视图 - 曲线编辑器" 对话框，接着在属性列表中选择 "Y 位置" 曲线，调节成如图 15-26 所示的形状。

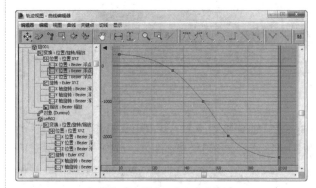

图 15-26 调节 Y 位置的曲线

04 同样的方法将 "Z 位置" 曲线，调节成如图 15-27 所示的形状。

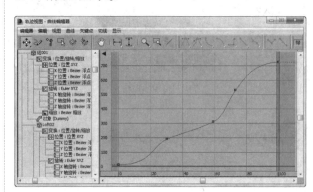

图 15-27 调节 Z 位置的曲线

 提示

由于 X 位置向前方向的并没有发生变化，所以曲线会保持为水平线。

05 选择设置好的 Y 位置，按 Ctrl+C 快捷键复制曲线，在场景中选择翅膀模型，选择 Y 位置的曲线，按 Ctrl+V 快捷键将蜻蜓的曲线复制给翅膀，同理将 Z 位置的曲线也进行复制，如图 15-28 所示。

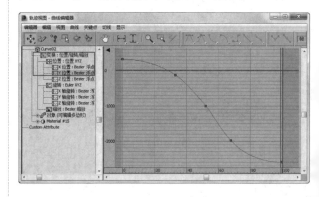

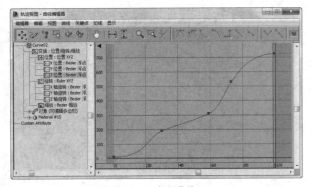

图 15-28 复制曲线

提示

复制曲线时，它记录的是蜻蜓模型的坐标信息，所以将整个路径复制到其他模型时可针对情况对关键点位置做适当调整。

06 选择一些动画较好的帧，渲染出静帧图像，如图 15-29 所示。

图 15-29 渲染蝴蝶飞舞效果

15.3 动画约束

动画约束是创建动画过程中的辅助工具。可用于通过与其他对象的绑定关系控制对象的位置、旋转或缩放。约束有 7 种类型，分别为附着约束、曲面约束、路径约束、位置约束、链接约束、注视约束以及方向约束，本节介绍其中的 6 种动画约束的使用方法。

15.3.1 附着约束

"附着约束"是一种位置约束，可将一个对象的位置附着到另一对象的面上。如图 15-30 所示是"附着约束"的参数设置面板内容，其中各选项含义如下：

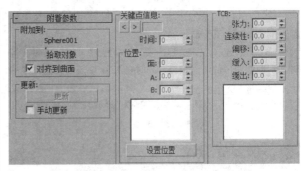

图 15-30 "附着约束"的参数设置面板

☐ 拾取对象 拾取对象：单击按钮，可在场景中拾取目标对象。

☐ 更新 更新：单击按钮，可在场景中更新附着效果。

☐ 时间：在选项中显示当前帧，可将当前帧关键点移动到不同的帧中。

☐ 面：在选项中显示对象所附着到的面的索引。

☐ A/B：在选项中设置面上附着对象的位置的重心坐标。

☐ 张力：在选项中设置 TCB 控制器的张力，参数值设置范围为 0~50。

☐ 连续性：在选项中设置 TCB 控制器的连续性，参数设置范围为 0~50。

☐ 偏移：在选项中设置 TCB 控制器的偏移量，参数设置范围为 0~50。

☐ 缓入：在选项中设置 TCB 控制器的缓入位置，参数设置范围为 0~50。

☐ 缓出：在选项中设置 TCB 控制器的缓出位置，参数设置范围为 0~50。

15.3.2 曲面约束

"曲面约束"可以让一个对象定位在另一个对象上，但是能够使用曲面约束的对象是有限制的，允许的对象有：球体、圆锥体、圆柱体、圆环、四边形面片、放样对象、NURBS 对象。如图 15-31 所示为"曲面约束"参数设置面板的内容，其中各选项含义如下：

图 15-31 "曲面约束"参数设置面板

☐ 拾取曲面 拾取曲面：单击按钮，可在场景中拾取需要用作曲面的对象。

☐ U/V 向位置：在选项中设置控制对象再曲面对象 U/V 坐标轴上的位置。

□ 不对齐：选择该项，无论控制对象在曲面对象上的哪个位置，它都不会走向。

□ 对齐到 U/V：选择选项，可将控制对象的局部 Z 轴对齐到曲面对象的曲面法线，同时将 X 轴对齐到曲面对象的 U/V 轴。

□ 翻转：选择该项，可翻转控制对象局部 Z 轴的对齐方式。

实战：地球仪定位

场景位置：DVD> 场景文件 > 第 15 章 > 模型文件 > 实战：地球仪定位 .max
视频位置：DVD> 视频文件 > 第 15 章 > 实战：地球仪定位 .mp4
难易指数：★★★☆☆

01 打开本书附带光盘"第 15 章 \ 地球仪的定位 .max"文件，场景中已经设置好了地球仪和定位器的模型，如图 15-32 所示。

图 15-32 打开文件

02 选择定位器对象，在"运动"命令面板"指定控制器"卷展栏中选择"位置"，然后单击"指定控制器"按钮，在弹出的对话框中选择"曲面"约束，如图 15-33 所示。

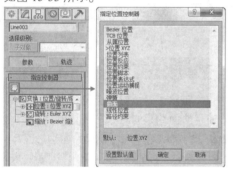

图 15-33 制定曲面约束

03 展开"曲面控制器参数"卷展栏，单击"拾取曲面"按钮，拾取场景中的地球仪球面对象，此时定位器将被吸附到球体表面上，如图 15-34 所示。

04 在"曲面选项"选项组中，设置定位器的相关参数，如图 15-35 所示。

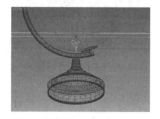

图 15-34 拾取曲面

图 15-35 设置参数

> **提示**
>
> 对象吸附到球体时，对齐的地方是以坐标位置为对齐点的，所以要确保定位对象的坐标在底部。
> 对象位置控制器已经制定为曲面，这时使用移动工具去调整对象是不会产生变化。

05 依照同样的方法，将其与的定位器放置到地球仪上，如图 15-36 所示。

06 放置好后，选择较好的视图进行渲染，最终效果图如图 15-37 所示。

图 15-36 定位球面

图 15-37 最终效果

15.3.3 路径约束

"路径约束"用来约束对象沿着指定的目标样条线路径运动，或者在离指定的多个样条线平均距离上运动。如图 15-38 所示为"路径约束"参数设置面板的内容，其中各选项含义如下：

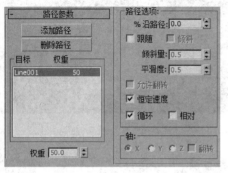

图 15-38 "路径约束"的参数设置面板

❏ 添加路径 添加路径：单击按钮，可在场景中选取其它的样条线作为约束路径。

❏ 删除路径 删除路径：单击按钮，可将目标列表中选中的作为约束路径的样条线去掉，使其不再对被约束对象产生影响，而不是从场景中删掉。

❏ % 沿路径：在选项中定义被约束对象现在处在约束路径长度的百分比，常用来设定被约束对象沿路径的运动动画。

❏ 跟随：选择该项，可使对象的某个局部坐标与运动的轨迹线相切。

❏ 倾斜：选择该项，可是对象局部坐标系的 Z 轴朝向曲线的中心。

❏ 平滑度：该参数沿着转弯处的路径均分倾斜角度。参数值越大，被约束对象在转弯处倾斜变换的就越缓慢、平滑。

❏ 允许翻转：选择该项，则允许被约束对象在路径的特殊段上执行翻转运动。

❏ 恒定速度：选择该项，可使被约束对象在样条线的所有线段上的速度一样。

❏ 循环：选择该项，被约束对象的运动将被循环播放。

❏ 相对：选择该项，被约束对象开始将保持在原位置，沿与目标路径相同的轨迹运动。

实战： 绘制椭圆动画

场景位置：DVD> 场景文件 > 第 15 章 > 模型文件 > 实战：绘制椭圆动画 .max
视频位置：DVD> 视频文件 > 第 15 章 > 实战：绘制椭圆动画 .mp4
难易指数： ★★★☆☆

01 打开本书附带光盘"第 15 章 \ 绘制椭圆动画 .max"文件，场景中已经设置好了纸笔模型以及路径，如图 15-39 所示。

02 选择钢笔模型，执行"动画"→"约束"→"路径约束"命令，将钢笔模型约束到样条线上，如图 15-40 所示。

图 15-39 打开文件

图 15-40 约束对象

提示

由于约束都是以坐标位置来定位的，所以在使用该命令时要注意坐标的位置。

03 使用"圆柱体"工具在场景中创建一个圆柱体，如图 15-41 所示。

图 15-41 创建圆柱体

04 选择圆柱体在修改面板中加载"路径变形（WSM）"修改器，然后在"参数"卷展栏下单击"拾取路径"按钮，并拾取场景中的样条线，再单击"转到路径"按钮，匹配到样条上，如图 15-42 所示。

05 单击"自动关键点"按钮，将时间滑块拖曳到第 0 帧，接着设置"路径约束"修改器的"拉伸"值为 0，如图 15-43 所示。

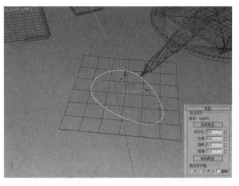

图 15-42 添加修改器

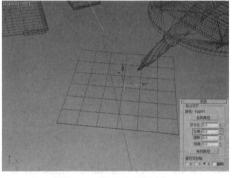

图 15-43 打开自动关键点

06 同样的方法依次将第 16、31、47、63、79、94、100 帧，分别设置值从 0.01~0.07，如图 15-44 所示。

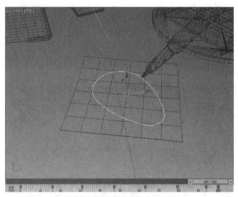

图 15-44 设置参数

07 整个动画就完成了，选择效果较好的帧渲染出来，如图 15-45 所示。

图 15-45 绘制动画

15.3.4 位置约束

"位置约束"可以设置源对象的位置随着另一个目标对象的位置或者几个目标对象的权重平均位置而变化，还可将值的变化设置为动画。如图 15-46 所示为"位置约束"参数设置面板的内容，其中各选项含义如下：

❑ 添加位置目标 添加位置目标：单击按钮，可以添加影响受约束对象位置的新目标对象。

❑ 删除位置目标 删除位置目标：单击按钮，可以移除位置目标对象。假如目标对象被移除，则不再影响受约束的对象。

图 15-46 "位置约束"参数设置面板

❑ 权重：在选项中为每个目标指定并设置动画。

❑ 保持初始偏移：选择该项，可保存受约束对象与目标对象的原始距离。

15.3.5 注视约束

"注视约束"可以控制对象的方向并使它一直注视着另一个对象。"注视约束"参数设置面板的内容如图 15-47 所示，其中各选项含义如下：

图 15-47 "注视约束"的参数设置面板

□ 添加注视目标 添加注视目标：单击按钮，可添加影响约束对象的新目标。

□ 删除注视目标 删除注视目标：单击按钮，可移除影响约束对象的目标对象。

□ 视线长度：在选项中定义从约束对象轴到目标对象轴所绘制的视线长度。

□ 绝对视线长度：选择该项，3ds Max 仅使用"视线长度"来设置主视线的长度。

□ 设置方向 设置方向：单击按钮，允许对约束对象的偏移方向进行手动定义，可使用旋转工具来设置约束对象的方向。

□ 重置方向 重置方向：单击按钮，可将用户设定的方向还原至初始值。

□ 源轴：在选项组中选择与上部节点轴对齐的约束对象的轴。

实战：制作监控摄像头转动动画

场景位置：DVD> 场景文件 > 第 15 章 > 模型文件 > 实战：制作监控摄像头转动动画 .max
视频位置：DVD> 视频文件 > 第 15 章 > 实战：制作监控摄像头转动动画 .mp4
难易指数：★★☆☆☆

01 打开本书附带光盘"第 15 章 \ 制作监控摄像头转动动画 .max"文件，场景中已经设置好了监控摄像头模型，如图 15-48 所示。

图 15-48 打开文件

02 在"创建"→"辅助对象"面板中，单击"点"按钮在监控摄像头前创建一个点对象，如图 15-49 所示。

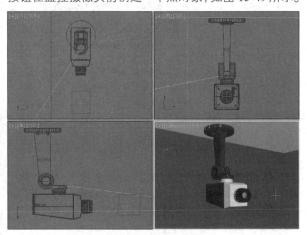

图 15-49 创建辅助对象

03 选择监控设备，执行"动画"→"约束"→"注视约束"命令，将设备与辅助点连接起来，在参数面板中勾选"保持初始偏移"复选框，如图 15-50 所示。

04 可以为辅助点对象设置一个简单的关键点动画，如图 15-51 所示。

图 15-50 连接辅助对象

图 15-51 创建简单动画

05 整个过程就完成了，选择较好的时间帧，进行渲染效果如图 15-52 所示。

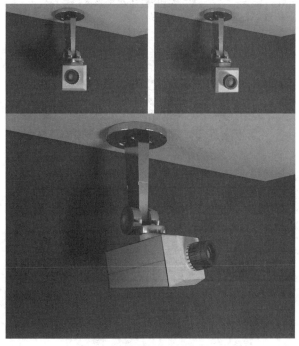

图 15-52 监控摄像头转动动画

15.3.6 方向约束

"方向约束"可以使某个对象的方向沿着另一个对象的方向或若干对象的平均方向进行旋转，方向受约束的对象可以是任意可旋转的对象。"方向约束"参数设置面板的内容如图 15-53 所示，其中各选项含义如下：

图 15-53 方向约束

❑ 添加方向目标 添加方向目标：单击按钮，可在场景中选择一个对象作为方向约束的目标。

❑ 将世界作为目标添加 将世界作为目标添加：单击按钮，可将受约束对象与世界坐标轴对齐。

❑ 删除方向目标 删除方向目标：单击按钮，可选择一个已被设置约束目标的对象删除。

❑ 保持初始偏移：选择该项，可保留受约束对象的初始方向。

❑ 变换规则：在将"方向约束"应用于层次中的某个图形对象后，即可确定是将局部节点变换还是将父变换用于"方向约束"。

❑ 局部 --> 局部：选择该项，局部节点变换将用于"方向约束"。

❑ 世界 --> 世界：选择该项，将应用父变换或世界变换。

15.4 骨骼系统

骨骼是组成脊椎动物内骨骼的坚硬器官，功能是运动、支持和保护身体、制造红血球和白血球、储藏矿物质。骨骼由各种不同的形状组成，有复杂的内在和外在结构，使骨骼在减轻重量的同时能够保持坚硬。人体的骨骼具有支撑身体的作用，其中的硬骨组织和软骨组织皆是人体结缔组织的一部分。如图 15-54 和图 15-55 所示分别为人体骨骼和马骨骼的示意图。

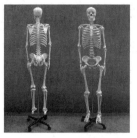

图 15-54 人体骨骼　　　　　图 15-55 马骨骼

15.4.1 创建骨骼

在"创建"面板上单击"系统"按钮，在"标准"类型列表中单击"骨骼"工具按钮 骨骼，如图 15-56 所示，然后在场景中拖曳鼠标，即可创建骨骼对象，如图 15-57 所示。

图 15-56 "标准"类型列表　　　图 15-57 创建骨骼对象

15.4.2 IK 链指定卷展栏

"骨骼"参数设置面板包括两个卷展栏，分别为"IK 链指定"卷展栏以及"骨骼参数"卷展栏，其中"IK 链指定"卷展栏内容如图 15-58 所示，其中各选项含义如下：

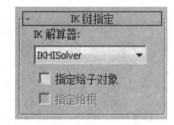

图 15-58 "IK 链指定"卷展栏

❑ IK 解算器：在选项列表中显示了系统所提供的 IK 解算器类型。

❑ 指定给子对象：选择该项，可将 IK 解算器列表中选中的 IK 解算器标准指定给最新创建的所有骨骼，但是除了最先创建的第一根骨骼除外。禁用该项，系统可为骨骼指定标准的"PRS 变换"控制器。

❑ 指定给根：选择该项，可以为最新创建的所有骨骼，包括最先创建的第一根骨骼指定 IK 解算器。

15.4.3 骨骼参数卷展栏

"骨骼参数"卷展栏内容如图 15-59 所示，其中各选项含义如下：

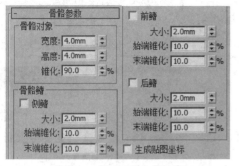

图 15-59 "骨骼参数"卷展栏

1. "骨骼对象"选项组

❏ 宽度 / 高度：在选项中设置骨骼的宽度和高度。

❏ 锥化：该选项的参数决定骨骼形状的锥化程度。假如参数值为 0，则骨骼的形状为长方体。

2. "骨骼鳍"选项组

❏ 侧鳍：选择该项，可在所创建的骨骼的侧面添加一组鳍。

❏ 大小：选项中的参数决定鳍的大小。

❏ 始 / 末端锥化：在选项中设置侧鳍始 / 末端的锥化程度。

❏ 前鳍：选择该项，可以在所创建的骨骼的前端添加一组鳍。

❏ 后鳍：选择该项，可在所创建的骨骼的后端添加一组鳍。

实战：创建人物骨骼

场景位置：DVD> 场景文件 > 第 15 章 > 模型文件 > 实战：创建人物骨骼 .max
视频位置：DVD> 视频文件 > 第 15 章 > 实战：创建人物骨骼 .mp4
难易指数：★★★☆☆

01 打开本书附带光盘"第 15 章 \ 创建人物骨骼 .max"文件，场景中已经准备好一个人物模型，如图 15-60 所示。

02 单击"创建"→"系统"→"骨骼"按钮，在左视图中创建人物骨骼，如图 15-61 所示。

图 15-60 打开文件

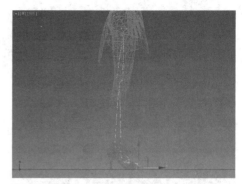

图 15-61 创建骨骼

03 使用移动工具在视图中调整好骨骼的位置，如图 15-62 所示。

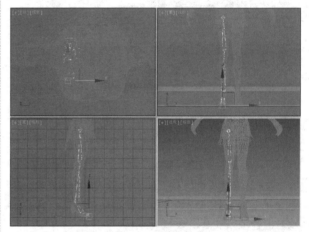

图 15-62 调整骨骼

04 选择末端的关节，执行"动画"→"IK 解算器"→"IK 肢体解算器"命令，将关节链接起来，如图 15-63 所示。

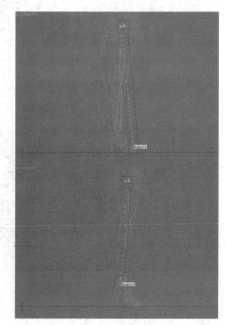

图 15-63 链接关节

05 选择创建骨骼腿的模型，切换至修改面板，加载"蒙皮"修改器，在"参数"卷展栏中单击"添加"按钮，加载好所有的骨骼，如图 15-64 所示。

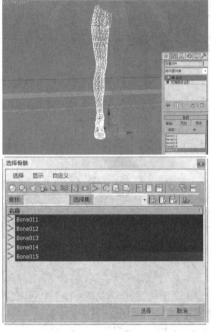

图 15-64 加载骨骼

06 依照同样的方法，创建好另一条腿的骨骼。这时使用变换工具可以调节腿部的不同姿势，选择几个较好的帧渲染效果如图 15-65 所示。

图 15-65 静帧效果

15.5 IK 解算器

执行"动画"→"IK 解算器"命令，在弹出的菜单中显示了 3ds Max 所包含的 IK 解算器类型，如图 15-66 所示，选择其中的一项可以创建 IK 解算器。

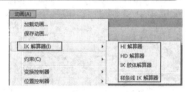

图 15-66 选项列表

IK 解算器可以应用 IK 控制器，来管理连接中子对象的变换。还可创建反向运动学的解决方案，用于旋转和定位链中的链接。

15.5.1 HI 解算器

使用 HI 解算器，可以在层次中设置多个链，如图 15-67 所示。该解算器的算法属于历史独立型，无论涉及的动画帧有多少，都可以加快使用速度，在第 1000 帧的速度与在第 5 帧的速度相同。HI 解算器可创建目标和末端效应器，且在视图中稳定而无抖动；还可使用旋转角度调整解算器平面，方便定位肘部或膝盖。

图 15-67 HI 解算器的运用

HI 解算器的参数设置面板内容如图 15-68 所示，其中各选项含义如下：

图 15-68 HI 解算器的参数设置面板

❑ IK 解算器类型: 在列表中可以选择 IK 解算器的类型。

❑ 启用 启用: 单击按钮, 可以启用或禁用链的 IK 控件。是"HI IK 控制器"中一个 FK 子控制器。激活"启用"按钮, 可使 FK 子控制器的值被 IK 控制器所覆盖; 禁用"启用"按钮, 可使用 FK 值。

❑ IK/FK 捕捉 IK/FK 捕捉: 单击按钮, 可在 IK 模式中执行 FK 捕捉, 或者在 FK 模式中指定 IK 捕捉。

❑ 设置为首选角度 设置为首选角度: 单击按钮, 可为 HI IK 链中的每个骨骼设置首选角度。

❑ 采用首选角度 采用首选角度: 单击按钮, 可复制每个骨骼的 X、Y 和 Z 首选角度通道并将它们放置到它的 FK 旋转子控制器中。

❑ 拾取起始关节: 单击按钮, 可在场景中拾取 IK 链的一端。

❑ 拾取结束关节: 单击按钮, 可在场景中拾取 IK 链的另一端。

15.5.2 HD 解算器

HD 解算器的算法属于历史依赖型。HD 解算器可以设置关节的限制和优先级, 具有与长序列有关的性能问题, 在短动画序列能得到较好的应用。

HD 解算器可将末端效应器绑定到后续对象, 且可使用优先级和阻尼系统来定义关节参数。而且 HD 解算器还允许将滑动关节限制与 IK 动画进行组合。此外, HD 解算器还允许在使用 FK 移动时限制滑动关节, 如图 15-69 所示。

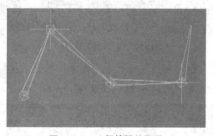

图 15-69 HD 解算器的运用

选择单个的骨骼或者对象, 在如图 15-70 所示的"IK 控制器参数"设置面板中可以调整链中所有骨骼或层次链接对象的参数, 参数面板中各选项含义如下:

图 15-70 "IK 控制器参数"设置面板

位置: 在选项中使用 mm 单位来指定末端效应器与其关联对象之间的"溢出"因子。

❑ 旋转: 在选项中指定末端效应器和它相关联的对象之间旋转错误的可允许度数。

❑ 迭代次数: 在选项中指定用来解算 IK 解决方案允许的最大迭代次数。

❑ 起始 / 结束时间: 在选项中指定解算 IK 的帧范围。

❑ 显示初始状态: 选择该项, 可关闭实时 IK 解决方案。在 IK 计算引起任何变化之前, 系统会将所有链中的对象移动到它们的初始位置及方向。

❑ 锁定初始状态: 选择该项, 可锁定链中的所有骨骼或对象, 以防止对它们进行位置变换。

❑ 位置: 单击"创建"或"删除"按钮, 可创建或删除"位置"末端效应器。假如该节点已有了一个末端效应器, 则仅有"删除"按钮可用。

❑ 旋转: 在该选项中可创建或删除"旋转"末端效应器。

❑ 链接: 单击按钮, 可使选定对象成为当前选定链接的父对象。

❑ 取消链接: 单击按钮, 可取消当前选定末端效应器到从父对象的连接。

❑ 删除关节: 单击按钮, 可删除对骨骼或层次对象的所有选择。

❑ 移除 IK 链: 单击按钮, 可从层次中删除 IK 解算器。

15.5.3 IK 肢体解算器

IK 肢体解算器的创建结果如图 15-71 所示, 仅能对链中的两块骨骼进行编辑操作。IK 肢体解算器可以用来设置角色手臂和腿部的动画。使用该解算器可导出游戏引擎, 因其算法是历史独立型, 因此无论所涉及的动画帧有多少, 都可加快使用速度。与 HI 解算器一样, IK 解算器也使用旋转角度来调整该解算器平面, 以方便定位肘部或膝盖。IK 解算器的参数设置面板如图 15-72 所示。

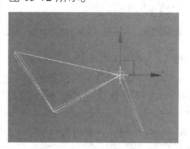

图 15-71 IK 解算器的运用　　图 15-72 "IK 解算器"参数设置面板

15.5.4 样条线 IK 解算器

样条线 IK 解算器可通过样条线来确定一组骨骼或其他链接对象的曲率, 创建结果如图 15-73 所示。IK

样条线中的顶点又称作节点，节点数可少于骨骼数；样条线的节点可以移动，或者对其设置动画，以更改样条线的曲率。样条线节点可以在三维空间中任意移动，所以链接的结构可以进行复杂的变形。

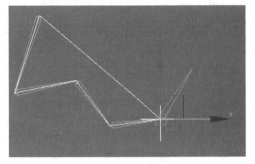

图 15-73 样条线 IK 解算器的运用

"样条线 IK 解算器"参数设置面板如图 15-74 所示，其中各选项含义如下：

图 15-74 "样条线 IK 解
算器"参数设置面板

- ❑ 样条线 IK 解算器：在列表中提供了解算器的名称。
- ❑ 启用：单击按钮，可启用或禁用解算器控件。
- ❑ 拾取图形：在场景中拾取一条样条线作为 IK 样条线。
- ❑ 拾取起始关节：单击按钮，可在场景中拾取"样条线 IK 解算器"的起始关节并显示对象的名称。
- ❑ 拾取结束关节：单击按钮，可在场景中拾取"样条线 IK 解算器"的结束关节并显示对象的名称。

实战：制作蛇的爬行动画

场景位置：DVD>场景文件>第 15 章>模型文件>实战：制作蛇的爬行动画 .max
视频位置：DVD>视频文件>第 15 章>实战：制作蛇的爬行动画 .mp4
难易指数：★★★★☆

01 打开本书附带光盘"第 15 章\制作蛇的爬行动画 .max"文件，场景中已经准备好蛇的模型，如图 15-75 所示。

02 依照蛇的模型绘制样条线，如图 15-76 所示。

图 15-75 打开文件

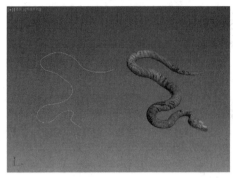

图 15-76 绘制样条线

提示

绘制同样的曲线是为了更好地与模型相匹配，同时也是为下一步骤骨骼绑定及蒙皮的应用。

03 调整好样条线和蛇模型的位置，单击"长方体"按钮，在场景中创建一个样条线相同长度的长方体模型，如图 15-77 所示。

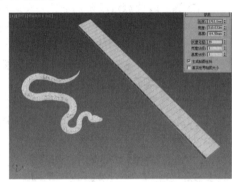

图 15-77 创建长方体

04 单击"创建"→"系统"→"骨骼"按钮，激活捕捉工具在顶视图中创建骨骼，如图 15-78 所示。

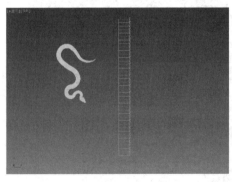

图 15-78 创建骨骼

提示

要知道样条线的长度，可以执行"使用程序"→"测量"命令，如图 15-79 所示。

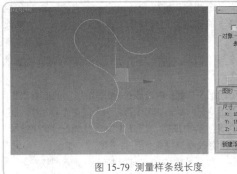

图 15-79 测量样条线长度

05 选择前端的关节，执行"动画"→"IK 解算器"→"样条线 IK 解算器"命令，将骨骼两端连接起来，保持连接状态再单击样条线，如图 15-80 所示。

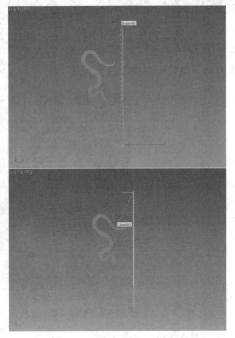

图 15-80 添加样条线 IK 解算器

06 这时骨骼会匹配到样条线上，如图 15-81 所示。

07 选择蛇模型，在修改面板中加载"蒙皮"修改器，并将场景中的骨骼添加到列表中，如图 15-82 所示。

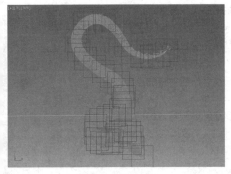

图 15-81 匹配骨骼

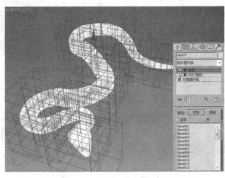

图 15-82 加载蒙皮修改器

08 开启"自动关键点"，在"命令"面板中的"路径参数"卷展栏中，分别在 10、20 和 30 帧，调节"%沿路径"参数，如图 15-83 所示。

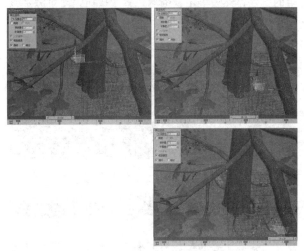

图 15-83 调节动画

09 设置完成动画，选择较好的动画帧进行渲染，效果如图 15-84 所示。

图 15-84 静帧渲染

15.6 蒙皮

在角色模型机角色骨骼制作完成之后，需将模型和骨骼连接起来，然后通过控制骨骼的运动来控制角色模型的运动，该过程称为"蒙皮"。它是一种骨骼变形工具，可使一个对象变形为另一个对象。"蒙皮"修改器可使用于骨骼、样条线、变形网格、面片或者 NURBS 对象。

在场景中创建好角色的模型及骨骼后，选择角色模型，为其加载一个"蒙皮"修改器，如图 15-85 所示。在"蒙皮"参数设置面板中展开"参数"卷展栏，单击"添加"按钮，在弹出的【选择骨骼】对话框中选择待编辑的骨骼，然后单击"编辑封套"按钮，即可激活其它参数，如图 15-86 所示。

图 15-85 加载"蒙皮"修改器

图 15-86 "参数"卷展栏

15.6.1 "参数"卷展栏

"参数"卷展栏内容如图 15-86 所示，提供了蒙皮常用的控制项目，比如编辑封套、选择方式、横截面、封套属性等，其中各选项含义如下：

☐ 编辑封套：单击按钮，可进入子对象层级，然后可编辑封套及顶点的权重。

☐ 顶点：选择该项，可选择顶点，并可使用"收缩"工具、"扩大"工具、"环"工具、"循环"工具来选择顶点。

☐ 添加 / 移除：单击"添加"按钮，可添加一个或多个骨骼；单击"移除"按钮，可移除选中的骨骼。

☐ 半径：在其中设置封套横截面的半径大小。

☐ 挤压：在其中设置所拉伸骨骼的挤压倍增量。

☐ 绝对 A / 相对 R：单击按钮，可切换计算内外封套之间的顶点权重的方式。

☐ 封套可见性 / ：单击按钮，可控制未选定的封套是否可见。

☐ 线性衰减 / 波形衰减 / 快速衰减 / 缓慢衰减：在其中为选定的封套选择衰减曲线。

☐ 复制 / 粘贴 / 粘贴到所有骨骼 / 粘贴到对话框：单击"复制"按钮，可复制选定封套的大小和图形；单击"粘贴"按钮，可将复制的对象粘贴到所选定的封套上。

☐ 绝对效果：在其中设置选定骨骼相对于选定顶点的绝对权重。

☐ 排除选定的顶点 / 包含选定的顶点：单击相应的按钮，可将当前选定的顶点排除 / 添加到当前骨骼的排除列表中。

☐ 选定排除的顶点：单击按钮，选择所有从当前骨骼排除的顶点。

☐ 烘焙选定顶点：单击按钮，可烘焙当前的顶点权重。

☐ 权重工具：单击按钮，可打开【权重工具】对话框。

☐ 权重表：单击按钮，打开【蒙皮权重表】对话框，在其中可查看及更改骨骼结构中所有骨骼的权重。

☐ 绘制权重：单击按钮，可绘制选定骨骼的权重。

☐ 绘制选项 ...：单击按钮，打开【绘制选项】对话框，在其中可设置绘制权重的参数。

15.6.2 "镜像参数"卷展栏

"镜像参数"卷展栏内容如图 15-87 所示，提供了蒙皮镜像复制的常用工具，可将选定封套和顶点指定粘贴到物体的另一侧其中各选项含义如下：

图 15-87 "镜像参数"卷展栏

☐ 镜像模式：单击按钮，可将封套和顶点从网格的一个侧面镜像至另一个侧面。

☐ 镜像粘贴：单击按钮，可将选定封套的顶点粘贴到物体的另一侧。

☐ 将绿色粘贴到蓝色骨骼：单击按钮，可将封套设置从绿色骨骼粘贴到蓝色骨骼上。

☐ 将蓝色粘贴到绿色骨骼：单击按钮，可将封套设置从蓝色骨骼粘贴到绿色骨骼上。

☐ 将绿色粘贴到蓝色顶点：单击按钮，可将各个顶点从所有绿色顶点粘贴到对应的蓝色顶点上。

☐ 将蓝色粘贴到绿色顶点：单击按钮，可将各个顶点从所有蓝色顶点粘贴到对应的绿色顶点上。

☐ 镜像平面：在列表中选择镜像的平面类型。

☐ 镜像偏移：在其中设置沿"镜像平面"轴移动镜像平面的偏移量。

☐ 镜像阈值：在将顶点设置为左侧或右侧顶点时，在该项中可设置镜像工具能观察到的相对距离。

15.6.3 "显示"卷展栏

"显示"卷展栏内容如图 15-88 所示，提供了蒙皮显示的常用工具，以便于用户观察视图中的显示。

图 15-88 "显示"卷展栏

15.6.4 "高级参数"卷展栏

"高级参数"卷展栏内容如图 15-89 所示，提供了高级蒙皮的常用工具，如变形、刚性、影响限制、重置等。

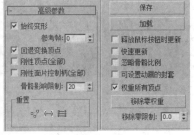

图 15-89 "高级参数"卷展栏

15.6.5 Gizmos 卷展栏

Gizmos 卷展栏内容如图 15-90 所示，用来根据关节的角度变形网格，还可将 Gizmos 添加到对象上的选定点。在场景中选择要影响的点以及要进行变形的骨骼，单击"添加"按钮，即可完成 Gizmos 的工作流程。

图 15-90 Gizmos 卷展栏

15.7 综合实例：制作人物练拳动画

人物练拳动画效果如图 15-91 所示。

图 15-91 人物武打动画

01 打开本书附带光盘"第 15 章\制作人物练拳动画 .max"文件，场景中已经准备好人物模型，如图 15-92 所示。

02 单击"创建"→"系统"→"Biped" Biped 按钮，按 F 键在前视图中创建 Biped 骨骼，如图 15-93 所示。

图 15-92 打开文件

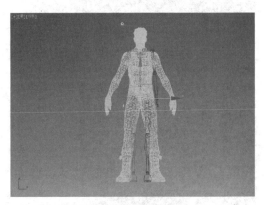

图 15-93 创建 Biped 骨骼

03 选择 Biped 骨骼中心位置,调整其与人物的中心相对齐,如图 15-94 所示。

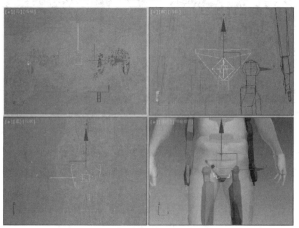

图 15-94 调整骨骼重心

04 调整腿部的骨骼,选择大腿关节处,使用移动和缩放工具调整骨骼的形状,如图 15-95 所示。

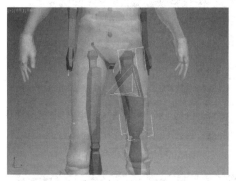

图 15-95 创建 Biped 骨骼

05 使用移动和缩放工具调整好小腿和脚部的形状大小,如图 15-96 所示。

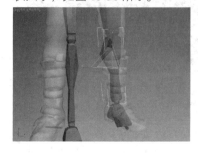

图 15-96 调整小腿和脚部的骨骼

06 双击选择整个右腿,在"运行"面板中展开"复制/粘贴"卷展栏,单击"创建集合" 按钮,再单击"复制姿态" ,复制调整好的右腿姿势,最后单击"向对面粘贴姿势" 按钮,将右腿的姿势粘贴到左腿上,如图 15-97 所示。

图 15-97 复制右腿骨骼

07 在"运行"面板中展开"结构"卷展栏,设置"脊椎链接"值为 3,"手指"值为 5,"手指链接"值为 3,如图 15-98 所示。

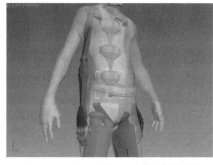

图 15-98 设置结构参数

08 按 L 键切换至左视图,调整脊椎的位置和大小,如图 15-99 所示。

09 按 F 键切换至前视图,将手臂的姿态调整好,并通过复制制作出左手的姿态,如图 15-100 所示。

10 将颈椎和头部的骨骼调整好即可,如图 15-101 所示。

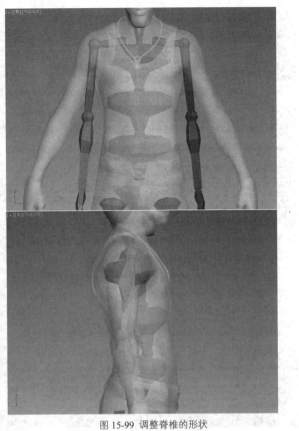

图 15-99 调整脊椎的形状

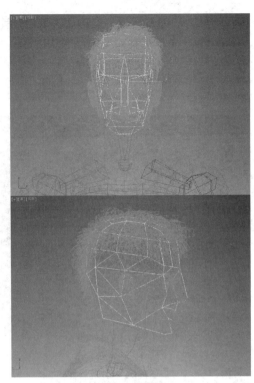

图 15-101 完成骨骼调整

11 选择人物模型，在修改面板中加载"蒙皮"修改器，在"参数"卷展栏中单击"添加"按钮，将场景中所有骨骼都添加，如图 15-102 所示。

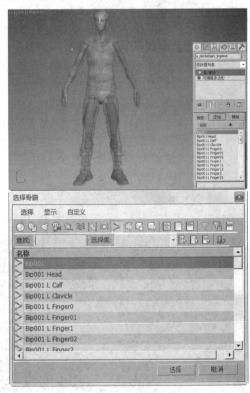

图 15-102 添加骨骼

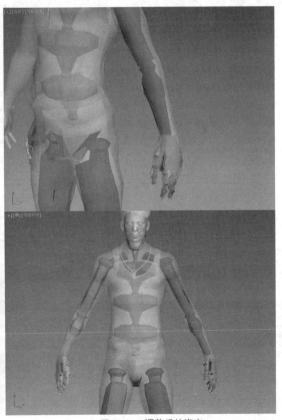

图 15-100 调整手的姿态

12 选择 Biped 骨骼，切换到"运动"面板，在"Biped"卷展栏下单击"体形模式" 🧍，关闭体形姿态调整模式，再单击"加载文件" 📂 按钮，在弹出的对话框选择提供的"打拳动画 .bip"文件，如图 15-103 所示。

图 15-103 加载动作文件

提示

　　加载动作文件可以更为快捷地完成任务的动画效果，如果模型在动画过程中出现错误的现象，将对蒙皮的权重和封套进行修改，其工作量过大这里不做详细讲解。

13 添加的动作文件已经设置好动画效果，这里选择较好的动画帧进行渲染，效果如图 15-104 所示。

图 15-104 练拳动画效果

第 3 篇 精通篇

第 16 章

新中式客厅效果

本章学习要点：

- 制作客厅模型
- 创建摄影机并检查模型
- 设置场景主要材质
- 灯光设置
- 创建光子图
- 最终输出渲染
- 色彩通道图
- Photoshop 后期处理

本章将通过一个中式客厅讲解室内家装效果图表现的流程和方法，在本案例中主要有木纹、布艺等常用材质，而本章节的学习重点则在于如何全方位地制作出一张室内效果图，如图 16-1 所示为本章最终效果。

图 16-1 客厅最终效果

实战：新中式客厅效果

场景位置：DVD> 场景文件 > 第 16> 模型文件 > 实战：新中式客厅效果 .max

视频位置：DVD> 视频文件 > 第 16 章 > 实战：新中式客厅效果 .mp4

难易指数：★★★★★

16.1 制作客厅模型

16.1.1 制作客厅框架模型

01 启动 3ds Max 2015，执行"自定义"→"单位设置"命令，设置"系统单位"和"显示单位"为"毫米"，如图 16-2 所示。

图 16-2 设置单位

02 进入"图形"创建面板，单击"矩形"工具按钮，在视图中创建一个长 5500、宽 4200 的矩形样条线，如图 16-3 所示。

图 16-3 创建矩形样条线

03 选择矩形对象，在修改面板中加载"挤出"修改器，设置"数量"值为 2510，如图 16-4 所示。

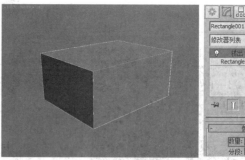

图 16-4 加载挤出修改器

04 保持选择状态，在修改面板中加载"编辑多边形"修改器；按数字键 2，切换到"边"模式，在顶视图中选择左侧的两条边，如图 16-5 所示。

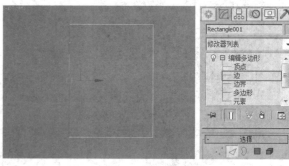

图 16-5 编辑多边形

05 在"编辑边"卷展栏中单击"连接"右侧的"设置" 按钮，设置"分段"值为 2、"收缩"值为 67，如图 16-6 所示。

06 按数字键 4 选择中间的面，在"编辑多边形"卷展栏中单击"挤出"右侧的"设置" 按钮，设置"高度"值为 300，如图 16-7 所示。

07 选择挤出的多边形，按 Delete 键进行删除，预留窗口位置，如图 16-8 所示。

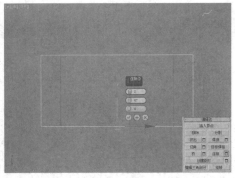

图 16-6 连接边

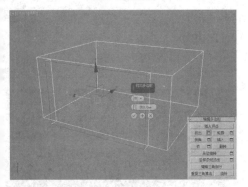

图 16-7 挤出多边形

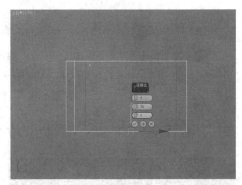

图 16-9 连接边

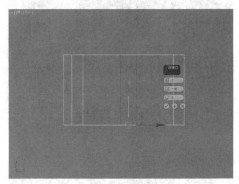

图 16-10 连接边

10 选择分割出来的多边形，执行"挤出"命令，设置"高度"值为 300，并选择挤出的多边形，按 Delete 键进行删除，预留窗口位置，完成客厅框架模型如图 16-11 所示。

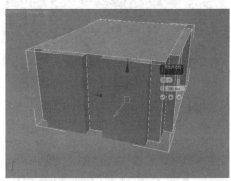

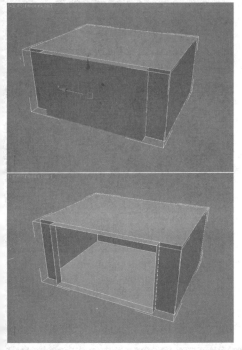

图 16-8 制作窗口

08 按 T 键切换至顶视图，选择上面的两条边在"编辑边"卷展栏中单击"连接"右侧的"设置" 按钮，设置"分段"值为 2、"收缩"值为 76，如图 16-9 所示。

09 选择分割出来的两条边，进行连接，设置"分段"值为 2、"收缩"值为 -36，如图 16-10 所示。

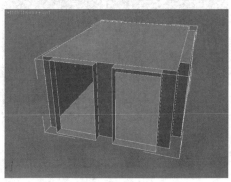

图 16-11 挤出窗口

16.1.2 制作顶棚

01 进入"图形"创建面板，单击"矩形"工具按钮，在视图中创建一个长5500、宽4200的矩形样条线，并使用"移动"工具向上移动2090，如图16-12所示。

02 择矩形对象，在修改面板中加载"挤出"修改器，设置"数量"值为420，如图16-13所示。

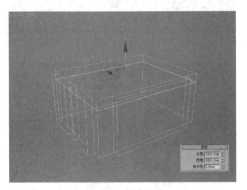

图 16-12 创建矩形

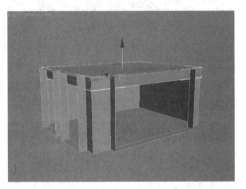

图 16-13 挤出对象

03 保持选择状态，在修改面板中加载"编辑多边形"修改器，按数字键4切换至多边形层级，选择底面，在"编辑多边形"卷展栏中单击"插入"右侧的"设置"按钮，设置"数量"值为300，如图16-14所示。

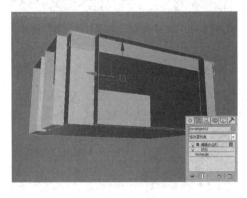

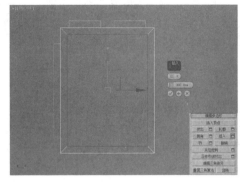

图 16-14 编辑多边形

04 保持多边形的选择，执行"挤出"命令，设置"高度"值为-10，如图16-15所示。

05 执行"插入"值为10，"挤出"值为-60，如图16-16所示。

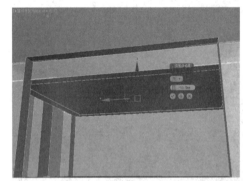

图 16-15 挤出多边形

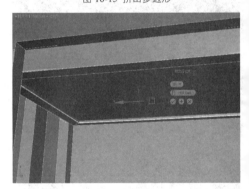

图 16-16 插入多边形

06 依次执行插入和挤出命令，分别设置值为（10、-200）、（10、-100）、（250、-10）、（250、-10）和（150、-10），如图16-17所示完成顶棚的制作。

图 16-17 完成顶棚的制作

16.1.3 合并模型

01 执行"导入"→"合并"命令，打开"合并文件"对话框，选择合并对象所在的场景文件，选择光盘中提供的"模型"文件，单击"打开"按钮，如图 16-18 所示。

图 16-18 合并对象

提示

在合并对象时，需要选择合并的对象，才能将该模型合并到场景中。否则合并模型将不会出现在场景中。

02 模型合并到场景后，使用移动工具和其他变换操作工具来调整其放置的位置，如图 16-19 所示。

图 16-19 调整模型

这样整个客厅模型就制作完成了，本小节主要对场景的框架及顶棚的制作进行讲解，其他模型可通过网络进行下载。

16.2 创建摄影机并检查模型

16.2.1 创建摄影机

在本场景的表现中，笔者习惯采用标准摄影机来充当场景的相机。

01 直接使用制作的模型或者打开本书配套光盘中的"新中式客厅白模 .max"文件，按 T 键切换至顶视图，在"创建"选项卡中的"摄影机"面板选择"标

准"，单击"目标"按钮，在场景中创建一个目标摄影机，如图 16-20 所示。

02 按 F 键切换至前视图，右键单击 ✛ 移动按钮，利用"移动变换输入"精确调整好摄影机的高度，如图 16-21 所示。

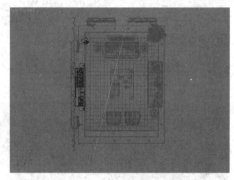

图 16-20 创建摄影机

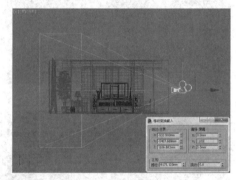

图 16-21 调整摄影机高度

03 保持在前视图中，选择目标点，调整其位置，如图 16-22 所示。

04 在修改面板中对摄影机的参数进行修改，如图 16-23 所示

05 选择目标摄影机，单击鼠标右键，在弹出的列表中选择"应用摄影机校正修改器"，修正摄影机角度偏差，如图 16-24 所示。

06 目标摄影机就放置好了，切换到摄影机视图效果，如图 16-25 所示。

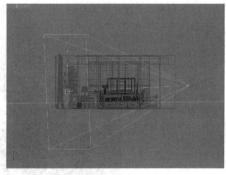

图 16-22 调整摄影机目标点

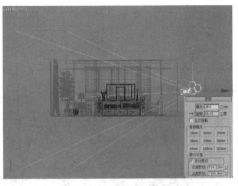

图 16-23 修改摄影机参数

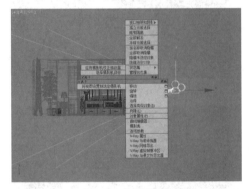

图 16-24 修正摄影机

图 16-25 摄影机视图

图 16-26 原始摄影机视角

提示

"应用摄影机校正"修改器在摄影机视图中使用的两点透视。默认情况下，摄影机视图使用三点透视，其中垂直线看上去在顶点上汇聚。在两点透视中，垂直线保持垂直，如图 16-26 和图 16-27 所示。

需要使用的校正数取决于摄影机的倾斜程度。例如，摄影机从地平面向上看到建筑的顶部需要比朝向水平线看需要更多的校正。

图 16-27 修正后摄影机视角

16.2.2 设置测试参数

在检查模型之前，先对渲染参数进行设置，这里以高级模式为例来进行讲解。

01 按 F10 键打开"渲染设置"对话框，选择其中的"通用"选项卡，然后进入"指定渲染器"卷展栏，再在弹出的"选择渲染器"对话框中选择渲染器为 V-ray Adv3.00.03，再单击"确定"按钮完成渲染器的调用，如图 16-28 所示。

图 16-28 调用渲染器

02 在 V-Ray 选项卡中展开"全局开关"卷展栏，取消"隐藏灯光"选项，如图 16-29 所示。

03 切换至"图像采样器（抗锯齿）"卷展栏，设置类型为"固定"，取消勾选"抗锯齿过滤器"选项，如图 16-30 所示。

图 16-29 设置全局开关参数　　图 16-30 设置图像采样参数

04 在"GI"选项卡中展开"全局照明"卷展栏，勾选"启用全局照明（GI）"，设置二次引擎为"灯光缓存"方式，如图 16-31 所示。

05 展开"发光贴图"卷展栏，设置当前预置为"非常低"，调节"细分"的参数为20，勾选"显示直接光"，如图 16-32 所示。

图 16-31 开启间接光照

图 16-32 设置发光贴图参数

提示

预设测试渲染参数是根据自己的经验和计算机本身的硬件配置得到的一个相对较低的渲染设置，并不是固定参数，读者可以根据自己的情况进行设定。

06 展开"灯光缓存"卷展栏，设置"细分"为200，勾选"显示计算相位"复选框，如图 16-33 所示。

07 展开"系统"卷展栏，设置"动态内存限制"值为 2000，"渲染块宽度"值为 16，序列方式为"上至下"选项，如图 16-34 所示。

图 16-33 设置灯光缓存的参数

图 16-34 设置系统卷展栏参数

08 其他参数保持默认即可，这里的设置主要是为了更快地渲染出场景，以便检查场景中的模型、材质和灯光是否有问题，所以用的都是低参数。

16.2.3 模型检查

测试参数设置好后，下面对模型来进行检查。

01 按 M 键打开材质编辑器，然后选择一个空白材质球，单击 Standard 按钮如图 16-35 所示将材质切换为"VrayMlt"材质。在 VrayMlt 材质参数面板中单击"漫反射"的颜色色块，如图 16-36 所示调整好参数值，完成用于检查模型的素白材质的制作。

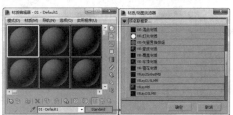
图 16-35 切换材质类型

图 16-36 设置漫反射颜色

02 材质制作完成后，按 F10 键打开"渲染设置"面板并展开"全局开关"卷展栏，如图 16-37 所示将材质拖曳关联复制到"覆盖材质"通道上。

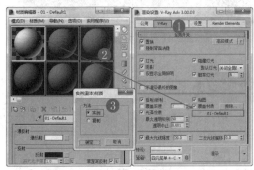
图 16-37 设置全局替代材质

03 在"环境"卷展栏中设置"全局照明环境"选项的倍增值为 1，如图 16-38 所示。

04 在切换至"公用"选项卡，对"输出大小"进行设置，如图 16-39 所示。

图 16-38 设置 Vray 环境　　图 16-39 设置输出参数

05 场景的基本材质以及渲染参数就完成了，接下来单击 渲染按钮，进行渲染，如图 16-40 所示。

图 16-40 场景测试渲染结果

提示

在做模型检查的时候，要把窗帘和窗户玻璃模型隐藏掉，让天关能够照射进来。

16.3 设置场景主要材质

下面按照如图 16-41 所示的编号逐个设置场景材质。

图 16-41 场景材质制作顺序

16.3.1 乳胶漆材质

顶棚材质是常用的乳胶漆材质,具体参数设置如下:

01 切换材质球为 "VrayMlt" 材质类型,设置 "漫反射" 颜色的 "亮度" 值为 240, "反射" 的颜色值为 15, "高光光泽度" 值为 0.7,如图 16-42 所示。

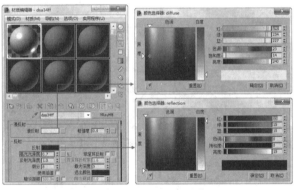

图 16-42 设置漫反射和反射参数

02 展开选项卷展栏,取消勾选 "跟踪反射" 复选框,如图 16-43 所示。

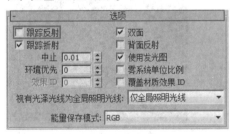

图 16-43 取消勾选 "跟踪反射" 复选框

03 展开 "贴图" 卷展栏,在 "凹凸" 通道里,添加一张贴图用来模拟墙面的凹凸不平,如图 16-44 所示。

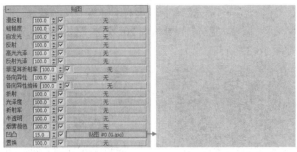

图 16-44 添加凹凸贴图

04 选择场景中的顶棚对象,单击 按钮,赋予其材质,如图 16-45 所示。

图 16-45 乳胶漆效果

16.3.2 背景墙材质

本实例中使用的背景墙为软包材质,它的表面相对比较粗糙,基本没有反射现象,且有一层白茸茸的感觉,下面根据它的特点来调节材质。

01 按 M 键打开材质编辑器,选择一个空白材质球,单击 Standard 按钮将材质切换为 "Blend(混合)" 材质类型。

02 单击材质 1 右侧通道,将默认的标准材质切换为 VRayMtl 材质球类型,如图 16-46 所示。

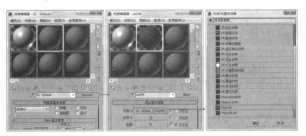

图 16-46 切换材质类型

03 在 "VRayMtl" 面板中,为 "漫反射" 加载一张 "位图" 贴图。设置 "反射" 颜色值为 30, "高光光泽度" 值为 0.5,勾选 "菲涅尔反射" 复选框,如图 16-47 所示。

04 展开选项卷展栏,取消勾选 "跟踪反射" 复选框,如图 16-48 所示。

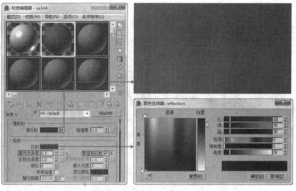

图 16-47 设置 VR1 材质基本参数

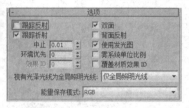

图 16-48 取消勾选"跟踪反射"复选框

05 返回至"混合"材质，依照同样的方法，将"材质 2"切换为 VRayMtl 材质类型，然后单击"漫反射"右侧的（贴图通道）按钮，为它添加一张"位图"贴图。设置"反射"选项组中"反射"的颜色值为 255，"高光光泽度"值为 0.4，勾选"菲涅尔反射"复选框，并设置"菲涅耳折射值"为 4.0，取消如图 16-49 所示。

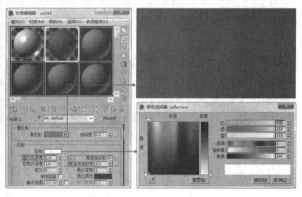

图 16-49 设置材质 2 基本参数

06 展开选项卷展栏，取消勾选"跟踪反射"复选框，如图 16-50 所示。

图 16-50 取消勾选"跟踪反射"复选框

07 再次返回至"混合"材质面板，单击"遮罩"右侧的贴图通道，添加一张位图来控制它们的混合量，如图 16-51 所示。

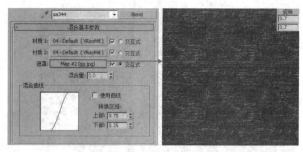

图 16-51 添加遮罩贴图

08 调节好背景墙材质以后，单击 按钮，赋予给场景中背景墙对象，效果如图 16-52 所示。

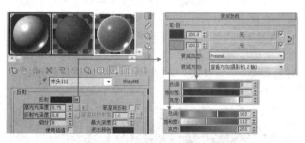

图 16-52 背景墙材质效果

16.3.3 木纹材质

场景中使用的木纹纹理较为粗糙，且反射效果较弱。

01 切换材质为"VrayMlt"材质类型，单击"反射"右侧的 （贴图通道）按钮，为它添加一张"衰减"贴图，设置衰减方式为 Frensnel（菲涅尔），调整"前：侧"颜色值。设置"高光光泽度"值为 0.75，"反射光泽度"值为 0.8，如图 16-53 所示。

图 16-53 设置反射参数组

02 展开"贴图"卷展栏，在"漫反射"和"凹凸"通道里，分别添加一张贴图，用来模拟木纹的纹理及凹凸效果，如图 16-54 所示。

03 在"贴图"卷展栏中，为"环境"通道加载"输出"贴图，如图 16-55 所示。

04 选择场景中的木纹对象，单击 按钮赋予材质，如图 16-56 所示。

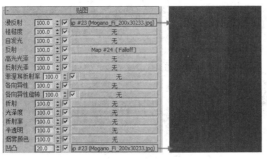

图 16-54 添加木纹贴图

图 16-55 加载输出贴图

图 16-56 木纹材质

16.3.4 布沙发材质

布艺的沙发材质，一般不具有反射效果，且表面比较粗糙。

01 按 M 键打开材质编辑器，选择一个空白材质球，单击 Standard 按钮将材质切换为"Blend（混合）"材质类型，单击材质 1 右侧通道，将默认的标准材质切换为 VRayMtl 材质球类型，如图 16-57 所示。

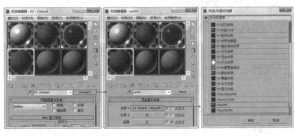

图 16-57 切换材质类型

02 单击漫反射右侧的 ■（贴图通道）按钮，添加一张"衰减"贴图。进入"衰减"贴图面板，分别在"前：侧"的两个贴图通道中添加"位图"贴图，设置衰减方式为"垂直/平行"，如图 16-58 所示。

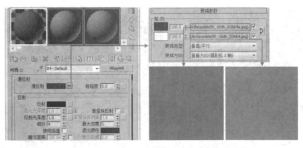

图 16-58 设置材质 1 参数

03 展开"贴图"卷展栏，在"凹凸"通道里，添加一张贴图用来模拟布沙发的凹凸感，设置数量值为 44，如图 16-59 所示。

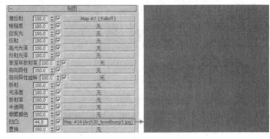

图 16-59 添加凹凸贴图

04 返回至"混合"材质，依照同样的方法，将"材质 2"切换为 VRayMtl 材质类型，单击漫反射右侧的 ■（贴图通道）按钮，添加一张"衰减"贴图。进入"衰减"贴图面板，分别在"前：侧"的两个贴图通道中添加"位图"贴图，设置衰减方式为"垂直/平行"，如图 16-60 所示。

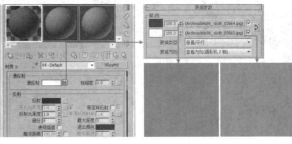

图 16-60 设置材质 2 参数

05 展开"贴图"卷展栏，在"凹凸"通道里，添加一张贴图用来模拟布沙发的凹凸感，设置数量值为 44，如图 16-61 所示。

图 16-61 添加凹凸贴图

06 再次返回至"混合"材质面板，单击"遮罩"右侧的贴图通道，添加一张位图来控制它们的混合量，如图 16-62 所示。

图 16-62 添加遮罩贴图

07 调节好沙发材质以后，单击 按钮，赋予给场景中沙发对象，效果如图 16-63 所示。

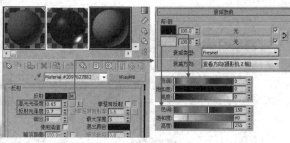

图 16-63 沙发材质效果

16.3.5 木茶几材质

在实际的情况，木纹材质表面相对光滑，且带有菲涅耳反射效果，有一定的纹理凹凸，高光相对较小的几个特征，下面根据分析所得的结果来调节材质。

01 切换材质为"VrayMlt"材质类型，单击"反射"右侧的 （贴图通道）按钮，为它添加一张"衰减"贴图，设置衰减方式为 Frensnel（菲涅尔），调整"前：侧"颜色值。设置"高光光泽度"值为 0.65，"反射光泽度"值为 0.7，如图 16-64 所示。

02 展开"贴图"卷展栏，在"漫反射"和"凹凸"通道里，分别添加一张贴图，用来模拟木纹的纹理及凹凸效果，如图 16-65 所示。

图 16-64 设置反射参数组

图 16-65 添加木纹贴图

03 选择场景中的木茶几对象，单击 按钮赋予材质，如图 16-66 所示。

图 16-66 木茶几材质

16.3.6 地毯材质

通常在表现地毯时，需要给地毯模型设置一定的置换效果，或者创建毛发物体来模拟毛茸茸的效果，本例将通过较为简单的方式来进行制作。

01 选择一个空白材质球，将材质类型切换为 VRayMtl，单击"漫反射"右侧的 （贴图通道）按钮，在弹出的"材质/贴图浏览器"中选择"位图"贴图，为它添加一张贴图，如图 16-67 所示。

02 展开"贴图"卷展栏，在"置换"通道里，添加一张贴图用来模拟地毯的凹凸不平感觉，设置数量值为 2，如图 16-68 所示。

03 地毯的材质效果就完成了，单击 按钮，赋予对象材质，如图 16-69 所示为材质效果。

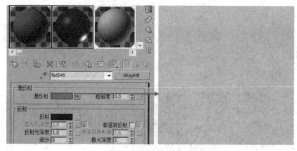

图 16-67 加载位图贴图

图 16-68 添加凹凸贴图

图 16-69 地毯材质效果

16.3.7 薄纱窗帘材质

窗帘材质一般都是布料材质,根据采光需要,一般可以分为不透光和透光两种形式,本案例中使用的是半透明效果的窗帘,这样可以在一定程度上为室内空间提供足够的自然光照效果。

01 将材质球切换为"VrayMlt"材质类型,设置"漫反射"颜色的"亮度"值为245,"反射"的颜色值为0,"反射光泽度"值为0.35,勾选"菲涅尔反射"复选框,如图 16-70 所示。

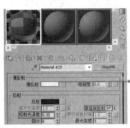

图 16-70 设置材质基本参数

02 在"折射"选项组中,设置"折射"的"亮度"的值为120,折射率的值为1.1,勾选"影响阴影"复选框,如图 16-71 所示。

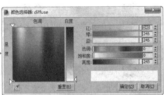

图 16-71 设置折射参数

03 单击材质编辑器中的 按钮,赋予窗帘材质,如图 16-72 所示。

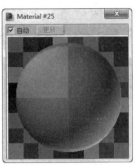

图 16-72 薄纱窗帘材质

16.3.8 窗帘材质

窗帘所具备的特性同前面介绍布纹材质类似,具体参数如下:

01 按 M 键打开材质编辑器,选择一个空白材质球,单击 Standard 按钮将材质切换为"Blend(混合)"材质类型,单击材质 1 右侧通道,将默认的标准材质切换为 VRayMtl 材质球类型,如图 16-73 所示。

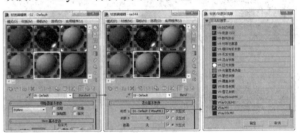

图 16-73 切换材质类型

02 单击漫反射右侧的 (贴图通道)按钮,添加一张"衰减"贴图。进入"衰减"贴图面板,分别在"前:侧"的两个贴图通道中添加"位图"贴图,设置衰减方式为"垂直 / 平行",如图 16-74 所示。

03 返回至"混合"材质,依照同样的方法,将"材质 2"切换为 VRayMtl 材质类型,单击漫反射右侧的 (贴图通道)按钮,添加一张"衰减"贴图。进入"衰减"贴图面板,分别在"前:侧"的两个贴图通道中添加"位图"贴图,设置衰减方式为"垂直 / 平行",如图 16-75 所示。

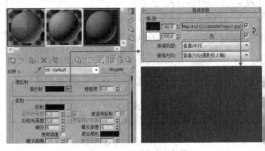

图 16-74 设置材质 1 参数

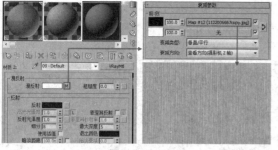

图 16-75 设置材质 2 参数

04 再次返回至"混合"材质面板，单击"遮罩"右侧的贴图通道，添加一张位图来控制它们的混合量，如图 16-76 所示。

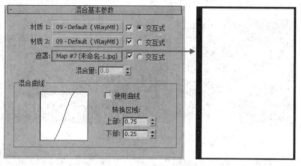

图 16-76 添加遮罩贴图

05 调节好窗帘材质以后，单击 按钮，赋予给场景中窗帘对象，效果如图 16-77 所示。

图 16-77 窗帘材质效果

16.4 灯光设置

16.4.1 设置背景

首先对室外的背景进行设置，这样可以让场景与外部看起来更协调一点。

01 按 F10 键打开"渲染设置"对话框，在"环境"卷展栏中，单击贴图通道按钮，加载一张"渐变"贴图，如图 16-78 所示。

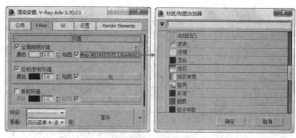

图 16-78 加载渐变贴图

02 按 M 键打开材质编辑器，将加载的渐变贴图拖曳到空白材质球上，如图 16-79 所示。

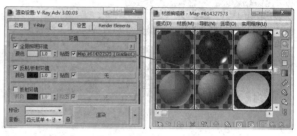

图 16-79 拖曳材质

03 展开"渐变参数"卷展栏，对颜色值进行设置，完成环境的制作如图 16-80 所示。

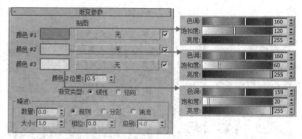

图 16-80 设置渐变参数

16.4.2 设置自然光

场景中几个大型的落地窗是光线透过窗户照亮场景的重要部分，所以设置好自然光对本案例来说尤为重要。

1. 创建天光

01 在 灯光创建面板中，选择 VRay 类型，单击 VR-灯光 按钮，将灯光类型设置为"穹顶"，在顶视图中任意位置处创建一盏"穹顶"类型的 VR 灯光，如图 16-81 所示。

> **提示**
> 在 3ds Max+VRay 中，VRay Dome Light（VRay 半球光）可以创建于任何位置，其发射的光线均不会受影响。

02 保持灯光为选择状态，在"修改"命令面板中，对 VRay 半球光的参数进行调整，如图 16-82 所示。

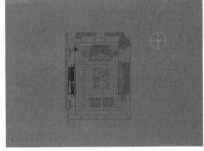

图 16-81 创建天光

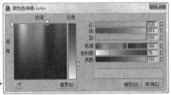

图 16-82 设置 VRay 半球光参数

2. 加强窗户天光效果

01 在 VRay 灯光创建面板中，单击 `VR-灯光` 按钮，将灯光类型设置为"平面"类型，然后在各视图窗户位置处创建面光源，如图 16-83 所示。

图 16-83 创建 VRay 平面光

提示

创建好一盏平面光后，其他灯光以关联复制的方法进行复制，这样在对灯光参数进行调节的时候，其他灯光参数将跟随变化，可以加快效果图的制作速度。

02 在"修改"命令面板中，对 VRay 平面光的参数进行调整，如图 16-84 所示。

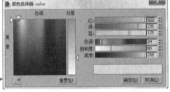

图 16-84 设置 VRay 平面参数

03 为了使窗口的灯光效果变得更加丰富，选择创建好的 VRay 平面光，以复制的方式进行复制，如图 16-85 所示。

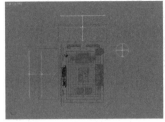

图 16-85 复制 VRay 平面光

04 选择复制好的 VRay 平面光，对它的参数进行修改，如图 16-86 所示。

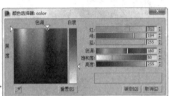

图 16-86 设置灯光参数

05 单击渲染 按钮，观察设置好的天光效果，如图 16-87 所示。

图 16-87 天光效果

16.4.3 布置室内光源

室外的自然光布置完以后，我们可以看见室内区域并没有得到很好的光照，这时就需要对场景中添加光源进行照亮。

01 在 灯光创建面板中，选择"光度学"类型，单击 `目标灯光` 按钮，在视图中创建一个"目标灯光"，然后复制得到其他位置的灯光，如图 16-88 所示。

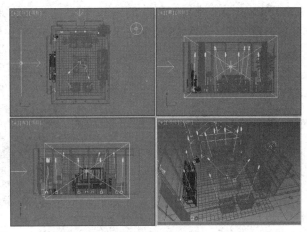

图 16-88 布置室内光源

02 选择一个"目标灯光",对它的参数进行调整,如图 16-89 所示。

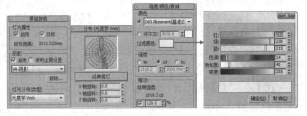

图 16-89 设置目标灯光参数

03 复制目标灯光,调整到沙发背景墙边,如图 16-90 所示。

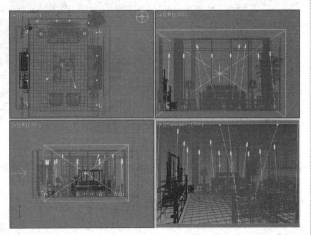

图 16-90 复制目标灯光

04 选择一个"目标灯光",对它的参数进行调整,如图 16-91 所示。

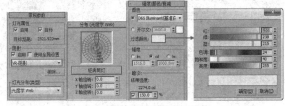

图 16-91 目标灯光参数调整对话框

按 C 键切换至摄影机视图,单击渲染 按钮,观察添加室内光的效果,如图 16-92 所示。

图 16-92 最终室内光效果

16.4.4 布置台灯灯光

01 在 VRay 灯光创建面板中,单击 VR-灯光 按钮,将灯光类型设置为"球体"类型,然后在台灯位置处创建球体灯光,如图 16-93 所示。

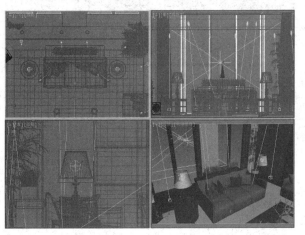

图 16-93 布置台灯灯光

02 保持灯光为选择状态,在"修改"命令面板中,对 VRay 球体光的参数进行调整,如图 16-84 所示。

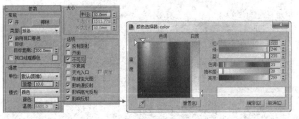

图 16-94 设置 VRay 球体光参数

03 在添加完补光后,再次单击渲染 按钮,观察场景的整个灯光效果,如图 16-95 所示。

图 16-95 灯光效果

提示

本例中的灯光设置，是笔者经过反复调节和测试才得到的，读者在学习过程中也应对不同参数值进行调节，观察不同的参数值的效果，等熟练掌握不同程度的灯光属性后，只要一次性就可以将场景中所有的灯光布置完成，这样可以为渲染节省不少时间

16.5 创建光子图

在材质和灯光效果得到确认后，下面为场景最终渲染做准备。

16.5.1 提高细分值

01 进行材质细分的调整，将材质细分设置相对高一些可以避免光斑、噪波等现象的产生，因此对讲解到的主要材质"反射"选项组中的"细分"值进行增大，一般设置为 20~24 即可，如图 16-96 所示。

02 同样将场景内所有 VRay 灯光类型中"采样"选项组中的"细分"设置为 24，以及其他灯光类型中的"VRay 阴影"选项组中的"细分"设置为 24，如图 16-97 所示。

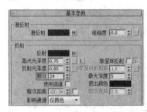

图 16-96 提高材质细分

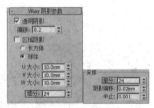

图 16-97 提高灯光细分

16.5.2 调整渲染参数

下面来调节光子图的渲染参数------

01 按 F10 键打开"渲染面板"，在"公用参数"选项卡中设置"输出尺寸"的参数，如图 16-98 所示。

02 在 V-Ray 选项卡中展开"全局开关"卷展栏，勾选隐藏灯光、光泽模糊以及不渲染最终图像几个选项，如图 16-99 所示。

图 16-98 设置输出尺寸　　图 16-99 设置全局开关卷展栏中参数

提示

一般要求不小于成图尺寸的四分之一，例如成图准备渲染成 1600×1200，光子图尺寸设置为 400×300 比较合适。

03 切换至"图像采样（抗锯齿）"卷展栏，设置类型为"自适应细分"采样器，勾选"图像过滤器"选项，并设置为 Mitchell-Netravali，如图 16-100 所示。

04 在"全局确定性蒙特卡洛"卷展栏中设置"噪波阈值"为 0.005，如图 16-101 所示。

图 16-100 设置图像采样参数　　图 16-101 设置全局参数

05 展开"发光图"卷展栏，设置"当前预设"为"中"，调节"细分"的参数为 60，勾选"显示计算相位"和"显示直接光"两个选项，再勾选"渲染结束后"选项组中的所有选项，如图 16-102 所示。

06 展开"灯光缓存"卷展栏，设置"细分"值为 1200，再勾选"渲染结束后"选项组中的所有选项，如图 16-103 所示。

图 16-102 设置发光图参数　　图 16-103 设置灯光缓存参数

07 光子图渲染参数调整完成后，返回摄影机视图进行光子图渲染，渲染完成后打开"发光贴图"与"灯光缓存"卷展栏参数，查看是否成功保存并已经调用了计算完成的光子图，如图 16-104 所示。

图 16-104 发光贴图和灯光缓存光子图的调用

16.6 最终输出渲染

光子图渲染完成后，下面将对整个场景做最终输出渲染。

01 按 F10 键打开"渲染设置"对话框，在"公用参数"选项卡中设置"输出尺寸"的参数，为 1600×1080，如图 16-105 所示。

02 展开"全局开关"卷展栏，取消"不渲染最终图像"的勾选，如图 16-106 所示。

图 16-105 设置输出尺寸　　图 16-106 取消不渲染图像复选框

> **提示**
>
> 在渲染光子图的步骤时，笔者习惯将所有参数都设置好，这样在最终输出渲染时只设置几个步骤就可以对场景进行最终渲染。

其他的参数保持渲染光子图阶段设置即可，接下来就可以直接渲染成图了，经过几个小时的渲染最终效果如图 16-107 所示。

图 16-107 最终渲染效果

16.7 色彩通道图

渲染色彩通道图主要是为了我们在 Photoshop 软件中更好地选择所需要的区域。其制作方法多种多样，在其他的书籍或者资料上都有讲述，作为专业人士所必须的知道的方法，它在后期的使用中非常快捷和方便。笔者在这里介绍最为常用的方法，就是使用插件来制作色彩通道。

01 选择场景中所有的灯光并删除。

02 在"渲染设置"对话框中设置渲染器为"默认扫描线渲染器"，如图 16-108 所示。

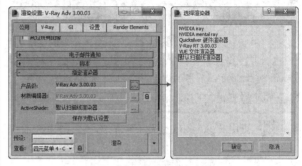

图 16-108 设置输出渲染器

03 在菜单栏 MAXScript 中选择"运行脚本"，弹出"Choose Editor File（选择编辑文件）"对话框，这时运行光盘提供的"材质通道.mse"文件，就可以将场景的对象转化为纯色材质对象，如图 16-109 所示。

图 16-109 运行插件

04 在弹出的对话框中单击确定，完成材质的转换，如图 16-110 所示。

图 16-110 转化色彩通道

05 保持在摄影机视图，单击渲染按钮，将色彩通道渲染出来，如图 16-111 所示。

图 16-111 色彩通道图

16.8 Photoshop 后期处理

当渲染完毕就需要对图像进行后期的处理，对效果图做最后的调整。仔细观察渲染出来的图像，整体画面比较模糊对比度不够，有溢色的效果，下面来做最后的图像处理工作。

01 使用 Photoshop 打开渲染后的色彩通道和最终渲染图，如图 16-112 所示。并将两张图像合并在一个窗口中，如图 16-113 所示。

图 16-112 打开图像文件

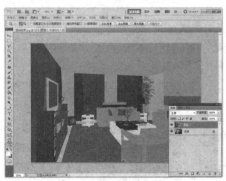

图 16-113 合并图像窗口

02 选择"背景"图层，按 Ctrl+J 键将其复制一份，并关闭"色彩通道"所在的图层 1，如图 16-114 所示。

03 选择"背景副本"图层，按 Ctrl+M 键打开"曲线"调整它的亮度和对比度，如图 16-115 所示。

图 16-114 复制图层

图 16-115 调整图像亮度和对比度

04 对局部进行调整，在"图层 1"层中用"魔棒"工具选择顶棚区域，然后将图层选择切换至"背景副本"图层，按 Ctrl+J 键复制到新的图层，按 Ctrl+M 键打开"曲线"对话框，提高它的亮度；按 Ctrl+U 键打开"色相／饱和度"对话框，降低它的饱和度，如图 16-116 所示。

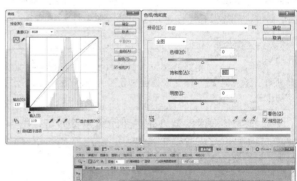

图 16-116 调整天花区域

05 返回到"图层 1"图层中，用"魔棒"工具选择背景墙区域，再切换回"背景副本"图层中，按 Ctrl+J 键复制到新的图层，按 Ctrl+U 键，打开"色相 / 饱和度"对话框，降低它的饱和度，如图 16-117 所示。

图 16-117 降低地毯的亮度

06 在"图层 1"层中用"魔棒"工具选择墙面区域，然后将图层选择切换至"背景副本"图层，按 Ctrl+J 键复制到新的图层，按 Ctrl+M 键打开"曲线"对话框，提高它的亮度，按 Ctrl+U 键打开"色相 / 饱和度"对话框，降低它的饱和度，如图 16-118 所示。

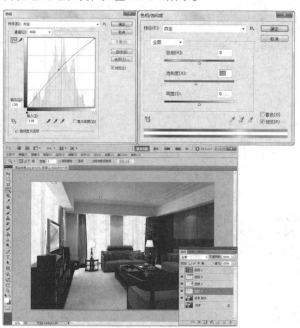

图 16-118 调整天花区域

07 返回到"图层 1"图层中，用"魔棒"工具选择地毯墙区域，再切换回"背景副本"图层中，按 Ctrl+J 键复制到新的图层，按 Ctrl+U 键，打开"色相 / 饱和度"对话框，降低它的饱和度，如图 16-119 所示。

图 16-119 降低地毯的亮度

08 选择窗口区域，再创建一个新的图层，使用"油漆桶"工具，将它填充为白色调，如图 16-120 所示。

09 执行"滤镜"→"模糊"→"高斯模糊"命令，在弹出的"高斯模糊"对话框中设置半径值为 90，并设置它所在图层的不透明度为 50，如图 16-121 所示。

图 16-120 复制图层

图 16-121 调整图像亮度和对比度

到这里本场景的制作就结束了，希望广大爱好者们，根据笔者的经验和制作方法，总结出自己适合的方式，也可以根据自己的喜好将图像中的一些细节稍作调整，最终效果图如图 16-122 所示。

图 16-122 最终效果

第17章

室外建筑效果

本章学习要点:
- 创建摄影机并检查模型
- 设置场景主要材质
- 灯光设置
- 创建光子图
- 最终输出渲染
- Photoshop 后期处理

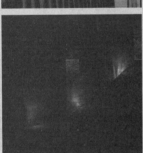

本章学习室外建筑夜景效果的表现，相对于日景表现来说，夜景的灯光更加复杂，需要利用大量的灯光来表现夜景的灯火通明的氛围，所以夜景表现对个人水平的提高很有作用，本实例渲染效果如图 17-1 所示。

图 17-1 室外建筑最终效果

实战：室外建筑效果

场景位置：DVD> 场景文件 > 第 17 章 > 模型文件 > 实战：室外建筑效果 .max
视频位置：DVD> 视频文件 > 第 17 章 > 实战：室外建筑效果 .mp4
难易指数：★★★★★

17.1 创建摄影机并检查模型

17.1.1 创建摄影机

01 打开本书配套光盘中的"室外建筑白模 .max"，按 T 键切换至"顶视图"，在"创建"选项卡的"摄影机"面板中选择"VRay"，单击"VR 物理摄影机"按钮，创建一个物理摄影机，如图 17-2 所示。

02 按 F 键切换至侧视图，右键单击 ✛ 移动按钮，利用"移动变换输入"精确调整好摄影机的高度，如图 17-3 所示。

03 保持在侧视图中，选择目标点，调整其位置，如图 17-4 所示。

04 在"修改"面板中对摄影机的参数进行修改，如图 17-5 所示

05 按 F10 键打开"要渲染的区域"对话框，在卷展栏中对"输出大小"进行设置，如图 17-6 所示。

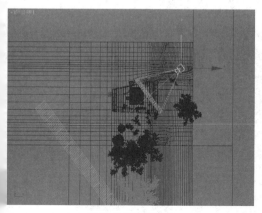

图 17-2 创建摄影机

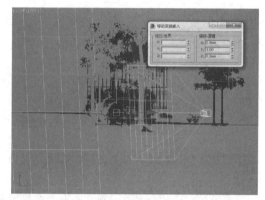

图 17-3 调整摄影机高度

图 17-4 调整摄影机目标点

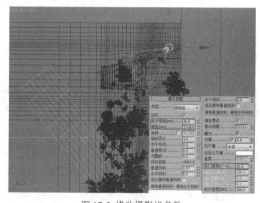

图 17-5 修改摄影机参数

06 目标摄影机就放置好了，切换到摄影机视图效果，如图 17-7 所示。

图 17-6 修改摄影机参数

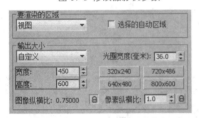

图 17-7 设置输出参数

17.1.2 设置测试参数

在调节材质和灯光的时候，将渲染参数设置为低参数，便于对材质灯光效果进行观察。

01 进入"指定渲染器"卷展栏，选择渲染器为 Vray Adv3.00.03，如图 17-8 所示。

图 17-8 调用 VRay 渲染器

02 展开"全局开关"卷展栏，取消"隐藏灯光"、"概率灯光"和"最大光线强度"三个选项，如图 17-9 所示。

03 切换至"图像采样器（抗锯齿）"卷展栏，设置类型为"固定"，取消勾选"图像过滤器"选项，如图 17-10 所示。在"色彩贴图"卷展栏中设置类型为"线性"。

图 17-9 设置全局开关参数　　图 17-10 设置图像采样参数

04 展开"全局照明"卷展栏，勾选"启用全局照明（GI）"，设置"二次引擎"为"灯光缓存"方式，如图 17-11 所示。

05 展开"发光图"卷展栏，设置"当前预设"为"非常低"，调节"细分"的参数为 20，勾选"显示计算相位"和"显示直接光"两个选项，如图 17-12 所示。

图 17-11 设置全局照明参数　　图 17-12 设置发光图参数

06 展开"灯光缓存"卷展栏，设置"细分"值为 200，勾选"显示计算状态"复选框，如图 17-13 所示。

07 展开"系统"卷展栏，设置"动态内存限制"值为 2000，"渲染块宽度"值为 16，"序列"为"上至下"选项，勾选"使用高性能光线跟踪"，如图 17-14 所示。

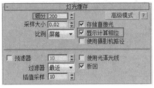

图 17-13 设置灯光缓存的参数　　图 17-14 设置系统卷展栏参数

设置测试参数的目的在于时时观察场景中设置的材质和灯光，在发现不合适的效果时可以及时更改。

17.1.3 模型检查

测试参数设置好后，下面对模型来进行检查

01 按 M 键打开材质编辑器，然后选择一个空白材质球，单击 Standard 按钮，如图 17-15 所示将材质切换为"VrayMlt"材质。在 VrayMlt 材质参数面板中单击"漫反射"的颜色色块，如图 17-16 所示调整好参数值，完成用于检查模型的素白材质的制作。

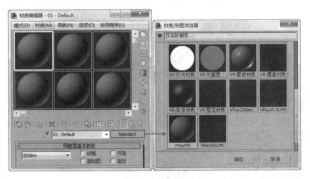

图 17-15 切换材质类型

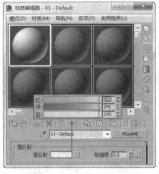

图 17-16 设置漫反射颜色

02 材质制作完成后，按 F10 键打开"渲染设置"面板并展开"全局开关"卷展栏，如图 17-17 所示将材质拖曳关联复制到"全局替代材质"通道上。

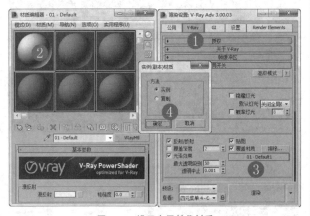

图 17-17 设置全局替代材质

03 在"环境"卷展栏中设置"全局照明环境"，如图 17-18 所示，选项组的"倍增值"为 1。

图 17-18 设置 VRay 环境

04 场景的基本材质以及渲染参数就完成了，接下来切换至摄影机视图，单击 渲染按钮，进行渲染，如图 17-19 所示。

图 17-19 场景测试渲染结果

17.2 设置场景主要材质

材质是物体材料真实属性的反映。无论是使用 3dm Max 标准材质还是 VRay 相关材质，都必须以物理世界为依据，真实地表现物体材质的属性，比如物体表面的颜色、光滑程度、凹凸纹理等。

为了便于讲解，将场景主要材质进行了编号，如图 17-20 所示，下面根据图上的编号对材质进行设定。

图 17-20 场景材质制作顺序

17.2.1 墙漆材质

在物理世界中墙漆表面会有很多不规则的凹凸和划痕，下面根据它的特点来调节材质。

01 按 M 键打开"材质编辑器"对话框，选择一个空白材质，单击 Standard 按钮，在弹出的"材质 / 贴图浏览器"对话框中选择"VrayMlt"材质，如图 17-21 所示。

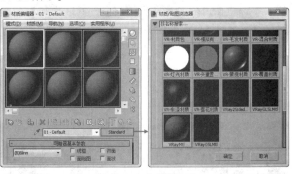

图 17-21 切换材质类型

02 在"基本参数"卷展栏中，为"漫反射"通道加载一张"位图"贴图，如图 17-22 所示。

03 展开"贴图"卷展栏，在"凹凸"通道里，添加一张贴图用来模拟墙面的凹凸不平，如图 17-23 所示。

04 选择场景中的墙面对象，单击 按钮，赋予其材质，如图 17-24 所示。

图 17-22 加载漫反射贴图

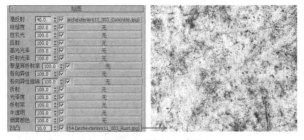

图 17-23 添加凹凸贴图

图 17-24 墙漆材质效果

17.2.2 地面材质

本场景使用的是真实土壤材质，其表面特有的纹路可以通过在漫反射贴图通道载入对应的纹理实现。

01 按 M 键打开"材质编辑器"对话框，选择一个空白材质，单击 Standard 按钮，在弹出的"材质／贴图浏览器"对话框中选择"VrayMlt"材质，如图 17-25 所示。

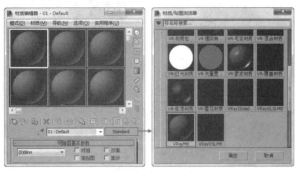

图 17-25 切换材质类型

02 在"基本参数"卷展栏中，为"漫反射"通道加载一张"位图"贴图，如图 17-26 所示。

图 17-26 加载漫反射贴图

03 展开"贴图"卷展栏，在"凹凸"通道里，添加一张贴图用来模拟地面的凹凸不平，如图 17-27 所示。

图 17-27 添加凹凸贴图

04 选择场景中的墙面对象，单击 按钮，赋予其材质，如图 17-28 所示。

图 17-28 墙漆材质效果

17.2.3 混凝土材质

本场景的混凝土材质，其表面主要通过漫反射贴图来模拟特有的纹路，并加载相应的凹凸贴图完成不平整的效果。

01 将材质球切换为"VrayMlt"，为"漫反射"添加一张"位图"贴图，如图 17-29 所示。

02 在"贴图"卷展栏中，为"凹凸"加载"法线凹凸"贴图，并在参数卷展栏中为"法线"加载一张"位图"贴图，如图 17-30 所示。

03 选择场景中的架空承重对象，单击 按钮，赋予其材质，如图 17-31 所示。

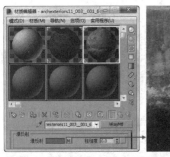

图 17-29 加载漫反射贴图

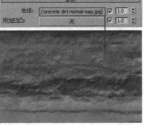

图 17-30 加载法线贴图

图 17-31 混凝土材质

17.2.4 不锈钢材质

本例中的不锈钢表面较为光滑，有微小的凹凸，反射比较模糊。

01 切换材质球为"VrayMlt"材质类型，设置"漫反射"颜色的"亮度"值为 138。

02 在"反射"选项组中，设置"反射"颜色的"亮度"值为 20，"高光光泽度"值为 0.78，"反射光泽度"值为 0.85，如图 17-32 所示。

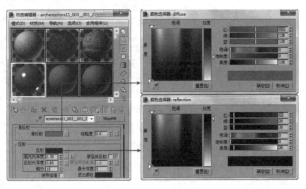

图 17-32 设置基本参数

03 选择场景中的不锈钢对象，赋予其材质，如图 17-33 所示为材质效果。

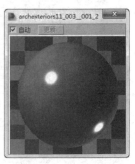

图 17-33 不锈钢材质效果

17.2.5 玻璃材质

通透、折射、焦散是玻璃特有的物理特性，它能够逼真地反映出以上三个物理特性，就能够体现出玻璃特有的质感，模拟出真实的玻璃质感物体。

01 在"材质编辑器"中，选择一个空白材质，单击 Standard 按钮，在弹出的"材质/贴图浏览器"对话框中选择"VrayMlt"材质，设置"漫反射"RGB 颜色值为 111、112、113，如图 17-34 所示。

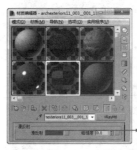

图 17-34 设置漫反射参数

02 在"折射"选项组中，设置"折射"RGB 颜色值分别为 198，"折射率"值为 1.56，"烟雾颜色"的 RGB 值为 198，"烟雾倍增"值为 1.0，勾选"影响阴影"复选框，如图 17-35 所示。

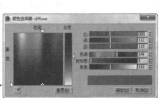

图 17-35 设置折射选项组参数

03 选择场景中的玻璃对象，单击按钮，赋予其材质，如图 17-36 所示。

图 17-36 玻璃材质效果

17.2.6 木纹材质

木纹表面有比较柔和的高光和反射现象，木质纹理非常清晰。

01 切换为"VrayMlt"材质类型，为"漫反射"通道加载一张"位图"贴图，设置"反射"颜色 RGB 值为 213，"反射光泽度"值为 0.8，如图 17-37 所示。

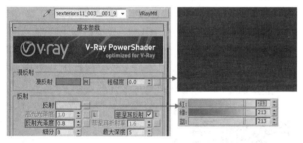

图 17-37 设置基础参数

02 选择场景中的木纹对象，单击 按钮赋予材质，如图 17-38 所示。

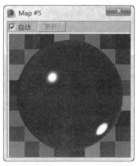

图 17-38 木纹材质效果

17.2.7 背景材质

01 按 M 键打开"材质编辑器"对话框，选择一个空白材质，单击按钮 Standard 按钮，在弹出的"材质 / 贴图浏览器"对话框中选择"VR 灯光材质"材质，并命名为"背景"。在参数卷展栏中，设置颜色为白色，倍增值为 4，贴图通道中加载一张位图贴图，如图 17-39 所示。

图 17-39 添加背景材质

02 选择场景中的背景对象，单击 按钮，赋予其材质，如图 17-40 所示。

图 17-40 背景材质效果

至此场景中的主要材质已经设置完毕，剩余材质这里不再一一讲解，读者可根据光盘中提供的场景文件自行学习和掌握，如图 17-41 所示为该场景中的材质效果。

图 17-41 材质效果

17.3 灯光设置

17.3.1 设置自然光

本场景为室外的一栋建筑，其主要光线来源于自然光和室内的补足光，所以设置好自然光对本案例来说尤为重要。

01 在 灯光创建面板中，选择"VRay"类型，单击 VR-太阳 按钮，在视图中创建一盏"VR 太阳"，如图 17-42 所示。

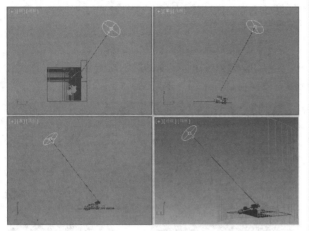

图 17-42 设置太阳光

02 选择创建好的太阳光，在修改命令面板中对它参数进行调整，如图 17-43 所示。

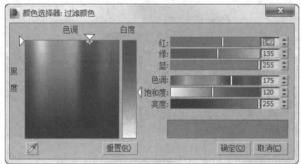

图 17-43 设置太阳光参数

03 按 C 键切换至摄影机视图，单击渲染 按钮，观察添加室外光后的效果，如图 17-44 所示。

图 17-44 添加室外光效果

04 在 灯光创建面板中，选择 VRay 类型，单击 VR-灯光 按钮，，在顶视图中任意位置处创建一盏"平面"类型的 VR 灯光，如图 17-45 所示。

图 17-45 创建平面光

05 保持灯光为选择状态，在"修改"命令面板中，对 VRay 平面光的参数进行调整，如图 17-46 所示。

图 17-46 设置 VRay 平面光参数

06 返回摄影机视图，单击渲染 按钮，观察添加平面光后的效果，如图 17-47 所示。

图 17-47 平面光效果

17.3.2 设置室外人工光

除了自然光对本场景照射外，人工光也起来十分重要的作用。

01 在标准灯光创建面板中，单击 泛光 按钮，然后在各视图位置处创建泛光灯，如图 17-48 所示。

图 17-48 创建泛光灯

02 在"修改"命令面板中，对泛光灯的参数进行调整，如图 17-49 所示。

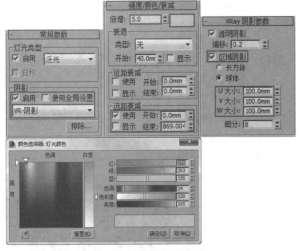

图 17-49 调整泛光灯参数

03 返回摄影机视图，单击渲染 按钮，观察添加泛光灯后的效果，如图 17-50 所示。

图 17-50 室外人工光效果

17.3.3 布置室内光源

室外的自然光布置完以后，我们可以看见室内区域并没有得到很好的光照，这时就需要对场景中添加光源进行照亮。

01 在 灯光创建面板中，选择"光度学"类型，单击 目标灯光 按钮，在视图中创建一个"目标灯光"，然后复制得到其他位置的灯光，如图 17-51 所示。

图 17-51 布置室内光源

02 选择一个"目标灯光"，对它的参数进行调整，如图 17-52 所示。

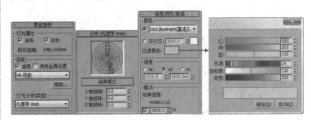

图 17-52 设置目标灯光参数

03 按 C 键切换至摄影机视图，单击渲染 按钮，观察添加室内光的效果，如图 17-53 所示。

图 17-53 添加室内光的效果

17.4 创建光子图

在材质和灯光效果得到确认后，下面将为场景做最终渲染做准备。

17.4.1 提高细分值

01 进行材质细分的调整，将材质细分设置相对高一些可以避免光斑、噪波等现象的产生，因此对讲解到的主要材质"反射"选项组中的"细分"值进行增大，一般设置为 20~24 即可，如图 17-54 所示。

02 同样将场景内所有 VRay 灯光类型中"采样"选项组中的"细分"设置为 24，以及其他灯光类型中的"VRay 阴影"选项组中的"细分"设置为 24，如图 17-55 所示。

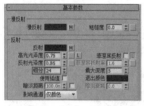

图 17-54 提高材质细分　　　图 17-55 提高灯光细分

17.4.2 调整渲染参数

下面来调节光子图的渲染参数--------------------

01 按 F10 键打开"渲染面板"，在"公用"选项卡中设置"输出尺寸"的参数，如图 17-56 所示。

02 在 V-Ray 选项卡中展开"全局开关"卷展栏，勾选隐藏灯光、光泽效果以及不渲染最终图像几个选项，如图 17-57 所示。

图 17-56 设置输出尺寸　　图 17-57 设置全局开关卷展栏中参数

> 📔 **提示**
>
> 一般要求不小于成图尺寸的四分之一，例如成图准备渲染成 1600×1200，光子图尺寸设置为 400×300 比较合适。

03 切换至"图像采样器（抗锯齿）"卷展栏，设置类型为"自适应细分"采样器，勾选"图像过滤器"选项，并设置为 Mitchell-Netravali，如图 17-58 所示。

04 展开"颜色贴图"卷展栏，设置类型为"线性倍增"方式；在"全局确定性蒙特卡洛"卷展栏中设置"噪波阈值"为 0.005，如图 17-59 所示。

图 17-58 设置图像采样参数　　图 17-59 设置颜色贴图和全局参数

05 展开"发光图"卷展栏，设置"当前预设"为"高"，调节"细分"的参数为 60，勾选"显示计算相位"和"显示直接光"两个选项，再勾选"渲染结束后"选项组中的所有选项，如图 17-60 所示。

06 展开"灯光缓存"卷展栏，设置"细分"值为 1200，再勾选"渲染结束后"选项组中的所有选项，如图 17-61 所示。

图 17-60 设置发光图参数　　图 17-61 设置灯光缓存参数

07 光子图渲染参数调整完成后，返回摄影机视图进行光子图渲染，渲染完成后打开"发光贴图"与"灯光缓存"卷展栏参数，查看是否成功保存并已经调用了计算完成的光子图，如图 17-62 所示。

图 17-62 发光贴图和灯光缓存光子图的调用

17.5 最终输出渲染

光子图渲染完成后，下面将对整个场景做最终输出渲染。

01 按 F10 键打开"渲染设置"对话框,在"公用参数"选项卡中设置"输出尺寸"的参数,为 1600×1200,如图 17-63 所示。

02 展开"全局开关"卷展栏,取消"不渲染最终图像"的勾选,如图 17-64 所示。

图 17-63 设置输出尺寸

图 17-64 取消不渲染图像复选框

其他的参数保持渲染光子图阶段设置即可,接下来就可以直接渲染成图了,经过几个小时的渲染最终效果如图 17-65 所示。

图 17-65 最终渲染效果

17.6 Photoshop 后期处理

仔细观察最终渲染效果,其整体画面太平,对比度不够,下面通过 Photoshop 来完成这些缺陷的改进。

17.6.1 色彩通道图

使用光盘提供的"材质通道.mse"文件,制作出色彩通道图,如图 17-66 所示。

图 17-66 色彩通道图

17.6.2 Photoshop 后期处理

01 使用 Photoshop 打开渲染后的色彩通道和最终渲染图,如图 17-67 所示。并将两张图像合并在一个窗口中,如图 17-68 所示。

02 选择"背景"图层,按 Ctrl+J 键将其复制一份,并关闭"色彩通道"所在的图层 1,如图 17-69 所示。

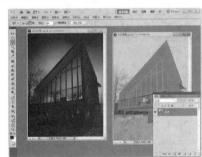

图 17-67 打开图像文件

图 17-68 合并图像窗口

图 17-69 复制图层

03 选择"背景副本"图层，按 Ctrl+M 键打开"曲线"调整它的亮度和对比度，如图 17-70 所示。

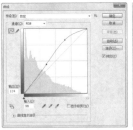

图 17-70　调整图像亮度和对比度

04 在"图层 1"中用"魔棒"工具选择地面部分，返回"背景副本"图层，按 Ctrl+J 键复制到新图层，再使用"色相 / 饱和度"降低它的饱和度，如图 17-71 所示。

图 17-71　降低饱和度

05 选择窗口区域，在创建一个新的图层，使用"油漆桶"工具，将它填充为白色调，如图 17-72 所示。

06 执行"滤镜"→"模糊"→"高斯模糊"命令，在弹出的"高斯模糊"对话框中设置"半径"值为 90，并设置它所在图层的不透明度为 15，如图 17-73 所示。

图 17-72　复制图层

图 17-73　调整图像亮度和对比度

到这里本场景的制作就结束了，希望广大爱好者们，根据笔者的经验和制作方法，总结出自己适合的方式，也可以根据自己的喜好将图像中的一些细节稍作调整，最终效果图如图 17-74 所示。

图 17-74　最终效果